"十三五"国家重点出版物出版规划项目

现代电子战技术丛书

# 实用电子侦察系统分析

Practical ESM Analysis

［英］苏·罗伯逊 著

常晋聃 王晓东 甘荣兵 译

王 燕 审校

国防工业出版社

·北京·

## 内 容 简 介

本书对电子侦察系统的理论和方法进行了全面总结。主要内容：电子侦察简介；雷达信号的特点以及对电子侦察的影响；不同体制的雷达形成的雷达信号环境；电子侦察设备，包括天线、接收机、参数测量、灵敏度分析、搜索策略；比幅、时差、比相的辐射源到达角估计；截获目标的跟踪问题；目标识别的方法；雷达定位技术；电子侦察的性能分析、测试和试验；引起电子侦察系统产生多重跟踪的原因和减少多重跟踪的技术；分析了多径现象的原因及解决方案；最后介绍未来电子侦察系统面临的挑战和一些技术发展方向。

本书的一大特色是总结了电子侦察在实践过程中面临的各种问题和改进措施，是一本不可多得的电子侦察实践教材。本书适合电子战领域的工程技术、作战及管理人员阅读，并可作为高等院校或培训的教材或参考资料。

著作权合同登记　图字:军-2020-055 号

**图书在版编目(CIP)数据**

实用电子侦察系统分析/(英)苏·罗伯逊著；常晋聃，王晓东，甘荣兵译. —北京：国防工业出版社，2022.8(2024.3 重印)

(现代电子战技术丛书)

书名原文：Practical ESM Analysis
ISBN 978-7-118-12531-3

Ⅰ.①实… Ⅱ.①苏… ②常… ③王… ④甘… Ⅲ.①电子侦察 Ⅳ.①TN971

中国版本图书馆 CIP 数据核字(2022)第 117071 号

Practical ESM Analysis, by Sue Robertson
ISBN:978-1-63081-528-8
© Artech House 2019
All rights reserved. This translation published under Artech House license. No part of this book may be reproduced in any form without the written permission of the original copyrights holder.
本书简体中文版由 Artech House 授权国防工业出版社独家出版。
版权所有，侵权必究。

※

*国防工业出版社* 出版发行

(北京市海淀区紫竹院南路 23 号　邮政编码 100048)
北京虎彩文化传播有限公司印刷
新华书店经销

\*

开本 710×1000　1/16　印张 22½　字数 388 千字
2024 年 3 月第 1 版第 2 次印刷　印数 1501—2500 册　定价 128.00 元

**(本书如有印装错误，我社负责调换)**

国防书店:(010)88540777　　书店传真:(010)88540776
发行业务:(010)88540717　　发行传真:(010)88540762

## "现代电子战技术丛书"编委会

**编委会主任** 杨小牛

**院 士 顾 问** 张锡祥 凌永顺 吕跃广 刘泽金 刘永坚
王沙飞 陆 军

**编委会副主任** 刘 涛 王大鹏 楼才义

**编委会委员**（排名不分先后）
许西安 张友益 张春磊 郭 劲 季华益 胡以华
高晓滨 赵国庆 黄知涛 安 红 甘荣兵 郭福成
高 颖

**丛书总策划** 王晓光

# 丛书序

## 新时代的电子战与电子战的新时代

广义上讲,电子战领域也是电子信息领域中的一员或者叫一个分支。然而,这种"广义"而言的貌似其实也没有太多意义。如果说电子战想用一首歌来唱响它的旋律的话,那一定是《我们不一样》。

的确,作为需要靠不断博弈、对抗来"吃饭"的领域,电子战有着太多的特殊之处——其中最为明显、最为突出的一点就是,从博弈的基本逻辑上来讲,电子战的发展节奏永远无法超越作战对象的发展节奏。就如同谍战片里面的跟踪镜头一样,再强大的跟踪人员也只能做到近距离跟踪而不被发现,却永远无法做到跑到跟踪目标的前方去跟踪。

换言之,无论是电子战装备还是其技术的预先布局必须基于具体的作战对象的发展现状或者发展趋势、发展规划。即便如此,考虑到对作战对象现状的把握无法做到完备,而作战对象的发展趋势、发展规划又大多存在诸多变数,因此,基于这些考虑的电子战预先布局通常也存在很大的风险。

总之,尽管世界各国对电子战重要性的认识不断提升——甚至电磁频谱都已经被视作一个独立的作战域,电子战(甚至是更为广义的电磁频谱战)作为一种独立作战样式的前景也非常乐观——但电子战的发展模式似乎并未由于所受重视程度的提升而有任何改变。更为严重的问题是,电子战发展模式的这种"惰性"又直接导致了电子战理论与技术方面发展模式的"滞后性"——新理论、新技术为电子战领域带来实质性影响的时间总是滞后于其他电子信息领域,主动性、自发性、仅适用于本领域的电子战理论与技术创新较之其他电子信息领域也进展缓慢。

凡此种种，不一而足。总的来说，电子战领域有一个确定的过去，有一个相对确定的现在，但没法拥有一个确定的未来。通常我们将电子战领域与其作战对象之间的博弈称作"猫鼠游戏"或者"魔道相长"，乍看这两种说法好像对于博弈双方一视同仁，但殊不知无论"猫鼠"也好，还是"魔道"也好，从逻辑上来讲都是有先后的。作战对象的发展直接能够决定或"引领"电子战的发展方向，而反之则非常困难。也就是说，博弈的起点总是作战对象，博弈的主动权也掌握在作战对象手中，而电子战所能做的就是在作战对象所制定规则的"引领下"一次次轮回，无法跳出。

然而，凡事皆有例外。而具体到电子战领域，足以导致"例外"的原因可归纳为如下两方面。

**其一，"新时代的电子战"。**

电子信息领域新理论新技术层出不穷、飞速发展的当前，总有一些新理论、新技术能够为电子战跳出"轮回"提供可能性。这其中，颇具潜力的理论与技术很多，但大数据分析与人工智能无疑会位列其中。

大数据分析为电子战领域带来的革命性影响可归纳为**"有望实现电子战领域从精度驱动到数据驱动的变革"**。在采用大数据分析之前，电子战理论与技术都可视作是围绕"测量精度"展开的，从信号的发现、测向、定位、识别一直到干扰引导与干扰等诸多环节，无一例外都是在不断提升"测量精度"的过程中实现综合能力提升的。然而，大数据分析为我们提供了另外一种思路——只要能够获得足够多的数据样本（样本的精度高低并不重要），就可以通过各种分析方法来得到远高于"基于精度的"理论与技术的性能（通常是跨数量级的性能提升）。因此，可以看出，大数据分析不仅仅是提升电子战性能的又一种技术，而是有望改变整个电子战领域性能提升思路的顶层理论。从这一点来看，该技术很有可能为电子战领域跳出上面所述之"轮回"提供一种途径。

人工智能为电子战领域带来的革命性影响可归纳为**"有望实现电子战领域从功能固化到自我提升的变革"**。人工智能用于电子战领域则催生出认知电子战这一新理念，而认知电子战理念的重要性在于，它不仅仅让电子战具备思考、推理、记忆、想象、学习等能力，而且还有望让认知电子战与其他认知化电子信息系统一起，催生出一种新的战法，即"智能战"。因此,可以看出,人工智能有望改变整个电子战领域的作战模式。从这一点来看,该技术也有可能为电子战领域跳出上面所述之"轮回"提供一种备选途径。

总之,电子信息领域理论与技术发展的新时代也为电子战领域带来无限的可能性。

**其二,"电子战的新时代"。**

自1905年诞生以来,电子战领域发展到现在已经有100多年历史,这一历史远超雷达、敌我识别、导航等领域的发展历史。在这么长的发展历史中,尽管电子战领域一直未能跳出"猫鼠游戏"的怪圈,但也形成了很多本领域专有的、与具体作战对象关系不那么密切的理论与技术积淀,而这些理论与技术的发展相对成体系、有脉络。近年来,这些理论与技术已经突破或即将突破一些"瓶颈",有望将电子战领域带入一个新的时代。

这些理论与技术大致可分为两类:一类是符合电子战发展脉络且与电子战发展历史一脉相承的理论与技术,例如,网络化电子战理论与技术(网络中心电子战理论与技术)、软件化电子战理论与技术、无人化电子战理论与技术等;另一类是基础性电子战技术,例如,信号盲源分离理论与技术、电子战能力评估理论与技术、电磁环境仿真与模拟技术、测向与定位技术等。

总之,电子战领域100多年的理论与技术积淀终于在当前厚积薄发,有望将电子战带入一个新的时代。

本套丛书即是在上述背景下组织撰写的,尽管无法一次性完备地覆盖电子战所有理论与技术,但组织撰写这套丛书本身至少可以表明这样一个事实——有一群志同道合之士,已经发愿让电子战领域有一个确定且美好的未来。

一愿生,则万缘相随。

愿心到处,必有所获。

杨小牛

2018年6月

---

杨小牛,中国工程院院士。

# 译者序

电磁频谱是现代战争重要的作战域，电子战是电磁空间不可或缺的重要作战手段。电子战包含电子侦察、电子攻击、电子防护等。其中：电子侦察的作战使命包括收集信号情报、获取电磁态势、进行威胁告警等；电子攻击的作用是利用有源和无源的手段对敌方电子设备进行扰乱、欺骗甚至摧毁；电子防护的作用是确保己方有效利用电磁频谱的措施。电子侦察是电子攻击的基础，电子攻击利用电子侦察的情报进行针对性的干扰和反辐射打击。冷战时期，美军采取高空飞机、太空侦察甚至利用月球反射信号的侦察来获取苏联的电磁辐射信号。在贝卡谷地战争之前，以色列对叙利亚的导弹阵地进行了周密的电子侦察，确保了有效的电子欺骗和反辐射打击行动，电子侦察的重要性在这一战争中体现得淋漓尽致。

电子侦察起初只是截获敌方应用电磁信号的情况，逐步发展到频率测量、方位测量，然后是精细的调制参数测量、快速定位和目标识别等。目前电子侦察技术已经发展到较高的水平，形成了一套理论和方法，开发了瞬时测频、超外差、信道化、数字化等体制的接收机。电子侦察的著作也越来越丰富，美国的詹姆斯·崔保延在1986年出版的《电子战微波接收机》一书中就详细介绍了电子战微波信号的接收、截获和参数测量理论。美国的戴维·阿达米所著的《EW101》《EW102》《EW103》《EW104》系列著作介绍了电子战的理论和方法。我国的电子战专家也撰写了若干电子侦察专著。刘永坚院士的《现代电子战支援侦察系统分析与设计》主要介绍了现代电子战支援侦察系统的基本概念、战技术指标分析与设计、参数估计等。刘锋等著的《复杂信号侦察理论及应用》系统阐述了现代电子对抗中复杂信号侦察的理论、方法、技术及应用。

现有的电子侦察相关著作对当前电子侦察的理论和方法进行了较

好的总结，但是这些书对实际作战场景中的问题现象及解决措施涉及得不多，例如信号多重跟踪问题、多径问题、射频搜索策略等。由 Sue Robertson 著，Artech House 出版社出版的"*Practical ESM Analysis*"一书除了对电子侦察系统进行了详细介绍外，还总结了电子侦察在实践过程中面临的各种问题和改进措施，填补了同类书籍的空白，对电子侦察系统实践具有重要的参考价值。Sue Robertson 博士在电子侦察领域工作了将近三十年，在电子侦察数据分析、测试和优化等方面具有丰富的经验。可以说，这本书体现了她在实用电子侦察系统方面的深厚技术积累，是一本不可多得的电子侦察实践教材。

  本书结合实践对电子侦察系统的理论和方法进行了全面总结。全书分为18章。第1章是电子侦察简介，对电子侦察的任务使命及本书的特色进行了描述；第2章介绍雷达信号的特点以及对电子侦察的影响；第3章描述不同体制的雷达形成的雷达信号环境；第4章介绍电子侦察设备，包括天线、接收机、参数测量、灵敏度分析、搜索策略等；第5、6、7章分别介绍比幅、时差、比相的辐射源到达角估计，重点对引起测向误差的因素进行分析；第8、9章介绍截获目标的跟踪问题；第10章介绍目标识别的方法；第11章介绍雷达定位技术；第12章和第13章分别介绍电子侦察的性能分析、测试和试验；第14章介绍引起电子侦察系统产生多重跟踪的原因和减少多重跟踪的技术；第15章~第17章分别介绍多径现象、分析原因并提出解决方案；第18章介绍未来电子侦察系统面临的挑战和一些技术发展方向。

  译者希望通过本书的翻译，将本书内容以中文的形式呈现给电子对抗相关的研究人员。一方面通过本书的阅读可以掌握电子侦察的任务、基本原理、系统组成和信息处理方式，另一方面有利于提升对电子侦察面临的实际问题和解决措施的认识，以帮助研究人员解决实际工程应用中的问题。

  本书的翻译过程也是译者的学习过程。由于译者的水平和认识的局限性，翻译中难免存在偏颇和不正确之处，敬请读者批评指正。

译者<br>2021年10月

# 前言

在现代战争中,电子战(EW)具有极为重要的意义,因为人们开始认识到电磁频谱在当前战场和未来冲突中的重要性。几乎所有国家和地区对电子战的军事兴趣都与日俱增,全球电子战产业的兴起意味着有必要进行电子战知识的传播。电子侦察(ESM)是电子战的核心内容之一,而这本书旨在使读者深入了解ESM系统的内涵。

在开始讲解ESM系统之前,了解射频环境对ESM系统的影响非常重要。应当指出的是,ESM系统所观察到的雷达通常与雷达厂商所宣称的有所出入,而且ESM系统也很少能像其开发者所宣称的那样有效地工作。

本书的目的并不是描述ESM系统的硬件和软件,而是要阐释ESM系统如何看待射频环境,以及为何如此看待。本书还对一些常见的误解进行了澄清,并探讨了改善ESM系统性能的思路。本书的首要目标是为ESM分析员提供工具,用来诊断系统问题、设计有效的测试和试验,以及对系统性能进行预期管理。

本书是根据作者多年数据分析经验编写而成的,这些经验涉及安装在所有物理平台上的不同类型的ESM系统。现代军事战略家明智地将电子战视为一个域,它与陆地、空中、海洋、水下和太空等所有传统域相关。

在写本书时,我希望能为ESM分析师提供一本当年我在从事ESM工作之初就希望能够得到的书籍。

# 目 录

第1章 ESM 系统简介 ································································· 1
  1.1 ESM 系统:创建射频环境图 ················································ 2
  1.2 ESM 作为电子情报系统 ······················································ 4
  1.3 ESM 作为雷达告警接收机 ··················································· 4
  1.4 ESM 的操作员和平台 ·························································· 5
  1.5 本书的主题 ·········································································· 5
    1.5.1 雷达波束形状计算 ······················································· 5
    1.5.2 射频搜索策略生成 ······················································· 5
    1.5.3 多径因素 ······································································ 6
    1.5.4 多重跟踪的改善 ··························································· 6
    1.5.5 雷达识别的改进 ··························································· 6
  参考文献 ····················································································· 6

第2章 雷达参数及其对 ESM 系统的影响 ·································· 7
  2.1 脉冲和连续波雷达 ······························································ 7
  2.2 脉冲描述字 ·········································································· 8
  2.3 雷达频率 ············································································· 8
    2.3.1 频率捷变 ···································································· 10
  2.4 PRI ····················································································· 12

2.4.1 固定 PRI …………………………………… 13
  2.4.2 参差 PRI …………………………………… 13
  2.4.3 抖动 PRI …………………………………… 14
  2.4.4 组变 PRI …………………………………… 15
  2.4.5 脉组重复间隔 …………………………………… 17
 2.5 脉宽 …………………………………… 17
  2.5.1 脉冲上升时间 …………………………………… 18
 2.6 脉冲调制 …………………………………… 19
 2.7 雷达波束形状 …………………………………… 21
 2.8 扫描模式 …………………………………… 24
  2.8.1 圆周扫描 …………………………………… 25
  2.8.2 扇区扫描 …………………………………… 25
  2.8.3 光栅扫描 …………………………………… 26
  2.8.4 平面螺旋扫描 …………………………………… 27
  2.8.5 圆柱螺旋扫描 …………………………………… 27
  2.8.6 圆锥扫描 …………………………………… 27
  2.8.7 帕尔默扫描 …………………………………… 29
  2.8.8 点头扫描 …………………………………… 29
  2.8.9 波位切换扫描 …………………………………… 29
  2.8.10 边扫描边跟踪 …………………………………… 30
  2.8.11 锁定 …………………………………… 31
  2.8.12 俯仰多波束 …………………………………… 31
  2.8.13 AESA 雷达扫描 …………………………………… 31
 2.9 等效辐射功率 …………………………………… 33
 2.10 极化 …………………………………… 33
 参考文献 …………………………………… 34
第3章 射频环境 …………………………………… 36
 3.1 雷达距离方程与 ESM 系统 …………………………………… 36
 3.2 雷达视距 …………………………………… 37
 3.3 雷达的类型和功能 …………………………………… 38
  3.3.1 空管雷达 …………………………………… 39
  3.3.2 港口监视雷达 …………………………………… 41

3.3.3 机载雷达 …………………………………………………… 41
3.3.4 船舶导航雷达 ………………………………………………… 42
3.3.5 气象雷达 …………………………………………………… 42
3.3.6 威胁雷达 …………………………………………………… 43
3.3.7 蜂窝/移动电话 ……………………………………………… 44
3.3.8 低截获概率雷达 ……………………………………………… 45
3.3.9 AESA 雷达 …………………………………………………… 45
3.4 雷达脉冲密度 …………………………………………………… 45
3.5 低脉冲密度环境的示例：南澳大利亚州 …………………………… 47
3.6 高脉冲密度环境的示例：马六甲海峡 ……………………………… 50
3.7 ESM 检测所需的脉冲数 ………………………………………… 53
参考文献 ……………………………………………………………… 56

## 第4章 ESM 设备 …………………………………………………… 58
4.1 ESM 天线 ………………………………………………………… 59
    4.1.1 螺旋天线 …………………………………………………… 59
    4.1.2 正弦天线 …………………………………………………… 60
    4.1.3 喇叭天线 …………………………………………………… 60
    4.1.4 比相系统用的天线 ………………………………………… 60
    4.1.5 旋转天线 …………………………………………………… 61
4.2 ESM 接收机 ……………………………………………………… 62
    4.2.1 超外差接收机 ……………………………………………… 62
    4.2.2 晶体视频接收机 …………………………………………… 63
    4.2.3 瞬时测频接收机 …………………………………………… 63
    4.2.4 信道化接收机 ……………………………………………… 64
4.3 参数测量精度和分辨率 …………………………………………… 65
    4.3.1 频率 ………………………………………………………… 65
    4.3.2 时间测量 …………………………………………………… 66
    4.3.3 脉宽 ………………………………………………………… 67
    4.3.4 幅度 ………………………………………………………… 68
    4.3.5 PRI 计算 …………………………………………………… 69
    4.3.6 DOA 计算 …………………………………………………… 69
4.4 ESM 灵敏度 ……………………………………………………… 70

  4.4.1 目标截获 ⋯⋯⋯⋯⋯⋯⋯⋯⋯⋯⋯⋯⋯⋯⋯⋯⋯⋯⋯ 74
  4.4.2 目标跟踪 ⋯⋯⋯⋯⋯⋯⋯⋯⋯⋯⋯⋯⋯⋯⋯⋯⋯⋯⋯ 74
  4.4.3 导弹制导和目标照射 ⋯⋯⋯⋯⋯⋯⋯⋯⋯⋯⋯⋯⋯ 74
  4.4.4 信标询问器和导弹信标信号 ⋯⋯⋯⋯⋯⋯⋯⋯⋯ 74
  4.4.5 导弹寻的系统/导引头 ⋯⋯⋯⋯⋯⋯⋯⋯⋯⋯⋯⋯ 75
 4.5 频率搜索策略 ⋯⋯⋯⋯⋯⋯⋯⋯⋯⋯⋯⋯⋯⋯⋯⋯⋯⋯⋯ 75
 参考文献 ⋯⋯⋯⋯⋯⋯⋯⋯⋯⋯⋯⋯⋯⋯⋯⋯⋯⋯⋯⋯⋯⋯⋯⋯ 78

# 第5章 比幅 ESM ⋯⋯⋯⋯⋯⋯⋯⋯⋯⋯⋯⋯⋯⋯⋯⋯⋯⋯⋯ 79

 5.1 比幅系统的 DOA 测算 ⋯⋯⋯⋯⋯⋯⋯⋯⋯⋯⋯⋯⋯⋯⋯ 79
 5.2 比幅天线的典型配置 ⋯⋯⋯⋯⋯⋯⋯⋯⋯⋯⋯⋯⋯⋯⋯ 82
 5.3 ESM 天线间距对 DOA 测算的影响 ⋯⋯⋯⋯⋯⋯⋯⋯⋯ 83
 5.4 ESM 天线间距引起的 DOA 误差 ⋯⋯⋯⋯⋯⋯⋯⋯⋯⋯ 84
 5.5 雷达波束形状对 DOA 误差的影响 ⋯⋯⋯⋯⋯⋯⋯⋯⋯ 89
 5.6 仰角对 DOA 误差的影响 ⋯⋯⋯⋯⋯⋯⋯⋯⋯⋯⋯⋯⋯ 90
 5.7 ESM 天线间距效应的解决方案 ⋯⋯⋯⋯⋯⋯⋯⋯⋯⋯ 91
  5.7.1 共址 ESM 天线 ⋯⋯⋯⋯⋯⋯⋯⋯⋯⋯⋯⋯⋯⋯⋯ 92
  5.7.2 使用来自雷达波束峰值的脉冲 ⋯⋯⋯⋯⋯⋯⋯⋯ 92
  5.7.3 调整天线激励电平 ⋯⋯⋯⋯⋯⋯⋯⋯⋯⋯⋯⋯⋯ 93
 参考文献 ⋯⋯⋯⋯⋯⋯⋯⋯⋯⋯⋯⋯⋯⋯⋯⋯⋯⋯⋯⋯⋯⋯⋯⋯ 95

# 第6章 时差 ESM ⋯⋯⋯⋯⋯⋯⋯⋯⋯⋯⋯⋯⋯⋯⋯⋯⋯⋯⋯ 96

 6.1 时差 ESM 系统中的 DOA 测算 ⋯⋯⋯⋯⋯⋯⋯⋯⋯⋯ 96
 6.2 TOA 测量 ⋯⋯⋯⋯⋯⋯⋯⋯⋯⋯⋯⋯⋯⋯⋯⋯⋯⋯⋯⋯ 98
 6.3 ESM 天线间距效应 ⋯⋯⋯⋯⋯⋯⋯⋯⋯⋯⋯⋯⋯⋯⋯⋯ 101
 6.4 ESM 灵敏度对 DOA 误差的影响 ⋯⋯⋯⋯⋯⋯⋯⋯⋯⋯ 104
 6.5 ESM 天线波束形状对 DOA 计算的影响 ⋯⋯⋯⋯⋯⋯ 105
 6.6 ESM 天线配置对 DOA 计算和分辨率的影响 ⋯⋯⋯⋯ 108
 6.7 TDOA 直方图和 DOA 的不确定性 ⋯⋯⋯⋯⋯⋯⋯⋯⋯ 114

# 第7章 比相/干涉仪 ESM ⋯⋯⋯⋯⋯⋯⋯⋯⋯⋯⋯⋯⋯⋯⋯ 118

 7.1 比相系统中的 DOA 计算 ⋯⋯⋯⋯⋯⋯⋯⋯⋯⋯⋯⋯⋯ 118
 7.2 天线间距对 DOA 计算的影响 ⋯⋯⋯⋯⋯⋯⋯⋯⋯⋯⋯ 122
 7.3 DOA 分辨率 ⋯⋯⋯⋯⋯⋯⋯⋯⋯⋯⋯⋯⋯⋯⋯⋯⋯⋯⋯ 122

| | | |
|---|---|---|
| 7.4 | 雷达波束形状的影响 | 124 |
| 7.5 | 脉冲调制的影响 | 125 |
| 7.6 | 脉冲形状的影响 | 129 |
| 7.7 | 雷达频率的影响 | 129 |
| 7.8 | 实际的比相系统 | 131 |
| 7.9 | 长基线比相 ESM 系统 | 131 |

## 第 8 章 分选和 ESM 处理 ········ 133

| | | |
|---|---|---|
| 8.1 | 分选技术 | 134 |
| 8.2 | DOA/频率或 DTOA/频率聚类算法 | 134 |
| 8.3 | 到达时间差直方图 | 135 |
| 8.4 | 预测门 | 139 |
| 8.5 | 图论分选器 | 140 |
| 8.6 | 雷达时钟周期分选器 | 142 |
| 8.7 | 参数分类算法 | 142 |
| 8.8 | 形成跟踪 | 144 |
| 参考文献 | | 145 |

## 第 9 章 截获与跟踪的关联 ········ 146

| | | |
|---|---|---|
| 9.1 | 截获和跟踪的关联过程 | 146 |
| 9.2 | 重叠的参数范围 | 150 |
| 9.3 | 跟踪过度合并 | 153 |
| 9.4 | 识别对 ESM 跟踪的影响 | 155 |
| 9.5 | 识别模糊 | 156 |
| 9.6 | 跟踪过度合并的解决方法 | 157 |
| 参考文献 | | 158 |

## 第 10 章 雷达识别和 ESM 数据库 ········ 159

| | | |
|---|---|---|
| 10.1 | ESM 数据库中的雷达参数 | 159 |
| 10.2 | ESM 数据库的数据记录 | 160 |
| 10.3 | 使用参数加权的数据库匹配 | 161 |
| 10.4 | 利用参数评分进行数据库匹配 | 162 |
| 10.5 | 使用参数容差进行数据库匹配 | 163 |
| 10.6 | ESM 数据库的重编程用户接口 | 164 |
| 10.7 | 数据库匹配的优化方法 | 165 |

10.7.1 采用通用数据库条目来描述某些雷达 …… 166
10.7.2 按照 ESM 系统的工作方式进行数据库匹配 …… 167
10.7.3 分层级的识别方法 …… 170
10.7.4 利用测量参数的离散度 …… 170
10.7.5 在关联和数据库匹配中使用合理的容差 …… 171
10.7.6 利用先验信息 …… 173
10.7.7 利用辐射源个体识别数据 …… 173

# 第 11 章 估算雷达的位置 …… 175
11.1 位置计算 …… 175
11.2 定位误差椭圆 …… 181
11.3 绘制误差椭圆 …… 184
11.4 实际的雷达位置 …… 184
11.5 雷达定位中存在的问题 …… 185
    11.5.1 DOA 误差的大小 …… 185
    11.5.2 截获与跟踪的关联 …… 186
    11.5.3 误差椭圆的方向 …… 188
    11.5.4 稀疏数据集 …… 188
    11.5.5 多部同类型雷达 …… 189
11.6 利用多平台时差法对雷达进行定位 …… 190
11.7 利用 FDOA 测量方法确定雷达位置 …… 191
11.8 通过脉冲幅度确定雷达位置 …… 191
11.9 卡尔曼滤波器在测距中的应用 …… 193
参考文献 …… 194

# 第 12 章 ESM 性能分析 …… 195
12.1 数据记录和所需的数据容量 …… 195
    12.1.1 ESM 脉冲数据 …… 195
    12.1.2 ESM 截获数据 …… 196
    12.1.3 ESM 跟踪数据 …… 197
    12.1.4 ESM 状态、自检和报警数据 …… 198
    12.1.5 平台导航数据 …… 198
    12.1.6 雷达的真实数据 …… 199
    12.1.7 AIS 数据 …… 199

  12.1.8 ESM 雷达库 ……………………………………………………… 199
 12.2 ESM 性能可视化 ……………………………………………………… 199
 12.3 DOA 性能评估 ………………………………………………………… 201
 12.4 ESM 跟踪分析 ………………………………………………………… 201
 12.5 脉冲数据分析 …………………………………………………………… 205
 12.6 AOA 分析 ……………………………………………………………… 208
 12.7 TDOA 直方图 …………………………………………………………… 211
 12.8 参数直方图 ……………………………………………………………… 212
 12.9 定位精度 ………………………………………………………………… 213
 12.10 截获概率 ……………………………………………………………… 215
 12.11 跟踪分裂 ……………………………………………………………… 217
 12.12 识别准确度/模糊度 …………………………………………………… 218
 12.13 ESM 分析的自动化 …………………………………………………… 219

## 第13章 ESM 测试和试验 ……………………………………………………… 220

 13.1 实验室测试 ……………………………………………………………… 220
 13.2 专用测试靶场 …………………………………………………………… 221
 13.3 ESM 实际测试的必要性 ……………………………………………… 222
 13.4 规划 ESM 测试或试验 ………………………………………………… 222
  13.4.1 设定测试/试验目标 …………………………………………… 222
  13.4.2 试验区域的选择 ……………………………………………… 222
  13.4.3 飞机航线 ……………………………………………………… 223
  13.4.4 飞行高度 ……………………………………………………… 224
  13.4.5 雷达真实数据的确定 ………………………………………… 225
  13.4.6 试验前所需的数据和模拟 …………………………………… 225
 13.5 ESM 测试/试验准备示例 ……………………………………………… 226
  13.5.1 试验目标 ……………………………………………………… 226
  13.5.2 ESM 平台参数 ………………………………………………… 226
 13.6 飞行前准备 ……………………………………………………………… 227
  13.6.1 飞机航线选择 ………………………………………………… 228
  13.6.2 射频环境仿真 ………………………………………………… 229
 13.7 飞行后数据分析 ………………………………………………………… 231
  13.7.1 操作员界面的可视化/记录数据的回放 …………………… 231

13.7.2 雷达真实数据的计算 ·················· 232
13.7.3 ESM 跟踪数据分析 ·················· 232
13.7.4 ESM 脉冲数据分析 ·················· 233
参考文献 ································ 236

## 第 14 章　多重跟踪 ···························· 237
14.1　多重跟踪的起因 ························ 237
14.2　天线分离引起的 DOA 误差 ················· 238
14.3　多径干扰引起的 DOA 误差 ················· 238
14.4　DOA 误差引起的 PRI 计算误差 ··············· 240
14.5　脉冲丢失引起的 PRI 误差 ·················· 242
14.6　由复杂 PRI 序列引起的 PRI 误差 ·············· 244
14.7　脉宽测量误差引起的 PRI 误差 ················ 245
14.8　脉宽测量误差 ·························· 248
14.9　频率捷变 ···························· 251
14.10　减少多重跟踪的方法 ····················· 252
    14.10.1　改进 DOA 测量 ···················· 252
    14.10.2　忽略 DOA 测量较差的截获 ·············· 252
    14.10.3　设计允许脉冲丢失的 PRI 的计算算法 ········· 252
    14.10.4　定义 PRI 质量的度量 ················· 252
    14.10.5　对于复杂的 PRI 采用恰当数量的脉冲 ········· 253
    14.10.6　不把脉宽作为分选参数 ················ 253
    14.10.7　对单次截获做超时清除 ················ 254

## 第 15 章　反射和多径 ··························· 255
15.1　影响 ESM 系统的反射类型 ·················· 255
15.2　多径 ······························ 257
15.3　比幅系统中的多径问题 ···················· 259
15.4　时差测向系统中的多径问题 ················· 260
15.5　比相系统中的多径问题 ···················· 264
15.6　多径的实证研究 ························ 267
参考文献 ································ 268

## 第 16 章　影响多径的因素 ························· 269
16.1　ESM 系统的天线配置 ····················· 270

16.2 雷达波束宽度 ·············································· 275
16.3 反射几何 ·················································· 281
16.4 到雷达的距离 ············································ 283
16.5 反射系数 ·················································· 289
参考文献 ···························································· 293

## 第17章 多径问题的程度和可能的解决方案 ············ 294
17.1 平台的反射 ··············································· 294
17.2 地面反射 ·················································· 296
17.3 常见的雷达扫描 DOA 分布 ·························· 300
17.4 ESM 的各种多径问题的可能解决方法 ············ 300
  17.4.1 集中布设 ESM 天线 ···························· 301
  17.4.2 选择用于创建跟踪的脉冲 ····················· 301
  17.4.3 使用多个扫描峰 ································ 306
  17.4.4 减少脉冲幅度测量时间 ························ 307
  17.4.5 对 DOA 扫描进行分类 ························ 307
  17.4.6 使用脉内的幅度分布 ··························· 307
17.5 比幅系统中多径问题的解决方法 ·················· 309
17.6 时差测向系统中多径问题的解决方法 ············ 310
17.7 比相系统中多径问题的解决方法 ·················· 310
17.8 多径问题的结论 ········································· 312
参考文献 ···························································· 313

## 第18章 未来的 ESM 系统 ·································· 314
18.1 未来的射频环境 ········································· 314
  18.1.1 有源相控阵雷达 ································ 314
  18.1.2 多输入多输出雷达 ····························· 316
  18.1.3 单脉冲雷达 ······································ 317
  18.1.4 宽带雷达 ········································· 318
18.2 ESM 处理注意事项 ····································· 320
  18.2.1 DOA 测量 ········································ 320
  18.2.2 分选器 ············································ 321
18.3 ESM 识别库的匹配 ···································· 322
18.4 多平台 ESM ·············································· 322

18.5　自主/智能电子战系统 ·················································· 323
　参考文献 ································································· 323
附录 A　雷达波束图的形成 ·················································· 325
　参考文献 ································································· 328
附录 B　反射系数 ···························································· 329
　参考文献 ································································· 331
主要缩略语 ····································································· 332
作者简介 ······································································· 335

# 第 1 章

# ESM 系统简介

对电磁频谱的控制始于对通信和雷达的有效监视，本书所关注的正是对雷达的监视。ESM 系统可以探测、定位和识别雷达，然后电子对抗(ECM)系统可以利用这些知识来干扰敌方雷达，拒止其使用射频频谱进行通信和态势感知，从而破坏或削弱敌方雷达的探测能力。电子攻击(EA)系统可以利用电磁能量进一步破坏敌方的电子系统。

在介绍 ESM 系统前，必须澄清一个普遍存在的关于射频环境中雷达脉冲密度的误解。ESM 系统通常设计为可以应付每秒检测数百万脉冲的情形。但实际上，即使在非常密集的射频环境中，可供 ESM 系统检测的脉冲数也不会超过几千个每秒(除非对象是目标跟踪雷达)。大多数雷达都是扫描雷达，只有当它们指向 ESM 接收机时，ESM 系统才能检测到它们。

这种情况就好比灯塔照亮海面为航行提供指引。一艘船舶有在光线扫过它的时候才能看到光线，当光线指向任何其他方向的时候就看不到了。另外，船舶从很远的地方就能看到光，但看守灯塔的人在近距离上才能看到船。这就像 ESM 和雷达，ESM 系统能够"看到"雷达的距离要比雷达对 ESM 平台的探测距离远得多。雷达信号只需经过单程传播，就能被 ESM 系统探测到。但对于雷达来说，需要发射信号照射 ESM 平台，再接收 ESM 平台反射的信号，信号经历了双程传播。雷达距离方程表明，ESM 系统对雷达的作用距离与雷达功率的平方根成正比，而雷达对 ESM 平台的探测距离与雷达功率的四次方根成正比。

对于所有的 ESM 系统，影响其性能的问题都是相似的，包括波达方向(DOA)测量误差、雷达位置估计的不确定性、多重跟踪以及雷达识别的模糊性。本书阐述了这些问题，并提供了改善 ESM 系统性能的解决方案。ESM 天线的间距是影响 DOA 误差的重要因素。本书将对这种效应以及相关的多径效应进行详细的描述。ESM 的处理过程，如脉冲分选和雷达位置估计等，每一个步骤都有相应的章节进行介绍。本书还探讨了对窄带 ESM 接收机射频搜索策略的传统认知所面临的挑战，并提出了射频搜索策略的新思路。

即使是使用最精密的射频库匹配过程,对雷达信号的明确识别也是一个挑战。本书探究了造成这种困难的原因,并提出了改进雷达数据库生成的建议和成功进行库匹配的方法。ESM 数据可视化对于 ESM 的性能分析很重要,本书介绍了测试和试验数据的图形化方法,以及 ESM 测试或试验数据的模拟示例。本书还讨论了试验的准备过程,以及模拟射频环境所需的技术。

ESM 系统面临的一个特殊问题是多重跟踪(即为单部雷达创建多个跟踪)。要使 ESM 系统对每部雷达能且只能产生一个跟踪,这几乎是不可能。造成这一现象的原因有很多,本书对此进行了解释,并介绍了减少多重跟踪的方法。

多径是影响 ESM 性能的最重要的因素之一。本书用三章的篇幅来讨论多径问题:首先对反射类型进行了分类,其中多径是最重要的类型;然后探讨了多径能够影响所有类型 ESM 系统的 DOA 测量的原因;最后讨论了雷达波束宽度、ESM 天线配置、ESM 到雷达的距离等因素对多径效应的影响。

本书没有过多地使用方程式,而是依靠文字和图表来解释每部分所述效应背后的基本原理,并使用了许多模拟数据的示例来支撑这种解释。附录里有更详细的计算,包括对雷达波束宽度建模方法和反射系数的说明,这对理解多径效应很重要。

## 1.1　ESM 系统:创建射频环境图

ESM 系统检测雷达脉冲并在操作员的界面上生成跟踪。理想情况下,对射频环境中的每部雷达都有一个跟踪,如图 1.1 所示。有些 ESM 系统会对雷达进行定位,并将位置与误差椭圆一起绘制在地图上,以显示此位置的置信度。

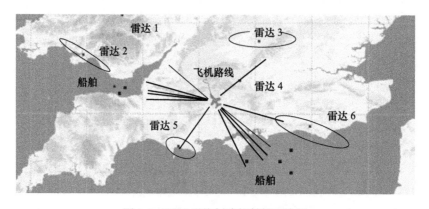

图 1.1　ESM 系统创建的射频环境图

ESM 系统的输入是来自射频环境中所有雷达的交织脉冲流。图 1.2 显示了来自各部雷达的脉冲。图中有 6 部雷达,具有不同的 DOA,图中的每个记号代表一组来自雷达的脉冲(单次截获)。当雷达波束的峰值扫过 ESM 系统时,就会收到这样一组脉冲。图 1.2 中记号之间的间隔就是雷达扫描周期。每次扫描收到雷达脉冲的持续时间取决于波束宽度和脉冲重复间隔(PRI)等雷达参数以及雷达到 ESM 平台的距离。

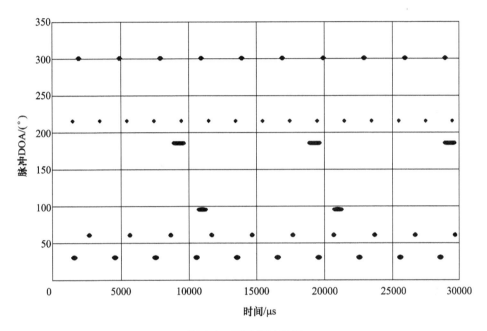

图 1.2　ESM 脉冲数据

ESM 处理器的首要任务是对来自各部雷达的脉冲数据进行分选处理,对每部雷达形成截获;然后将当前的截获与 ESM 跟踪表中保存的每一条雷达跟踪进行关联处理,如果没有发现匹配的候选跟踪,则创建一条新的跟踪。这种关联过程是基于对当前截获的参数测量结果(如频率、方位以及 PRI 等)进行的。最终的跟踪数据如图 1.3 所示,根据图中的一组 DOA 分布可以便捷地查看 ESM 环境。

识别雷达是一项非常重要的工作,可以发现威胁雷达并采取相应的对策。雷达的型号成千上万种,因此在 ESM 雷达库中唯一地标识每一型雷达是不切实际的。大多数 ESM 系统会首先为每个跟踪保留几个可能的标识;然后依靠有经验的 ESM 操作员来理解 ESM 系统所提供的信息。

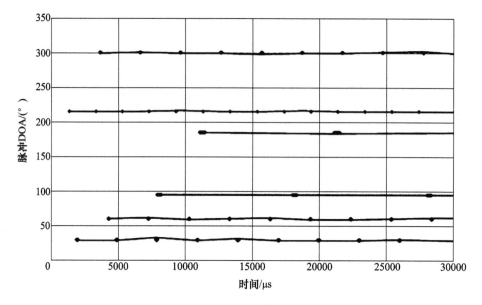

图 1.3　ESM 跟踪数据

## 1.2　ESM 作为电子情报系统

传统上,电子监视系统分为两类:一类是用于战术的,称为 ESM 系统;另一类是为具有重要战略意义的数据库收集数据的,称为电子情报(ELINT)系统[1]。

ESM 系统的操作员依靠系统内置的算法得出射频环境的初始图像,然后通过专家解释将信息用于任务态势感知。

ELINT 系统的操作员更加重视收集射频环境中的雷达数据,以便在事后分析时能够得出雷达的准确特征及位置。因此,记录接收到的雷达脉冲是 ELINT 系统的首要任务。

近年来,ESM 系统和 ELINT 系统之间的界限已经变得非常模糊,许多具有脉冲数据记录系统的 ESM 系统也能充当 ELINT 系统。本书介绍的 ESM 数据分析技术普遍适用于 ESM 系统和 ELINT 系统。

## 1.3　ESM 作为雷达告警接收机

ESM 系统既可用于战略性的 ELINT,也可用于战术性的雷达告警接收机(RWR)。ESM 系统用作 RWR 时,必须使用特定威胁雷达的参数对其雷达库进行编程。武器系统通常配有单独的目标截获、目标跟踪和武器制导雷达。用作 RWR 的 ESM 系统必须能够从射频环境中识别出这些雷达个体，并在必要时改变其射频搜索策略，以寻找其他相关雷达。用作 RWR 的 ESM 系统应向操作员发出警报，以便及时采取适当的对策。

## 1.4　ESM 的操作员和平台

自第一次世界大战期间首次使用无线电接收设备确定德国发射机的位置以来，ESM 已有了 100 多年的历史。1915 年，马可尼的助手 H·J·朗德开始为法国陆军试验无线电测向设备。

第二次世界大战后，无线电测向(RDF)最初只应用于通信频段，后来扩展到了雷达频段。在此过程中，北大西洋公约组织(简称北约)开发了一系列的 ESM 系统，例如美国海军的舰载 AN/WLR-1~AN/WLR-6 设备以及类似的机载系统。

现代 ESM 系统可在所有物理域中运行，并安装在所有类型的平台上。目前，正在研制便携式 ESM 系统，以便单兵作战人员能够获得射频环境的信息。在发生冲突的情况下，协作平台和无人机共享数据，可以形成射频环境的准确图像。

## 1.5　本书的主题

对以下几个 ESM 问题的探讨是本书的特色：对雷达方位波束形状建模和确定最佳射频搜索策略的方法；缓解多径效应和多重跟踪的改进处理，以及雷达库的模式匹配思路。这几个主题都是其他 ESM 文献所未涉及的。

### 1.5.1　雷达波束形状计算

对雷达波束的建模至关重要，特别是对于窄波束的扫描雷达。对于这些雷达，从波束峰值到波瓣之间的波束凹口，ESM 接收到的脉冲幅度变化非常大。雷达波束形状对比幅 ESM 系统的脉冲 DOA 测量有影响。第 5 章描述了这种影响，并在附录 A 中描述了对雷达波束形状建模的方法。

### 1.5.2　射频搜索策略生成

ESM 系统通常至少要覆盖 2~18GHz 的频率范围。其中许多系统还具有检测 2GHz 以下信号的能力，还有些系统的频率检测上限高达 30GHz。如果 ESM 系统不是宽开的(不能同时检测所有频率),则必须设计一种策略,依次对每个射频频段进行采样。有效的射频搜索策略能够在特定任务中保证对所有最重要的频段实现足够高的截获概率。第 4 章给出了一种能够实现有效射频搜索策略的方法。

### 1.5.3 多径因素

对于所有类型的 ESM 系统,多径都是造成 DOA 测量误差的最主要原因。关于多径如何影响脉冲幅度和相位,可见第 15 章。第 16 章解释了雷达波束形状、雷达距离和反射几何等因素对多径的影响,并说明了多径效应在雷达处于近距离和远距离时的影响是不同的。第 17 章对所有 3 种 DOA 测量体制(比幅体制、时差体制和比相体制)讨论了缓解多径效应的措施。

### 1.5.4 多重跟踪的改善

造成多重跟踪(对单部雷达产生多个跟踪)的原因有很多。DOA 误差是产生多余跟踪的主要原因,脉冲序列检测过程中的脉冲丢失导致的 PRI 计算错误也会导致多重跟踪。第 14 章提供了一些能够改善多重跟踪效应的技术。

### 1.5.5 雷达识别的改进

雷达识别错误是 ESM 系统最严重的局限之一。就描述雷达的模式行数量而言,目前雷达库的容量很小,完全不够用。传统的库匹配技术面临挑战,第 10 章讨论了改进雷达识别的方法。

### 参考文献

[1] Wiley, R. G., *ELINT*: *The Interception and Analysis of Radar Signals*, Norwood, MA: Artech House, 2006.

# 第 2 章 雷达参数及其对 ESM 系统的影响

全世界有成千上万种不同的雷达在工作。其中,约有 800 种与武器有关,其余的则用于空中管制(简称空管)、气象测量、船舶导航、态势感知以及边境和港口监视等。

在设计 ESM 系统的分选、跟踪生成和识别过程时,需要了解雷达的可能参数范围和可能表现出的捷变类型。这些信息也可用于设计反 ESM 的信号。这是因为有些参数范围比其他参数范围更拥塞,并且目前的 ESM 系统对有些参数捷变水平很难判定为单部雷达并进行关联处理。

## 2.1 脉冲和连续波雷达

脉冲雷达[1]发射高功率射频脉冲,等待接收完脉冲回波后再发射下一个脉冲,如图 2.1 所示。脉冲重复频率的选择决定了雷达的探测距离和分辨率①。目标的距离和方位是根据回波信号的到达时间和雷达天线的指向来计算的。

脉冲雷达可用于空管、船舶导航、边境监视等应用,也可用于目标截获、跟踪和导弹制导等威胁功能。能够测量目标速度的脉冲雷达称为脉冲多普勒雷达。这种雷达使用高脉冲重复频率(PRF)来避免速度模糊,但可能存在很高的距离模糊。

连续波(CW)雷达连续发射射频信号,反射的能量也被连续地接收和处理。未调制的连续波雷达以恒定的幅度和频率发射,这种雷达可以利用多普勒效应测速,但不能测量距离,也无法区分两个目标。

为了测量距离,必须对连续波信号进行频移调制。调频连续波(FMCW)雷达在固定的基准频率周围不断地改变频率,可以探测静止目标。如果目标在移动,可以根据多普勒频移来判断目标是接近还是远离。

---

① 译者注:脉冲重复频率并不能直接决定雷达的探测距离和分辨率。

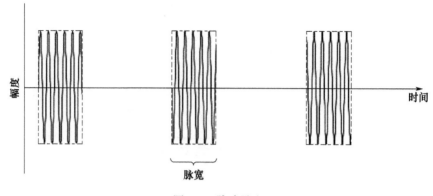

图 2.1 脉冲雷达

## 2.2 脉冲描述字

从一组交错的雷达脉冲中提取分离出每部雷达的截获信号并确定雷达的身份,这一过程依赖于对脉冲基本参数的测量。ESM 测量每个脉冲的频率、脉宽、幅度、到达时间(TOA)和波达方向(DOA)。

每个脉冲的参数都记录在脉冲描述字(PDW)中,如表 2.1 所列。

在分选处理(见第 8 章)之后,根据从单部雷达接收到的脉冲之间的 TOA 差可以计算出 PRI,这是识别雷达所必需的参数。

记录的 PDW 数据对分析 ESM 系统的性能和填充 ELINT 数据库是非常有用的。ELINT 数据库中的脉冲数据级雷达信息至关重要,可用于为 ESM 系统和雷达告警接收机构建有效的雷达库。

表 2.1 PDW 数据示例

| 脉冲序号 | TOA | 频率/MHz | 脉宽/μs | DOA/(°) | 幅度/dBmi |
|---|---|---|---|---|---|
| 1 | 10:01:01.345 | 3045 | 0.7 | 50 | 34.5 |
| 2 | 10:01:01.367 | 9340 | 0.3 | 120 | 38.5 |
| 3 | 10:01:01.389 | 2984 | 1.5 | 253 | 23.5 |

## 2.3 雷达频率

信号的频率是雷达识别中最重要的参数之一。ESM 系统关注的大多数雷达的工作频率为 0.4~18GHz,少数频率更高的雷达也可以在 ESM 的环境中工作。

# 第 2 章 雷达参数及其对 ESM 系统的影响

当提到雷达时,通常会谈到不同的频段。雷达频段主要有两种命名,即 IEEE 命名和北约命名[2],如表 2.2 和 2.3 所列。这两种命名的使用都很普遍,因此在这里列出两种命名下的频段划分,但本书使用的是北约的命名。

表 2.2 IEEE 频段命名①

| 频段 | 频率范围/MHz | 波长/m | 频段 | 频率范围/MHz | 波长/cm |
| --- | --- | --- | --- | --- | --- |
| I | 0~200 | 最长 1.5 | X | 8000~12000 | 3.75~2.5 |
| G | 200~250 | 1.5~1.2 | Ku | 12000~18000 | 2.5~1.67 |
| P | 250~500 | 1.2~0.6 | K | 18000~26000 | 1.67~1.15 |
| L | 500~1500 | 0.6~0.2 | Ka | 26000~40000 | 1.154~0.75 |
| S | 2000~4000 | 0.15~0.075 | V | 40000~75000 | 0.75~0.4 |
| C | 4000~8000 | 0.075~0.0375 | W | 75000~111000 | 0.4~0.27 |

表 2.3 北约频段命名

| 频段 | 频率范围/GHz | 波长/m | 频段 | 频率范围/GHz | 波长/cm |
| --- | --- | --- | --- | --- | --- |
| A | 0~0.25 | 最长 1.2 | H | 6~8 | 5~3.75 |
| B | 0.25~0.5 | 1.2~0.6 | I | 8~10 | 3.75~3 |
| C | 0.5~1 | 0.6~0.3 | J | 10~20 | 3~1.5 |
| D | 1~2 | 0.3~0.15 | K | 20~40 | 1.5~0.75 |
| E | 2~3 | 0.15~0.1 | L | 40~60 | 0.75~0.5 |
| F | 3~4 | 0.1~0.075 | M | 60~100 | 0.5~0.3 |
| G | 4~6 | 0.075~0.05 | | | |

图 2.2 给出了 18GHz 以下的每个频段中的雷达百分比直方图,由图可见,使用最多的雷达频段是 E/F 频段和 I 频段。

从图 2.2 可以看出,目前使用最多的射频频段是介于 9~10GHz 的 I 频段。此频段内的雷达大多工作在 9.25~9.45GHz,并且是船载雷达,执行诸如船舶导航、海岸监视和对空拦截等多种功能的雷达通常工作在 9.2~9.5GHz。当考虑所有类型的雷达时,超过 30% 的雷达工作在 9~10GHz。船载雷达工作的另一个重要频段是 3.03~3.08GHz。这两个频段中的雷达数量很多,因为 300t 以上的船舶和客船必须配备 I 频段(9GHz 左右)的雷达,而 3000t 以上的船舶还必须配备 E/F 频段(3GHz 左右)的雷达。

在 1GHz 左右,有敌我识别(IFF)、空中防撞系统(TCAS)等多种机载雷达。空

---

① 译者注:表中的频率范围与通行的 IEEE 波段命名有所出入,如 L 波段应为 1000~2000MHz,K 波段应为 18000~27000MHz,Ka 波段应为 27000~40000MHz。

管雷达工作在 E 频段,典型频率为 2.7~2.9GHz,这些类型的雷达中有许多都使用双频点工作。在 G 频段,有工作在 5~6GHz 的气象雷达,还有工作在 4.2~4.4GHz 的雷达高度表。

30~300GHz 的频率范围对应的波长是毫米量级,与较低的频段相比,该频段的无线电波具有较高的大气衰减(被大气中的气体吸收)。因此,它们的作用距离很短,即使在近距离内,雨衰[3]也是一个严重的问题。毫米波雷达可以用作坦克和飞机上的近程火控雷达,以及舰船上用于击落来袭导弹的自动化火炮的火控雷达。毫米波的短波长使这些雷达既能跟踪射出的子弹流,也能跟踪目标。计算机火控系统根据这些信息解算并调整火炮的瞄准,从而实现弹目交会。

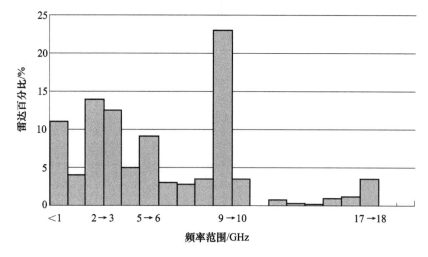

图 2.2　18GHz 以下的雷达频率典型直方图

威胁雷达可能存在于所有频段,从低频段的目标截获雷达(如 C 频段的"平脸"雷达)到高频段的火控雷达(如 J 频段的"轻剑"雷达)。威胁雷达的类型及其典型参数详见第 3 章。

### 2.3.1　频率捷变

雷达发射信号的频率可以是固定的,也可以在脉冲之间捷变,还可以在脉组之间捷变。一些捷变信号遵循特定的模式,即从脉冲到脉冲或从脉组到脉组改变频率,而另一些则是伪随机地改变频率。频率捷变的范围从几兆赫(常规雷达的频率档位之间)到几百兆赫(有源相控阵(AESA)雷达的最高频率和最低频率之差)。有些扫描雷达有多达 20 个不同的频率档位,档位之间的频差可达几十兆赫。通常情况下,档间频差大于 20MHz 的雷达是脉组捷变,而档间频差较小的雷达可以脉间捷变。但是,对于同时执行多种功能的有源相控阵雷达,脉间捷变的频率差也可以很大。

有些雷达具有几种不同的捷变模式,既有脉间捷变,也有脉组捷变。表2.4所列为一部典型现役雷达的频率捷变的两种模式。两个频率档位之间的差值为15MHz,且脉冲频率以设定的序列逐脉冲变化。在脉组捷变的情况下,在每个频点上发射4个脉冲。

雷达之所以使用频率捷变,除了对抗ESM系统外,还有其他的原因。有源相控阵雷达需要使用不同的频率来同时执行不同的功能,这些雷达的频率捷变范围可以达到几百兆赫,如图2.3所示,这是对有源相控阵雷达脉间捷变的仿真。

表2.4 脉间频率捷变和脉组频率捷变雷达示例

| 脉间频率捷变 | | | | | 脉组频率捷变 | | | | |
|---|---|---|---|---|---|---|---|---|---|
| 脉冲序号 | 频率号 | 频率/MHz | PRI/μs | 脉宽/μs | 脉冲序号 | 频率组 | 频率/MHz | PRI/μs | 脉宽/μs |
| 1 | 1 | 2740 | 670 | 3 | 1 | A | 2740 | 670 | 3 |
| 2 | 3 | 2765 | 632 | 3 | 2 | A | 2740 | 632 | 3 |
| 3 | 4 | 2795 | 632 | 3 | 3 | A | 2740 | 632 | 3 |
| 4 | 5 | 2780 | 632 | 3 | 4 | A | 2740 | 632 | 3 |
| 5 | 2 | 2725 | 652 | 3 | 5 | B | 2765 | 652 | 3 |
| 6 | 1 | 2740 | 580 | 3 | 6 | B | 2765 | 580 | 3 |
| 7 | 3 | 2765 | 672 | 3 | 7 | B | 2765 | 672 | 3 |
| 8 | 4 | 2795 | 505 | 3 | 8 | B | 2765 | 505 | 3 |
| 9 | 5 | 2780 | 599 | 3 | 9 | C | 2725 | 599 | 3 |
| 10 | 2 | 2725 | 599 | 3 | 10 | C | 2725 | 599 | 3 |
| 11 | 1 | 2740 | 599 | 3 | 11 | C | 2725 | 599 | 3 |
| 12 | 3 | 2765 | 619 | 3 | 12 | C | 2725 | 619 | 3 |
| 13 | 4 | 2795 | 600 | 3 | 13 | D | 2780 | 600 | 3 |
| 14 | 5 | 2780 | 672 | 3 | 14 | D | 2780 | 672 | 3 |
| 15 | 2 | 2725 | 565 | 3 | 15 | D | 2780 | 665 | 3 |
| 16 | 1 | 2740 | 605 | 3 | 16 | D | 2780 | 605 | 3 |
| 17 | 3 | 2765 | 632 | 3 | 17 | E | 2795 | 632 | 3 |
| 18 | 4 | 2795 | 632 | 3 | 18 | E | 2795 | 632 | 3 |
| 19 | 5 | 2780 | 632 | 3 | 19 | E | 2795 | 632 | 3 |
| 20 | 2 | 2725 | 650 | 3 | 20 | E | 2795 | 650 | 3 |
| 21 | 1 | 2740 | 652 | 3 | 21 | A | 2740 | 652 | 3 |
| 22 | 3 | 2765 | 652 | 3 | 22 | A | 2740 | 652 | 3 |
| 23 | 4 | 2795 | 652 | 3 | 23 | A | 2740 | 652 | 3 |

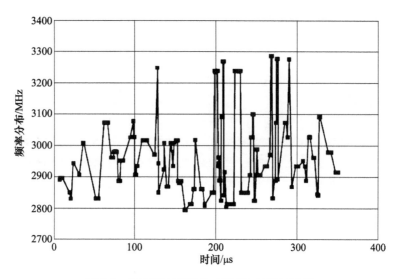

图 2.3　频率捷变范围为 400MHz 的雷达示例

## 2.4　PRI

在 ESM 处理的分选和识别阶段，PRI 都是重要的参数。PRI 定义为两个连续脉冲的上升沿之间的时间间隔，如图 2.4 所示。

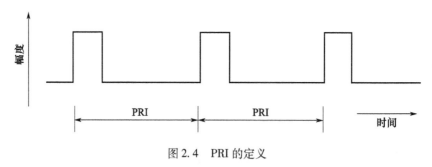

图 2.4　PRI 的定义

脉冲重复频率（PRF）是 PRI 的倒数，即

$$PRF = 1/PRI \tag{2.1}$$

长的 PRI 对应于低的 PRF，例如 2ms 的 PRI 对应的 PRF 为 500Hz，即 500 个脉冲每秒，而 500μs 的 PRI 对应的 PRF 为 2000Hz，即 2000 个脉冲每秒。PRI 的类型分为固定、参差、抖动和组变等。脉冲组（双脉冲组或三脉冲组）主要用于导弹制导等应用。

## 第2章 雷达参数及其对ESM系统的影响

### 2.4.1 固定PRI

许多雷达使用简单的固定PRI(脉冲序列中只有一个PRI)进行工作。不同类型雷达的PRI值范围从几十微秒到几毫秒,使用固定PRI的雷达类型通常是船舶导航雷达和气象雷达。如表2.5所列的气象雷达工作在约5GHz的频率上,固定的PRI约为3ms。

表2.5 固定PRI雷达示例

| 脉冲序号 | 频率/MHz | PRI/μs | 脉宽/μs |
|---|---|---|---|
| 1 | 5345 | 3320 | 3 |
| 2 | 5346 | 3320 | 3 |
| 3 | 5345 | 3320 | 3 |
| 4 | 5346 | 3320 | 3 |
| 5 | 5345 | 3320 | 3 |
| 6 | 5345 | 3320 | 3 |
| 7 | 5345 | 3320 | 3 |
| 8 | 5346 | 3320 | 3 |

### 2.4.2 参差PRI

大多数雷达采用参差PRI序列。尽管复杂脉冲序列可能有几十个PRI,参差PRI序列中最常见的是三参差,参差PRI显著地增加了分选处理的难度。如表2.6所列的雷达有12个不同PRI,每30个脉冲重复一次PRI模式。

表2.6 参差PRI雷达示例(12种重频,30个脉冲)

| 脉冲序号 | 频率/MHz | PRI/μs | 脉宽/μs | 脉冲序号 | 频率/MHz | PRI/μs | 脉宽/μs |
|---|---|---|---|---|---|---|---|
| 1 | 2780 | 504 | 6 | 26 | 2780 | 530 | 6 |
| 2 | 2780 | 532 | 6 | 27 | 2781 | 530 | 6 |
| 3 | 2780 | 532 | 6 | 28 | 2780 | 619 | 6 |
| 4 | 2780 | 532 | 6 | 29 | 2780 | 600 | 6 |
| 5 | 2780 | 552 | 6 | 30 | 2780 | 600 | 6 |
| 6 | 2779 | 500 | 6 | 31 | 2780 | 504 | 6 |
| 7 | 2780 | 572 | 6 | 32 | 2780 | 532 | 6 |
| 8 | 2780 | 505 | 6 | 33 | 2779 | 532 | 6 |
| 9 | 2780 | 599 | 6 | 34 | 2780 | 532 | 6 |

(续)

| 脉冲序号 | 频率/MHz | PRI/μs | 脉宽/μs | 脉冲序号 | 频率/MHz | PRI/μs | 脉宽/μs |
|---|---|---|---|---|---|---|---|
| 10 | 2781 | 599 | 6 | 35 | 2780 | 552 | 6 |
| 11 | 2780 | 599 | 6 | 36 | 2780 | 500 | 6 |
| 12 | 2780 | 619 | 6 | 37 | 2780 | 572 | 6 |
| 13 | 2780 | 600 | 6 | 38 | 2780 | 505 | 6 |
| 14 | 2781 | 572 | 6 | 39 | 2780 | 599 | 6 |
| 15 | 278 | 565 | 6 | 40 | 2779 | 599 | 6 |
| 16 | 2780 | 505 | 6 | 41 | 2780 | 599 | 6 |
| 17 | 2780 | 530 | 6 | 42 | 2780 | 619 | 6 |
| 18 | 2780 | 530 | 6 | 43 | 2780 | 600 | 6 |
| 19 | 2780 | 500 | 6 | 44 | 2780 | 572 | 6 |
| 20 | 2779 | 599 | 6 | 45 | 2780 | 565 | 6 |
| 21 | 2780 | 532 | 6 | 46 | 2780 | 505 | 6 |
| 22 | 2780 | 532 | 6 | 47 | 2781 | 530 | 6 |
| 23 | 2780 | 599 | 6 | 48 | 2780 | 530 | 6 |
| 24 | 2780 | 572 | 6 | 49 | 2780 | 500 | 6 |
| 25 | 2780 | 504 | 6 | 50 | 2780 | 599 | 6 |

### 2.4.3 抖动 PRI

在这种类型的 PRI 中，单个 PRI 的取值与所有脉冲 PRI 的平均值相差百分之几。这种类型的 PRI 可能会扰乱预测门处理器的运行(见第 8 章)。在预测门系统中，为套住雷达的下一个脉冲而设置的"门"一方面必须足够宽，以应对潜在的 PRI 抖动，另一方面又必须足够窄，以防止来自其他雷达的脉冲被纳入脉冲链。在密集射频环境中，需要每隔几十微秒接收一次脉冲，这将给 PRI 的计算过程带来问题。

例如，800μs 的 PRI 抖动 ±5% 时，其 PRI 在不同脉冲之间的变化最多可达 80μs，表 2.7 给出了这种脉冲序列的示例。许多工作在 I 频段的船舶雷达具有抖动的 PRI 序列，由于在较小的频率范围内检测到许多脉冲，这会影响到分选的正确性。

表 2.7 抖动 PRI 脉冲序列示例

| 脉冲序号 | 频率/MHz | PRI/μs | 脉宽/μs |
|---|---|---|---|
| 1 | 9393.0 | 802 | 0.35 |
| 2 | 9393.0 | 830 | 0.35 |
| 3 | 9393.1 | 783 | 0.34 |

第 2 章 雷达参数及其对 ESM 系统的影响

(续)

| 脉冲序号 | 频率/MHz | PRI/μs | 脉宽/μs |
|---|---|---|---|
| 4 | 9393.2 | 795 | 0.35 |
| 5 | 9393.0 | 832 | 0.35 |
| 6 | 9393.0 | 780 | 0.33 |
| 7 | 9393.2 | 805 | 0.34 |
| 8 | 9393.2 | 784 | 0.35 |
| 9 | 9393.2 | 815 | 0.33 |
| 10 | 9393.1 | 803 | 0.33 |

## 2.4.4 组变 PRI

在这种类型的 PRI 中:在一个 PRI 上首先发射一组脉冲;然后改变 PRI 发射下一组脉冲。表 2.8 和表 2.9 给出了两个示例。在第一个示例中:雷达首先在 14μs 的 PRI 上发射了 303 个脉冲;然后在 12μs 的 PRI 上发射了 305 个脉冲;最后又在 13μs 的 PRI 上发射了一组脉冲。在第二个示例中,每个驻留仅发射 5 个脉冲,且 PRI 范围为 0.8～1.2ms。表 2.8 中的雷达可能会欺骗 ESM 的跟踪相关处理,因为在每个 PRI 上发射了大量的脉冲,ESM 可能会认为每个 RPI 上都存在一部单独的雷达。

表 2.8 组变 PRI 示例(短 PRI,长驻留时间)

| 脉冲序号 | 频率/MHz | PRI/μs | 脉宽/μs |
|---|---|---|---|
| 1 | 9757 | 14 | 0.32 |
| 2 | 9755 | 14 | 0.32 |
| 3 | 9757 | 14 | 0.28 |
| 4 | 9757 | 14 | 0.32 |
| 5 | 9758 | 14 | 0.32 |
| 6 | 9758 | 14 | 0.28 |
| 后面 297 个脉冲的 PRI 均为 14ms | | | |
| 304 | 9757 | 12 | 0.28 |
| 305 | 9758 | 12 | 0.28 |
| 306 | 9757 | 12 | 0.28 |
| 307 | 9758 | 12 | 0.28 |

(续)

| 脉冲序号 | 频率/MHz | PRI/μs | 脉宽/μs |
|---|---|---|---|
| 308 | 9757 | 12 | 0.28 |
| 309 | 9757 | 12 | 0.32 |
| 后面299个脉冲的PRI均为12ms | | | |
| 609 | 9757 | 12 | 0.32 |
| 610 | 9757 | 13 | 0.32 |
| 611 | 9757 | 13 | 0.32 |
| 612 | 9757 | 12 | 0.32 |

表2.9 组变PRI示例(长PRI,短驻留时间)

| 脉冲序号 | 频率/MHz | PRI/μs | 脉宽/μs |
|---|---|---|---|
| 1 | 9757 | 1071 | 16.8 |
| 2 | 9757 | 1071 | 16.8 |
| 3 | 9757 | 1072 | 16.8 |
| 4 | 9756 | 1071 | 16.8 |
| 5 | 9757 | 1071 | 16.8 |
| 6 | 9757 | 1021 | 16.8 |
| 7 | 9757 | 1021 | 16.8 |
| 8 | 9757 | 1021 | 16.8 |
| 9 | 9757 | 1021 | 16.8 |
| 10 | 9757 | 1021 | 16.8 |
| 11 | 9756 | 981 | 16.8 |
| 12 | 9757 | 980 | 16.7 |
| 13 | 9756 | 981 | 16.8 |
| 14 | 9758 | 981 | 16.8 |
| 15 | 9757 | 981 | 16.7 |
| 16 | 9757 | 981 | 16.7 |

以使用组变PRI的一部脉冲多普勒雷达为例,其仅在6.0/6.5/7.0μs这3个PRI上工作,且在每个PRI上的驻留时长为10ms(或其整数倍)。脉宽在1.0~2.0μs范围内,且脉宽与PRI同步变化,以保持恒定的占空比。PRI的微小差异与PRI和脉宽的同步变化会给ESM分选算法带来困难,ESM很可能会为这种类型的雷达建立多重跟踪。关于多重跟踪的讨论见第14章。

### 2.4.5　脉组重复间隔

脉组重复间隔(PGRI)是PRI序列在发生重复之前的所有PRI之和。这是一个有用的参数,因为一些ESM脉冲分选算法能够确定脉组重复间隔,但不能识别单个PRI。对于简单参差的雷达,脉组重复间隔可能包含3个或4个PRI,如图2.5所示。对于具有复杂PRI序列的雷达,脉组重复间隔可能包含几十个RPI。

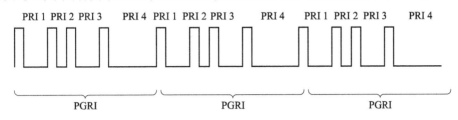

PRI 1 PRI 2 PRI 3 PRI 4 PRI 1 PRI 2 PRI 3 PRI 4 PRI 1 PRI 2 PRI 3 PRI 4
PGRI
PGRI
PGRI
PGRI=PRI1+PRI2+PRI3+2PRI4

图2.5　脉组重复间隔的脉冲序列示例

有一类雷达的脉组重复间隔具有完全不同的含义。采用脉冲位置调制(PPM)向导弹发送指令的导弹制导雷达通常是几个脉冲一组进行发射,这些脉冲由非常短的PRI隔开,随后是较大的脉冲间隙。

脉组内的双脉冲或三脉冲的位置可以向导弹发送特定的指令,图2.6所示为使用PPM的导弹制导雷达的典型脉组信号。

图2.6中的信号引导了两枚导弹。每枚导弹都有一个单独的子帧标记三脉冲组,随后是向导弹发送制导指令的三脉冲组。指令三脉冲组的间距表示指令的类型(如航向或高度的调整),指令三脉冲组的位置表示所需的航线调整幅度。

| 帧 | 1(持续时间约6ms) | | | | | | | | | | | |
|---|---|---|---|---|---|---|---|---|---|---|---|---|
| 子帧 | A(持续时间约3ms) | | | | | | B(持续时间约3ms) | | | | | |
| PRI/μs | 9 | 4 | 1420 | 6 | 15 | 1546 | 5 | 2 | 1573 | 3 | 12 | 1405 |
| 用途 | 导弹A的子帧标志 | | 导弹A的指令 | | | | 导弹B的子帧标志 | | 导弹B的指令 | | | |

图2.6　使用PPM的导弹制导雷达的典型脉冲序列示例

## 2.5　脉　宽

雷达脉宽是脉冲的持续时间,通常以μs为单位。大多数脉冲的形状不是矩形的,具有倾斜的上升沿和下降沿。脉宽[4]从脉冲幅度上升到峰值一半的时刻开始，直到脉冲幅度在下降沿的同一个幅度时结束，如图 2.7 所示。

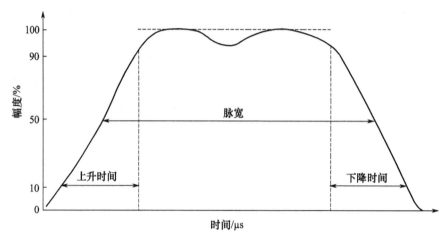

图 2.7　雷达脉宽定义

脉宽是雷达基本参数中最不灵活的，有些雷达会使用两个脉宽，超出两个脉宽的雷达并不常见。图 2.8 所示为当前雷达脉宽的直方图。超过 30% 的雷达具有 1μs 或更短的脉宽。

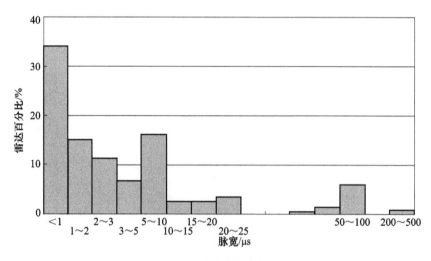

图 2.8　雷达脉宽直方图

## 2.5.1　脉冲上升时间

脉冲上升时间定义为脉冲幅度从其峰值幅度的 10% 增加到 90% 所需的时间。

有50%以上的雷达的上升时间为50ns或更短,其中大约有15%的雷达的上升时间为45~50ns;另有25%的雷达的上升时间为50~100ns。图2.9的直方图显示了各种脉冲上升时间的雷达所占的百分比。

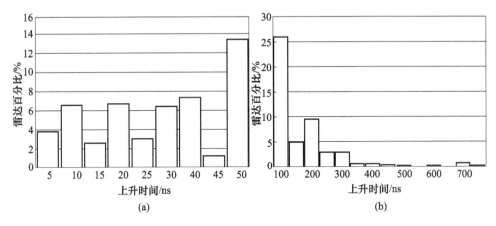

图2.9 雷达脉冲上升时间直方图

## 2.6 脉冲调制

最常见的脉冲调制形式是脉冲频率调制(FMOP),或称为线性调频[5]①。发射波形由一个恒定幅度的矩形脉冲组成,其频率在脉冲持续时间内从 $f_1 \sim f_2$ 线性增加。图2.10所示为20MHz的线性调频脉冲。目前的雷达在 $1\mu s$ 脉冲内的可以实现高达125MHz的线性调频,不过常见的为5~10MHz。5MHz的线性调频不会引起ESM系统的频率测量问题。

有些雷达采用非线性调频波形,如图2.11所示。图中的脉冲采用了V形调频,前半部分脉冲为10MHz的线性调频,后半部分脉冲为-10MHz的线性调频。ESM接收机可以识别出频率的分布,但很可能无法正确测量脉冲的中心频率,并且难以确定脉冲的调频斜率。

相位调制是另一种常见的脉冲调制形式,其中持续时间 $T$ 的长脉冲被分成宽度为 $\tau$ 的 $N$ 个子脉冲。每个子脉冲的相位为0或 $\pi$ 弧度。长脉冲经过匹配滤波器的输出是宽度为 $\tau$ 的尖峰,幅度是长脉冲的 $N$ 倍。脉冲压缩比为 $N = T/\tau = BT$,其中 $B = 1/\tau$ 是带宽。

---

① 译者注:并非所有调频都是线性调频。

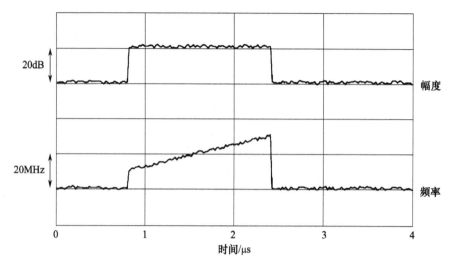

图 2.10　20MHz 的线性调频脉冲

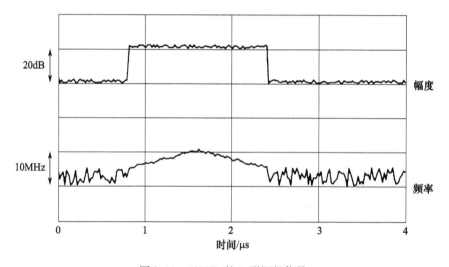

图 2.11　10MHz 的 V 形调频信号

匹配滤波器的输出波形向中心尖峰的两侧都延伸了距离 D。位于主尖峰之外的波形称为时间旁瓣。期望的相位编码波形应当使其自相关函数具有相等的时间旁瓣。

巴克码[6]是由 0 和 π 组成的二进制相位编码序列,在通过匹配滤波器后能够产生相等的时间旁瓣。图 2.12 是长度为 13 位的巴克码脉冲示例。"( + )"表示 0 相位,"( − )"表示 π 弧度相位。

图 2.13 是 13 位巴克码脉冲的幅度和频率分布。

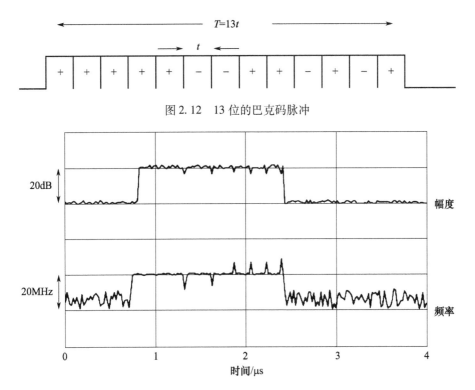

图 2.12　13 位的巴克码脉冲

图 2.13　13 位的巴克码脉冲的幅度和频率剖面

尽管巴克码脉冲的幅度和频率分布中存在尖峰,但这种类型的编码不会对 ESM 的频率或脉宽测量形成明显干扰。

## 2.7　雷达波束形状

雷达波束通常有两种类型:一种是扇形波束,具有窄的方位波束和宽的俯仰波束;另一种是笔形波束,方位和俯仰波束都比较窄。

最常见的雷达天线波束形状是方位角为 $(\sin x/x)^2$ 分布,俯仰角为 $\csc^2 x$ 分布[7],如图 2.14 所示。

方位波束形状在 ESM 系统中的表现形式对于 ESM 系统的分析非常重要,因此在这里给出波束形状的推导过程,并在附录 A 中给出精确模拟雷达方位波束形状所需的详细计算。

定义波束形状时最重要的参数是 3dB 波束宽度,即波束幅度下降到其峰值幅度 1/2 时所对应的波束宽度。3dB 波束宽度在计算 $(\sin x/x)^2$ 时由下式引入:

$$x = (\pi\sin\theta)/B \tag{2.2}$$

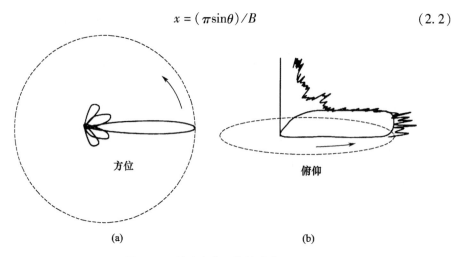

图 2.14 雷达方位和俯仰波束形状

式中:$\theta$ 为距离波束峰值的方位角;$B$ 为 3dB 波束宽度。

图 2.15 中的第一个曲线图显示了基本的 $(\sin x/x)^2$ 波束形状。第二个曲线图显示的是相同的数据,但将纵坐标换算成了分贝(dB)。将以 W 为单位的幅度转换为分贝的公式为

$$\text{幅度}(dB) = 10\lg10(\text{以 W 为单位的幅度}) \tag{2.3}$$

分贝是 ESM 系统中表示幅度的常用单位,由于分贝是对数刻度,因此比线性刻度更便于查看幅度曲线:1W = 0dB,0.5W = -3dB。使用对数刻度,可以将 10mW(-20dB)的幅度与 1kW(30dB)的幅度绘制在同一张图表上,而且易于区分。

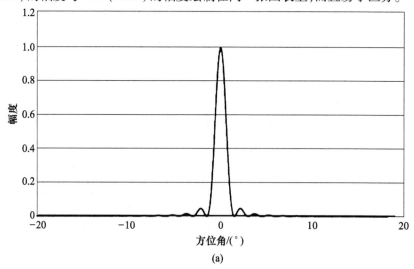

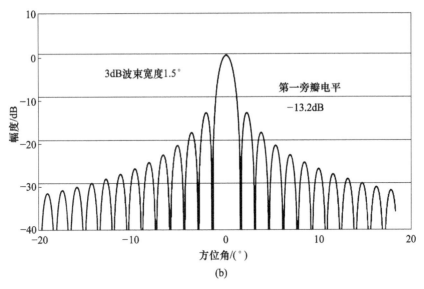

图 2.15 基本的方位波束形状

$(\sin x/x)^2$ 波束形状的第一旁瓣默认值为 $-13.2$dB。但是,为了使更多的功率进入主瓣并减少进入旁瓣的功率,雷达天线的设计者降低了第一旁瓣的电平。这是通过修改基本 $(\sin x/x)^2$ 等式来实现的,即

$$A_\theta = ([\sin(u^2-z^2)^{1/2}]/[u^2-z^2]^{1/2})^2 \tag{2.4}$$

式中:$A_\theta$ 为雷达波束在方位角 $\theta$ 处的幅度;$u$ 可定义为

$$u = [C\pi\sin(\theta)]/B \tag{2.5}$$

式中:$C$ 和 $z$ 对应于所需的旁瓣电平[8],可以在相关表格查到(见附录 A)。

使用式(2.4)时,会产生如图 2.16 所示的雷达波束形状。这种情况下,3dB 波束宽度为 1.5°,且第一旁瓣电平为 $-23$dB。

一旦确立了雷达波束形状,就可以根据波束形状绘制雷达扫描过 ESM 平台时的脉冲幅度。脉冲的位置将取决于两个附加因素:PRI 和扫描周期。图 2.17 给出了 PRI 为 1ms、扫描周期为 3s 的雷达的主波束和第一旁瓣中所有脉冲的幅度(有关脉冲位置的更多详细信息,见附录 A)。

现在可以将脉冲绘制在波束形状上,图 2.17 中的 $x$ 轴坐标由角度单位改成时间单位,图中用的是毫秒。在计算波束上的脉冲位置时,引入扫描周期就可以实现这种单位转换。例如,对于扫描周期为 3s 且 PRI 为 1ms 的雷达,天线在两个脉冲之间会旋转 0.12°。虽然扫描周期和 PRI 都不影响波束形状,但从 ESM 系统的角度来看,它们确实会影响波束上脉冲出现的位置。

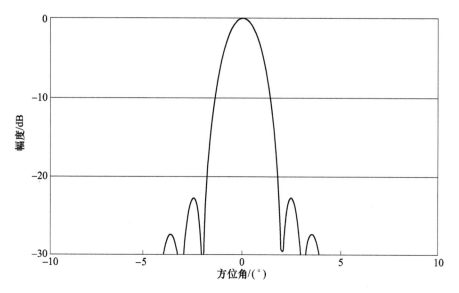

图 2.16 典型的雷达方位波束形状

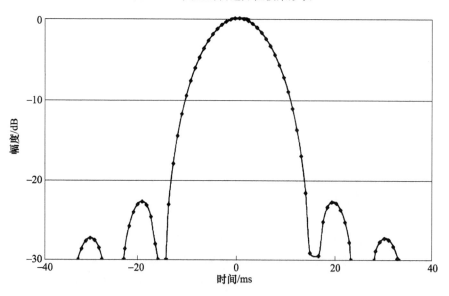

图 2.17 典型的雷达方位波束形状及对应的脉冲

## 2.8 扫描模式

大多数雷达使用旋转天线进行圆周扫描。然而,雷达设计人员也可以使用其他扫描类型如光栅扫描、螺旋扫描、圆锥扫描和扇区扫描等,下面将从 ESM 的角度介绍每种不同类型的扫描方式[9]。

### 2.8.1 圆周扫描

圆周扫描是一种常规扫描模式,扫描周期一般为几秒。方位波束形状通常为 $(\sin x/x)^2$,俯仰波束形状通常为 $\operatorname{cosec}^2 x$ 的形式。方位覆盖范围为 360°,仰角最大可以达到 70°。脉冲的幅度先是随着雷达扫过 ESM 接收机而增加,一旦波束的峰值通过后就会转为逐渐减小。图 2.18 显示了圆周扫描雷达信号在 ESM 系统中的幅度曲线。

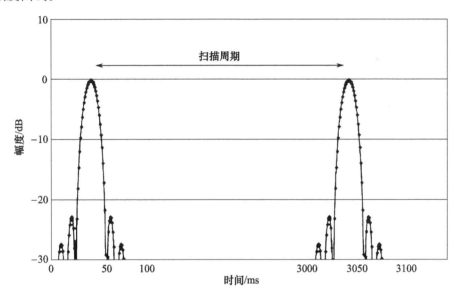

图 2.18 圆周扫描雷达的脉冲幅度包络

### 2.8.2 扇区扫描

扇区扫描的方位波束形状与圆周扫描相同,俯仰波束形状为 $\operatorname{cosec}^2 x$,但雷达在方位上的覆盖范围较小。扇区扫描模式通常用于对特定方向或区域进行搜索,典型的扇区扫描雷达是目标截获雷达。扇区扫描又可以分为 3 种类型。

(1) 双向扇区扫描。双向扇区扫描是指雷达的天线围绕一个固定点来回转动并发射信号。典型的双向扇区扫描雷达是气象或地面测绘雷达,其波束仅在感兴趣的扇区中发射信号。ESM 只有在扇区方位角范围内时,才能看到来自双向扇区扫描雷达的脉冲。脉冲的幅度包络表现为两个相邻的波束形状,波束的前沿在交替的扫描峰值上反转。

（2）单向扇区扫描。在这种类型的扫描中，雷达天线在方位角上进行圆周旋转，但只在扫过特定的扇区时才发射信号。ESM 只有位于扫描扇区内时，才能收到雷达脉冲，而且 ESM 观察到的脉冲幅度包络与圆周扫描雷达一致。

（3）垂直扇区扫描。测高雷达使用垂直扇区扫描。这些雷达具有窄的俯仰波束，扫描速率为 5~30 次/min。只有当测高雷达朝 ESM 的方向上发射时，ESM 才会收到脉冲。

### 2.8.3 光栅扫描

光栅扫描使用笔形波束覆盖有限的矩形搜索区域。空中截击雷达可以使用光栅扫描以良好的角度分辨率在方位和俯仰上搜索大片空域。波束在方位上扫描感兴趣的扇区，并且在每次方位扫描结束时，改变波束的仰角。光栅扫描可以准确地测量目标的距离、方位和高程。扫描重复频率与扇区的角度有关，但通常是每秒扫描 4~5 次。

图 2.19 显示了 ESM 系统收到的光栅扫描转雷达脉冲的幅度包络。随着笔形波束在俯仰上接近 ESM 平台，峰值幅度会增大，并且在单次扫描中可以收到更多的脉冲。

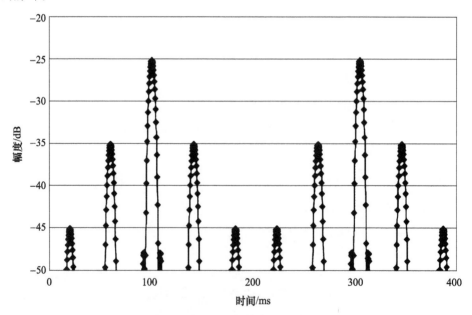

图 2.19　光栅扫描雷达的脉冲幅度包络

## 2.8.4 平面螺旋扫描

平面螺旋扫描天线使用笔形波束每扫一圈向外旋转一个角度步进。从外部移动到中心的时间就是回扫时间。图2.20显示了ESM系统接收到的平面螺旋扫描雷达脉冲的幅度包络。

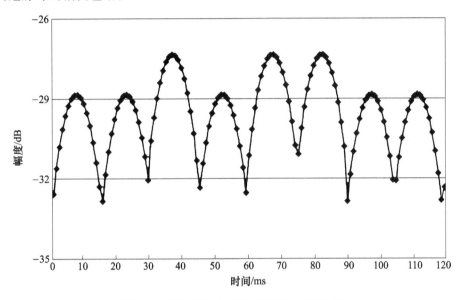

图2.20 平面螺旋扫描雷达的脉冲幅度包络

## 2.8.5 圆柱螺旋扫描

在圆柱螺旋扫描模式下,天线使用笔形波束在方位上连续旋转的同时在俯仰上升高或降低,从而在空间中描绘出圆柱螺旋结构。ESM系统接收到的圆柱螺旋扫描雷达脉冲的幅度包络如图2.21所示。

## 2.8.6 圆锥扫描

在圆锥扫描模式下,雷达使用笔形波束围绕中心轴线旋转。为了获得良好的角度分辨率,雷达使用了较窄的波束宽度。旋转轴与天线波束轴线之间的夹角称为斜视角。斜视角总是小于波束宽度的1/2,且圆锥扫描速率通常在50~100Hz间变化。

跟踪雷达对目标进行圆锥扫描,试图将目标置于雷达的3dB波束宽度内,从而锁定目标。ESM系统接收到的圆锥扫描雷达脉冲的幅度包络如图2.22所示,随着波束靠近ESM接收机然后又远离,包络表现为正弦曲线。

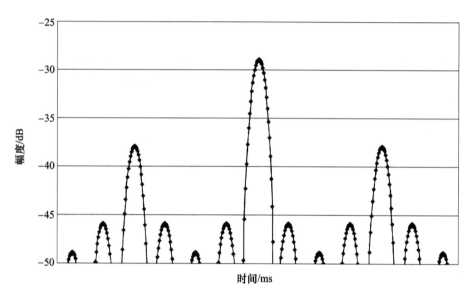

图 2.21　圆柱螺旋扫描雷达的脉冲幅度包络

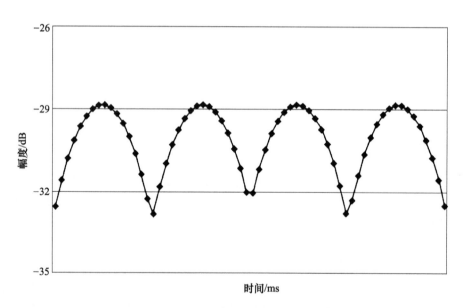

图 2.22　圆锥扫描雷达的脉冲幅度包络

随着雷达逐渐锁定目标,正弦包络的幅度会减小。最终,当雷达完全将目标锁定在 3 dB 波束宽度内时,脉冲幅度会趋于恒定,此时 ESM 所看到的幅度包络也是稳定的[9]。

## 2.8.7 帕尔默扫描

在帕尔默扫描模式下,雷达天线围绕轴线进行快速圆周扫描,与此同时轴线也在线性移动。当轴线保持不动时,帕尔默扫描就退化为圆锥扫描。帕尔默扫描通常用于搜索狭长的区域。然而,帕尔默扫描和平面螺旋扫描都有缺点,即除非在扫描周期内改变扫描速度,否则这两种扫描方式对扫描区域内不同位置的照射能量都不一致。ESM 系统接收到的帕尔默扫描雷达脉冲的幅度包络如图 2.23 所示。

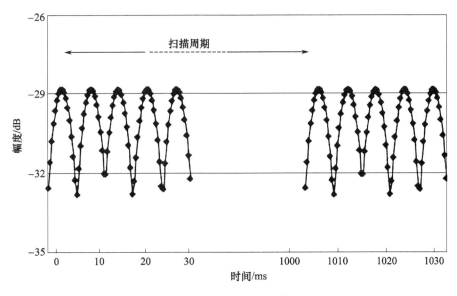

图 2.23 帕尔默扫描雷达的脉冲幅度包络

## 2.8.8 点头扫描

点头扫描雷达的脉冲幅度包络如图 2.24 所示。这种扫描模式使用笔形波束在方位上进行基本的圆周扫描,同时叠加俯仰角的扫描,以获得 360°方位覆盖和 30°仰角覆盖。

## 2.8.9 波位切换扫描

波位切换扫描将天线波束指向不同的斜视角位置,以提高跟踪雷达的跟踪精度。它类似于圆锥扫描,但波束没有连续旋转,而是有不同的位置。典型的配置由 2 个或 4 个波位组成。这种扫描的幅度包络如图 2.25 所示。

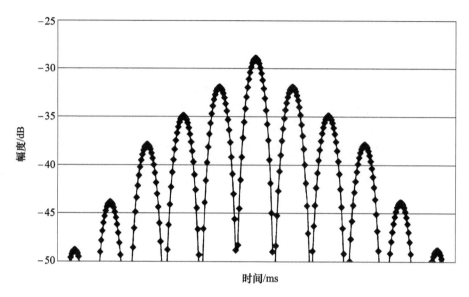

图 2.24 点头扫描雷达的脉冲幅度包络

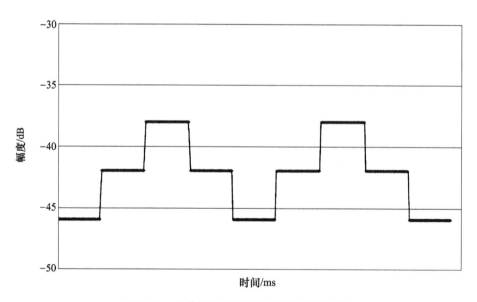

图 2.25 波位切换扫描雷达的脉冲幅度包络

## 2.8.10 边扫描边跟踪

在这种扫描模式下,雷达进行扇区扫描,同时使用单独的波束跟踪目标。如果

ESM 接收机在被扫描的扇区内,则 ESM 看到的幅度包络将是扇区扫描的幅度包络。如果 ESM 平台是被跟踪的目标,那么除了扇区扫描脉冲之外,还有来自跟踪波束的脉冲以相等的幅度出现在 ESM 接收机中。

### 2.8.11 锁定

目标跟踪雷达在锁定目标后使用这种扫描模式。ESM 接收机收到的脉冲幅度是相等的。

### 2.8.12 俯仰多波束

有些雷达工作时使用不止一个俯仰波束,如图 2.26 所示。该雷达在俯仰角为 10°、30°和 50°的 3 个波束上各发射一个脉冲。每个脉冲所用的波束是预定义的,由此决定了雷达幅度包络的样式。

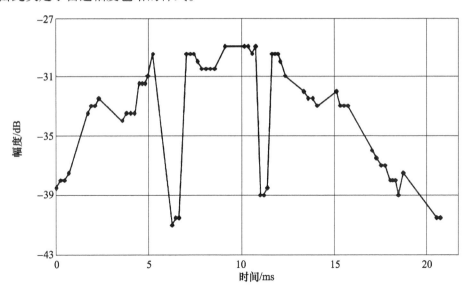

图 2.26 俯仰三波束雷达单次扫描的幅度包络

三波束的幅度包络可以叠加在整体扫描包络上,如图 2.27 所示,以显示每个脉冲所对应的波束。

### 2.8.13 AESA 雷达扫描

有源相控阵(AESA)雷达不使用机械转动的天线,而是使用由小型固态收发模块(TRM)组成的天线阵列。每一个 TRM 都能在各自的频率上产生和辐射独立

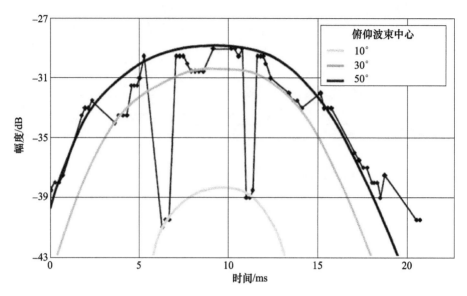

图 2.27 俯仰三波束雷达单次扫描的幅度包络叠加到整体扫描包络上

的信号。ESM 看到的 AESA 雷达的幅度包络具有看似随机的模式,如图 2.28 所示。ESM 很难正确处理这种类型的脉冲序列和幅度包络。第 3 章和第 18 章将详细介绍 AESA 雷达及其对 ESM 系统构成的挑战。

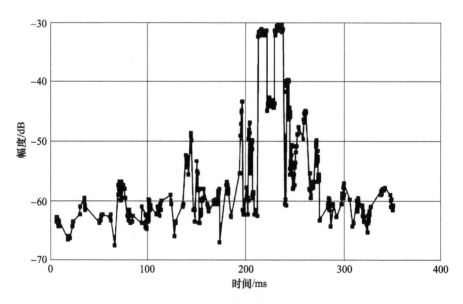

图 2.28 AESA 雷达的幅度包络

## 2.9 等效辐射功率

等效辐射功率(ERP)的值为雷达天线功率乘以给定方向上的天线增益。如果未指定方向,则取最大增益方向。根据定义,dB 是分贝的公认缩写。此外,dBW 是相对于 1W 的 dB 的缩写。之所以使用 dB 而不是算术比率或百分比,是因为当电路串联时,功率电平的表达式(以 dB 为单位)可以直接用算术加减来表示。例如,在射频传输系统中,如果将已知数量的射频功率馈送到系统,并且每个组件(如同轴电缆、连接器、双工器)的损耗(以 dB 为单位)是已知的,则可以通过简单的加法和减法快速计算出整个系统的损耗。

对 ESM 分析人员和系统设计人员而言,雷达的 ERP 是一个重要参数,可以用来预测将从特定雷达接收到的脉冲的数量和幅度。附录 A 介绍了如何在计算中使用 ERP,ERP 还可用于确定雷达何时进入 ESM 平台的探测范围(确定对特定雷达的截获概率)。典型的 ERP 取值范围从港口监视雷达的 73dBW、空管雷达的 80dBW 到某些威胁雷达的 100dBW 以上。

## 2.10 极　　化

天线的辐射场由电场和磁场组成,二者相互垂直。电场决定了电磁波的极化方向。当天线从无线电波中接收能量时,如果天线的方向与信号的电场方向相同,将获得最大的接收量[10]。

通常使用两种线性极化的平面:垂直极化(电力线在垂直方向上)和水平极化(电力线在水平方向上)。

图 2.29 所示为垂直极化和水平极化时雷达波的传播方向。

图 2.29　垂直极化和水平极化

线极化实际上可以发生在任何平面上,而不局限于水平面和垂直面。45°和 −45°的线极化具有专门的名称——斜极化。

当电场的方向在每个射频能量周期中旋转360°时,就会产生圆极化。圆极化可以是右旋的,也可以是左旋的。图2.30所示为右旋圆极化的示例。

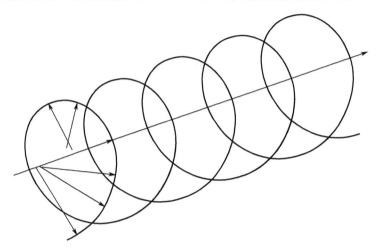

图2.30 右旋圆极化

目前,圆极化雷达的比例不超过10%。但是,导弹制导、信标询问和弹上的信标发射等威胁性的雷达功能大多使用圆极化。

在某些情况下,电场的方向并不保持恒定。相反,当波在空间中传播时,电场会发生旋转。在这些情况下,电场同时存在水平分量和垂直分量,此时的电磁波具有椭圆极化。

极化对于ESM系统很重要,原因有两个:一是ESM系统可能无法接收到所有极化的脉冲;二是多径效应对于不同的极化有不同的影响,因为不同的极化具有不同的反射系数(见附录B)。

ESM天线通常只能接收一种旋转方向的圆极化,但圆极化的旋转方向在反射时会发生变化,这有可能导致ESM接收机能够接收到反射脉冲,但接收不到直达路径的脉冲。如果ESM天线使用了错误的极化方式,则会产生相当大的损耗,实际损耗为20~30dB。当ESM天线的极化与雷达的极化不匹配时,即使飞机处于本应能够检测到雷达脉冲的范围内,也可能会漏掉脉冲。

## 参考文献

[1] Barton, D. K., *Radars, Volume 7: CW and Doppler Radar*, Dedham, MA: Artech House, 1978.
[2] Belov, L. A., S. M. Smolskiy, and V. N. Kochemaso, *Handbook of RF, Microwave, and Millimeter-Wave Components*, Norwood, MA: Artech House, 2012.

[3] Laster, J., and W. L. Stuzmann, "Frequency Scaling of Rain Attenuation for Satellite Communication Links," *IEEE Transactions on Antennas and Propagation*, November 1995.

[4] Wiley, R. G., *ELINT: The Interception and Analysis of Radar Signals*, Norwood, MA: Artech House, 2006.

[5] Smith, S. W., *The Scientist and Engineer's Guide to Digital Signal Processing*, San Diego, CA: California Technical Publishing, 1997.

[6] Barker, R. H., *Group Synchronizing of Binary Digital Systems Communication Theory*, Oxford, UK: Butterworth, 1953.

[7] Skolnik, M. I., *Introduction to Radar Systems*, 3rd ed., New York: McGraw-Hill, 2008.

[8] Skolnik, M. I., *Radar Handbook*, 1st ed., New York: McGraw-Hill, 1970.

[9] Prathyusha, S., and R. D. Nageswar, "Radar Scan Pattern Synthesis and Implementation on FPGA," *International Journal of Scientific & Engineering Research*, June 2015.

[10] Seybold, J. S., *Introduction to RF Propagation*, New York: Wiley, 2005.

# 第 3 章

# 射频环境

一种普遍的误解是，ESM 系统必须应对每秒数百万个脉冲的信号密度。实际上，ESM 系统只能检测到指向它的雷达的脉冲。对于扫描雷达，ESM 系统在每部雷达扫描周期中检测到的脉冲相对较少。跟踪雷达可以频繁指向 ESM，因此具有较高的接收脉冲密度。然而，即使具有较短的 PRI（如 50μs），这种雷达每秒也只能产生 20000 个脉冲。大多数情况下，ESM 并不在目标跟踪雷达的照射方向附近，因此在设计 ESM 系统时，如果将能够适应非常高的脉冲密度作为限制条件，很可能会影响到 ESM 系统提供良好的射频环境图像。

## 3.1 雷达距离方程与 ESM 系统

雷达探测距离 $R$ 受到雷达方程的限制，即

$$接收功率 \propto 1/R^4 \tag{3.1}$$

式(3.1)适用于雷达的接收功率，因为雷达脉冲必须传输到目标并返回雷达才有意义[1]。ESM 系统直接接收雷达发射的脉冲，因此对于 ESM，有

$$接收功率 \propto 1/R^2 \tag{3.2}$$

例如，如果没有地球曲率的限制，ESM 可以在 3600n mile① 的距离上发现一部作用距离为 60n mile 的雷达。

ESM 系统接收的功率可以用两种单位来表示。一种是 $W/m^2$，这种表示方式与雷达信号的频率无关，接收功率 $P_r$ 的计算公式为

$$P_r = (P_t G_r G_t)/(4\pi R^2) \tag{3.3}$$

式中：$P_t$ 为雷达的发射功率，单位为 W；$R$ 为 ESM 到雷达的距离，单位为 m；$G_t$ 和 $G_r$ 为发射机和接收机的天线增益，可以设为单位增益 1。式(3.3)可以用 $dBW/m^2$

---

① 海里(n mile)，1n mile = 1.852km。

表示为

$$P_r(\text{dBW/m}^2) = 10 \times \lg10(P_r)(\text{W/m}^2) \tag{3.4}$$

表示接收功率的另一个单位是 dBmi。这种表式方式与雷达的频率有关,此时接收功率 $P_r$ 的计算公式为

$$P_r = (P_t\lambda^2)/(16\pi^2 R^2) \tag{3.5}$$

在这种情况下,$P_r$ 和 $P_t$ 用 mW 表示。$\lambda$ 为雷达的波长,单位为 m,可以用雷达的频率计算出来,计算公式为

$$\lambda = f/c \tag{3.6}$$

式中:$f$ 为雷达频率;$c$ 为光速($c = 3 \times 10^8$ m/s)。

式(3.5)中的 $P_r$ 可以用 10 ×lg10 转换为 dBmi 表示(若要将 dBW 转换为 W,可以用公式 $P_r = 10^{(\text{dBW})/10}$ W)。

对于等效辐射功率为 80dBW、频率为 3GHz 的信号,灵敏度为 50dBmi 和 50dBW/m² 的接收机对应的最大接收距离的分别为 430n mile 和 480n mile。在其他频率上,两个接收机的最大距离会有所不同。第 4 章详细介绍了 ESM 的灵敏度。

## 3.2 雷达视距

ESM 对雷达的探测距离主要受到雷达视距的影响。地球曲率意味着雷达信号沿直线传播时,限制了 ESM 对雷达信号的探测距离。雷达视距取决于雷达和 ESM 平台的高度。图 3.1 所示为雷达视距的简单示例。

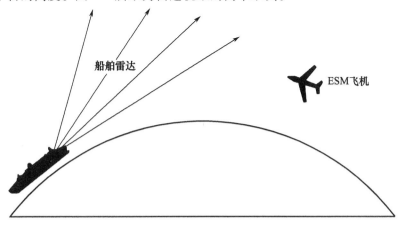

图 3.1　雷达视距

用于计算雷达视距的简化公式为[2]

$$\text{雷达视距} = 1.23\sqrt{(h)} \tag{3.7}$$

式中:$h$ 为 ESM 平台的高度(以英尺(ft)①为单位),雷达视距以海里(n mile)为单位。

$$\text{雷达视距} = 4.123\sqrt{(h)} \tag{3.8}$$

式中:$h$ 为 ESM 平台的高度(以米(m)为单位),雷达视距以千米(km)为单位。

式(3.7)和式(3.8)的近似程度足以用于 ESM 分析和雷达环境的仿真。但是,这两个公式没有考虑雷达平台的高度。如果雷达平台的高度已知,则雷达视距可以更精确的表示为

$$\text{雷达视距}(\text{n mile}) = 1.23 \cdot (\sqrt{(h_{\text{ESM}})} + \sqrt{(h_{\text{radar}})}) \tag{3.9}$$

$$\text{雷达视距}(\text{km}) = 4.123 \cdot (\sqrt{(h_{\text{ESM}})} + \sqrt{(h_{\text{radar}})}) \tag{3.10}$$

在式(3.9)中,高度以英尺为单位。在式(3.10)中,高度以 m 为单位。

表 3.1 给出了各种平台高度对应的雷达视距,以 km 和 n mile 为单位。

表 3.1　不同高度对应的雷达视距

| 飞机高度/ft | 雷达视距/km | 雷达视距/n mile |
|---|---|---|
| 200 | 32 | 17 |
| 1000 | 72 | 39 |
| 2000 | 102 | 55 |
| 5000 | 162 | 87 |
| 10000 | 227 | 123 |
| 20000 | 322 | 174 |

## 3.3　雷达的类型和功能

最常见的雷达可以执行诸如空管、天气探测和预警以及海岸和港口监视等功能。船舶导航和飞机应答器、高度表和机载气象雷达也是重要的雷达类型。对威胁雷达的探测是 ESM 系统的一项重要功能,因此在 ESM 系统的设计中,需要了解执行目标截获、跟踪和导弹制导等功能的雷达的参数。

---

① 英尺(ft),1ft = 0.3048m。

### 3.3.1 空管雷达

空管雷达监视民用和军用空中交通。这类雷达包括在特定区域内探测飞机的一次雷达和依靠被询问飞机的应答器响应的二次雷达。

一次雷达发射脉冲被目标飞机反射,然后被同一部雷达接收。一次雷达通常设有固定的雷达站,要么在机场,要么在特定的空管中心,后者可以监视大片的空域。大多数空管雷达工作在 E 频段,通常使用双频点,具有参差的 PRI 和多个脉宽,ERP 通常不低于 75dBW。这些雷达采用简单的圆周扫描模式,周期为几秒,波束宽度为 1°或 2°,这意味着在主波束中有几十个脉冲可供 ESM 进行检测。表 3.2 给出了一次空管雷达的典型参数。

表 3.2 一次空管雷达的典型参数

| 频率/MHz | PRI 序列/μs | 脉宽/μs | 扫描周期/s | 3dB 波束宽度及第一旁瓣电平 | ERP/dBW |
|---|---|---|---|---|---|
| 2780 | 1020,1030 | 0.8 | 4 | 1.5°,−23dB | 82 |
| 2930 | 1060,1040,1050 | 12 | | | |

表 3.2 中所示的雷达依次在其两个频率上轮流发射脉冲,每个频率上具有固定的 PRI 序列。频率 2 上的脉冲比频率 1 上的脉冲延迟 20μs,如表 3.3 中所列的脉冲序列。

表 3.3 一次空管雷达的脉冲序列

| 脉冲序号 | TOA | 频率/MHz | TSLP[①]/μs | 脉宽/μs | 脉冲序号 | TOA | 频率/MHz | TSLP[①]/μs | 脉宽/μs |
|---|---|---|---|---|---|---|---|---|---|
| 1 | 10:00:00.000 | 2780 | | 0.8 | 11 | 10:00:00.520 | 2780 | 1030 | 0.8 |
| 2 | 10:00:00.002 | 2930 | 20 | 12 | 12 | 10:00:00.522 | 2930 | 20 | 12 |
| 3 | 10:00:00.102 | 2780 | 1000 | 0.8 | 13 | 10:00:00.622 | 2780 | 1000 | 0.8 |
| 4 | 10:00:00.104 | 2930 | 20 | 12 | 14 | 10:00:00.624 | 2930 | 20 | 12 |
| 5 | 10:00:00.205 | 2780 | 1010 | 0.8 | 15 | 10:00:00.725 | 2780 | 1010 | 0.8 |
| 6 | 10:00:00.207 | 2930 | 20 | 12 | 16 | 10:00:00.727 | 2930 | 20 | 12 |
| 7 | 10:00:00.311 | 2780 | 1040 | 0.8 | 17 | 10:00:00.831 | 2780 | 1040 | 0.8 |
| 8 | 10:00:00.313 | 2930 | 20 | 12 | 18 | 10:00:00.833 | 2930 | 20 | 12 |
| 9 | 10:00:00.415 | 2780 | 1020 | 0.8 | 19 | 10:00:00.935 | 2780 | 1020 | 0.8 |
| 10 | 10:00:00.417 | 2930 | 20 | 12 | 20 | 10:00:00.937 | 2930 | 20 | 12 |

① TSLP 为距上个脉冲的时间。

在大多数射频环境中,只存在少数几部一次空管雷达。ESM 应该能够区分这些雷达。但是,如果有多部相同类型的雷达使用相同的 PRI 序列,ESM 就会出现问题。详细的讨论见第 14 章。

二次空管雷达由地面的询问器和安装在飞机目标上的应答器组成,询问器使用 1030MHz 的频率向目标飞机发射编码脉冲。飞机上的应答器接收到脉冲后对其进行解码,生成合适的编码响应并以 1090MHz 的频率发送给询问器。从飞机接收到的应答数据显示在一次空管雷达的屏幕上。

询问信号有几种模式,每种模式由两个发射脉冲之间的间隔差异表示,这两个脉冲为 $P_1$ 和 $P_3$[3],如图 3.2 所示。飞机对每种模式的应答信号是不同的。第三个脉冲 $P_2$ 用于旁瓣抑制。

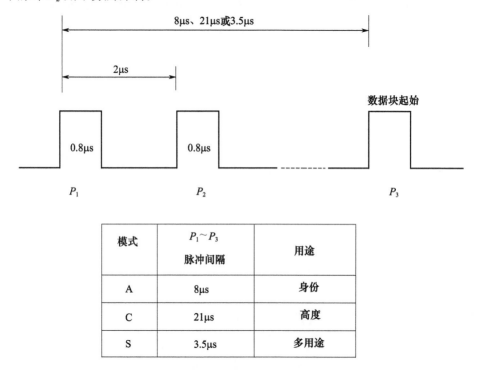

| 模式 | $P_1 \sim P_3$ 脉冲间隔 | 用途 |
|---|---|---|
| A | 8μs | 身份 |
| C | 21μs | 高度 |
| S | 3.5μs | 多用途 |

图 3.2 敌我识别模式

对模式 A 的应答信号中有 12 个数据脉冲,其中包含了飞机的身份号码。12 个数据脉冲位于两个框架脉冲 $F_1$ 和 $F_2$ 中间。对模式 C 的应答信号中有 11 个数据脉冲,其中包含了飞机的高度信息。地面询问器的天线具有很高的方向性,但不可能设计成没有旁瓣。飞机也能接收到来自询问器旁瓣的信号,并按规则做出应答。如果不能将这些来自旁瓣的应答与来自主波束的预期应答区分开来,就可能在错误的方位上生成虚假的飞机指示。

为了克服这个问题,地面询问天线有一个接近于全向的辅助天线,其增益超过主天线的旁瓣增益,但低于主天线的主波束增益。在 $P_1$ 脉冲之后 $2\mu s$,从辅助天线发射脉冲 $P_2$。如果飞行器检测到 $P_2$ 比 $P_1$ 强,则不进行应答,这样可以避免飞行器位于询问器天线旁瓣时发出应答。

模式 S[4]具有不同的询问特征,它的询问信号使用天线主波束发射脉冲 $P_1$ 和 $P_2$,以确保模式 A 和模式 C 应答器不做出应答,然后发射一长串相位调制脉冲。

ESM 系统很难充分理解这种类型的信号,因为在繁忙的空中交通环境中,在两个频点(1030MHz 和 1090MHz)上可能存在着多组脉冲,而且其 PRI 看似是随机的。通常,ESM 需要使用滤波器来过滤掉这些频点上的脉冲。

### 3.3.2 港口监视雷达

传统的港口监视雷达工作在 I 频段,虽然具有固定的频点和简单的 PRI 及脉宽,但 3dB 波束宽度很窄,而且扫描速度很快,使得 ESM 系统很难探测到这类雷达的信号。这是因为大多数脉冲的功率远低于主波束峰值的功率,详细的讨论见 3.7 节。

现代港口监视雷达工作在多个频段上,通常使用无源电子扫描阵列进行方位扫描。这种雷达的典型输出功率只有几瓦,使得 ESM 系统很难探测到它们[5]。

### 3.3.3 机载雷达

机载雷达对 ESM 系统来说是最具挑战性的。由于飞机是快速移动的,ESM 很难将机载雷达的截获信号与现有跟踪进行关联。图 3.3 展示了 ESM 系统在跟踪机载雷达时遇到的困难。图中单部雷达存在多重跟踪,这种情况在当前的 ESM 系统中很常见。

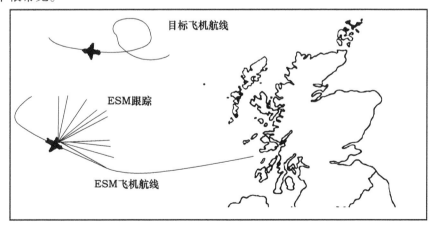

图 3.3　ESM 对单部机载雷达的跟踪

军用飞机的雷达给 ESM 系统带来了许多问题。这种类型的飞机可能不会在预定的路径上飞行,而且雷达要比简单的民用飞机雷达更加复杂。最现代的机载雷达是有源相控阵(AESA)雷达,见 3.3.9 节和第 18 章。

另一种特殊类型的机载雷达是预警机上的雷达,如机载预警和控制系统(AWACS)。这种雷达工作在 E/F 频段,采用点头圆周扫描方式,从而产生了独特的幅度模式。

雷达高度表是另一类机载雷达。这些雷达通常工作在 4.2~4.4GHz 的频率范围内,这是高度表专用的频段[7]。雷达高度表的天线主瓣很宽,约为 80°,即使在飞机倾斜 40°的情况下仍可以测出飞机到地面(特别是到最近的大型反射物体)的距离。

### 3.3.4 船舶导航雷达

300t 以上的船舶必须配备 I 频段(9GHz)雷达,而超过 3000t 的船舶还必须配备 E/F 频段(3GHz)雷达[8]。传统的船舶导航雷达具有简单的频点,可以根据探测距离在几种 PRI 和脉宽模式中选择相匹配的模式。表 3.4 给出了船舶导航雷达的参数。

表 3.4 船舶导航雷达的参数

| 雷达 | 频率/MHz | PRI 序列/μs | 脉宽/μs |
| --- | --- | --- | --- |
| 1 | 3040 | 760,参差 ±10 | 0.8 |
| 2 | 3060 | 980,固定 | 0.3 |
| 3 | 9380 | 1020,固定 | 0.7 |
| 4 | 9410 | 330,350,370 | 0.3 |

ESM 系统很容易检测到来自这些雷达的脉冲,并且在稀疏射频环境中,应该可以对来自各部雷达的脉冲进行分选处理。本章后面将介绍不同的射频环境,包括 ESM 在处理这类雷达时所面临的挑战。

较新版本的船舶导航雷达是宽带雷达,将在第 18 章进一步讨论。这些雷达的功率非常低,以至于 ESM 系统不太可能探测到它们。

### 3.3.5 气象雷达

气象雷达[9]用于确定降水位置、计算降水运动并估算降水类型(雨、雪、冰雹等)。现代气象雷达主要是脉冲多普勒雷达,除了能探测降水强度外,还能够探测雨滴的运动。气象雷达最常见的频率范围是 5~6GHz,它们通常工作在固定的 PRI 和脉宽上,并采用圆周或螺旋扫描方式,扫描周期相对较长,约为 10s。表 3.5 所列为典型的气象雷达的参数。

这些雷达所在的频段上雷达数量相对稀少,再加上典型的气象雷达参数比较简单,使其成为 ESM 测试和试验的理想对象。

表 3.5　气象雷达的参数

| 雷达 | 频率/MHz | PRI 序列/μs | 脉宽/μs |
| --- | --- | --- | --- |
| 1 | 5630 | 3333 | 2.0 |
| 2 | 5420 | 3330 | 2.5 |
| 3 | 5590 | 2500 | 3.0 |

### 3.3.6　威胁雷达

威胁雷达是指那些与武器有交联的雷达。武器系统通常配有用于目标截获(TA)、目标跟踪(TT)和导弹制导(MG)的雷达。与武器相关的其他雷达类型包括导弹导引头(MH)、信标询问器(BI)、目标照射器(TI)、导弹信标(BN)和火控(FC)雷达。

由于国家对本国武器系统的数据非常敏感,因此无法提供有关威胁雷达参数的大量信息,只能根据一些公开信息来源给出说明[10-12]。

目标截获雷达大部分采用圆周扫描,也有少量雷达采用扇区扫描、圆锥扫描或光栅扫描。圆周扫描的扫描周期通常为几秒,而光栅扫描的扫描周期可能长达一分钟。目标截获雷达具有小的 3dB 方位波束宽度,通常只有 1°或 2°,ERP 可能高达 130dBW。这种雷达并不局限于特定的频段,所有的雷达频段上都有可能存在目标截获雷达。

目标跟踪雷达首先锁定在目标上;然后向目标方向发射脉冲。目标跟踪雷达是唯一一种可以被 ESM100% 地接收到所有脉冲的雷达类型。如果 ESM 平台已被 PRI 为 1ms 的目标跟踪雷达锁定,则接收到的脉冲密度将为每秒 1000 个脉冲。即使雷达具有非常短的 PRI 如 10μs,则每秒会接收到 100000 个脉冲。实际上,这种雷达的 PRI 不太可能短到 10μs。

导弹制导雷达通常使用脉冲位置调制(PPM),这意味着有双脉冲组或三脉冲组向导弹传送制导命令。图 2.6 给出了 PPM 导弹制导信号的一个示例。这种类型的信号对 ESM 来说很难分选并正确识别,因此应将精确的参数放入 ESM 雷达库中,以确保可以对其进行识别。

信标询问器的信号可能与导弹制导雷达的信号一起出现,并且通过已知的频率差或者通过与目标跟踪雷达 PRI 序列的同步来实现与导弹制导雷达信号的关联。信标询问器的信号通常具有固定频点和小于 1μs 的短脉宽,使用固定的 PRI 或者不超过 3 个 PRI 的参差。目标照射雷达通常发射连续波信号,以向导弹提供目标方向。目标照射雷达的方位波束宽度很小,一般只有 1°或 2°,但也有一些目标照射雷达的波束宽度相对较宽,并且会随着导弹接近目标而将波束宽度变窄。

导弹信标信号存在于多个频段中,PRI 值从连续波到 2ms。ERP 值通常不高,最多为 30~40dBm。有些导弹信标信号是圆极化的,再加上 ERP 较低,很难被 ESM 检测和识别。

导弹导引头信号通常具有较高的 PRF,脉冲之间只有几微秒的间隔,并且可能采用捷变的频率。导引头信号与导弹信标信号的一个共同特征是它们都具有相对较低的 ERP,典型值约为 50dBm。导引头的方位波束宽度为 2°~15°,通常采用跟踪扫描或垂直扇区扫描模式。

火控雷达为武器提供目标的方位角、俯仰角、距离和速度等信息。火控雷达使用笔形波束,通常与扫描(边扫描边跟踪)雷达同步工作。火控雷达功能逐渐成为 AESA 多功能雷达的功能之一。

### 3.3.7 蜂窝/移动电话

有几种用于移动通信的信号体制,包括全球移动通信系统(GSM)、长期演进系统(LTE)和通用模式电信系统(UTMS)。除了少数几家非主流的网络提供商外,所有的信号都工作在 800~2600MHz 的频率范围内。该频率范围包括了一些二次空管雷达和威胁雷达,但通信信号和雷达信号的频点有差异,基本上不会干扰 ESM 对大多数雷达脉冲的接收。

如果移动电话信号进入 ESM 系统,很可能会以短 PRI 脉冲流的形式出现。这可能会对 ESM 系统产生严重影响,如这些无用的脉冲会填满脉冲缓存器,从而使所需的雷达无法被检测到。一旦知道了 ESM 工作区域中移动电话运营商使用的频率,就应该滤除掉这些特定频点上的脉冲。表 3.6 给出了欧洲的移动通信网络所用的频率。

表 3.6 欧洲移动通信网络的频段

| 频段 | 频率/MHz | 上行链路(终端到基站)/MHz | 下行链路(基站到终端)/MHz |
|---|---|---|---|
| E-GSM-900(2G 和 3G[①]) | 900 | 880.0~915.0 | 925.0~960.0 |
| DCS-1800(2G 和 4G) | 1800 | 1710.2~1784.8 | 1805.2~1879.8 |
| IMT(3G) | 2100 | 1920~1980 | 2110~2170 |
| IMT-E(4G) | 2600 | 2500~2570 | 2620~2690 |
| 欧洲数字红利频段[②](4G) | 800 | 832~862 | 791~821 |

[①] G 表示"代"。
[②] 这是数字电视推出时腾出的频谱。

随着5G手机信号的出现,可能会占用更多的频率范围,这可能会给ESM系统带来问题。在撰写本书时,还不知道确切的频率,但已经讨论了3.4～3.8GHz和24.25～27.5GHz的频率范围[13]。

### 3.3.8　低截获概率雷达

低截获概率(LPI)雷达[14]具有捷变的参数,使其难以被ESM系统探测到。常见的LPI样式如频率捷变、复杂PRI序列和线性调频长脉冲。在几个俯仰波束上同时发射脉冲,将使ESM系统难以将脉冲关联到单次截获中,并且还增加了将截获信号关联到现有ESM跟踪中的难度。

为了使旁瓣和背瓣最小化而构造的雷达波束也可以降低截获概率。然而,当雷达在广阔空域中扫描目标时,主波束很可能会频繁地指向ESM平台,从而被ESM检测到。减少旁瓣和背瓣是可取的,因为这会使雷达更难被识别。

参数和功率可控的LPI雷达已经服役多年,经过精心设计的分选和识别程序可以使ESM应对标准的LPI雷达。然而,最新类型的LPI雷达即AESA雷达很可能会给现有的ESM系统带来问题。

### 3.3.9　AESA雷达

传统的雷达具有旋转天线,工作在固定频率或者频率捷变能力有限,通常只执行一种功能,从而使得监视、跟踪和瞄准功能需要不同的雷达来执行。然而,AESA雷达能够同时执行多种功能。AESA雷达的天线是由一个个小型固态发射/接收模块(TRM)组成的阵列,不需要转动。每一个TRM都能够产生和辐射自己独立的信号,从而允许AESA产生不同频率的雷达脉冲,并使用交错的脉冲流同时实现多种功能[15]。

AESA的多频点给ESM系统带来了困难。AESA可以逐脉冲改变频率,并且通常采用随机的频点序列,导致ESM系统很难对来自特定雷达的脉冲进行分选。AESA不需要固定的PRI,这使得AESA成为一种低截获概率雷达。AESA雷达可对400km范围内的数百个目标进行监视和跟踪。

关于这类雷达的更多信息,见第18章。

## 3.4　雷达脉冲密度

了解雷达脉冲密度和雷达的可探测距离对于ESM的分析和设计至关重要。典型雷达的PRI约为1ms,因此它每秒会发射出1000个脉冲。然而,ESM并不能检测到所有这 1000 个脉冲,原因在于雷达的波束形状和雷达的扫描特性。如第 2 章所述,雷达波束图具有窄的 3dB 波束宽度和低旁瓣,并以几秒钟的扫描周期扫过 ESM 平台。

图 3.4 显示了扫过 ESM 系统的船舶扫描雷达。由图可见,ESM 在大多数情况下无法检测到雷达,因为这些雷达大多数时间没有指向 ESM 的位置。在图 3.4 所示的时刻,ESM 系统未检测到安装在 1 号和 2 号船上的雷达,因为雷达的主波束指向偏离了 ESM 的位置。仅当雷达波束扫过 ESM 时,ESM 才会检测到它们。图中的 ESM 根本看不到 3 号船上的雷达,因为它位于雷达视距之外。

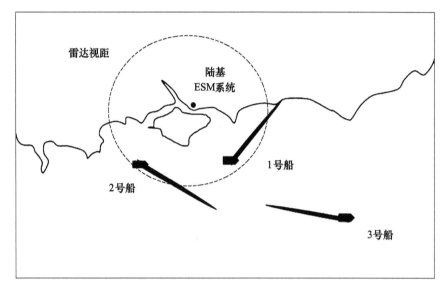

图 3.4　岸基 ESM 系统和船舶扫描雷达

ESM 只能在部分时间里看到雷达,而且这个时间比例相对较小。图 3.5 所示为一部空管雷达在不同的距离上时,在 ESM 系统中所表现出来的幅度包络。该雷达的扫描周期为 3.5s,平均 PRI 为 900μs,3dB 波束宽度为 1.5°,第一旁瓣电平为 -24dB。

在远距离上,ESM 系统能看到雷达的时间不到雷达发射时间的 1%,只能检测到主波束的信号。在中等距离(25 ~ 50n mile)上,开始检测到近旁瓣的信号,但仍至少有 95% 的时间未检测到雷达信号。只有当 ESM 平台距离雷达较近(5n mile)时,才能在雷达扫描周期的 20% 内看到此雷达。此时,ESM 看到了许多旁瓣脉冲。

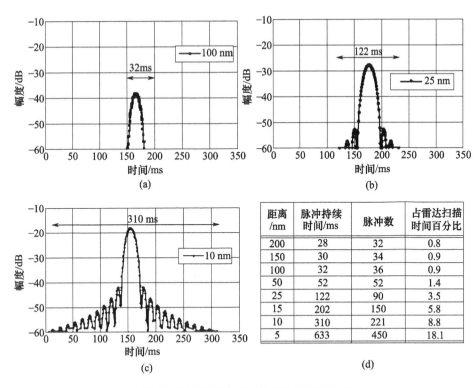

图 3.5 不同距离上的扫描雷达的幅度分布

## 3.5 低脉冲密度环境的示例:南澳大利亚州

南澳大利亚州的雷达脉冲密度相对较低,因此被选为考察雷达脉冲密度的第一个示例。在南澳大利亚州首府阿德莱德附近有 6 部陆基雷达。其中 3 部是空管雷达,另外 3 部是气象雷达。它们的位置如图 3.6 所示。在这个区域,随时都可能有 8 艘船舶对环境中的雷达脉冲密度产生影响。图 3.6 给出了南澳大利亚州沿海典型的海上交通场景中对应的船舶分布。

研究表明,航运通常遵循一种可重复的模式[16],可以可靠地预测船舶所处的区域。因此,图 3.6 中所示的船舶是这一海域非常典型的船舶。

在考虑雷达脉冲密度时,ESM 会面临视距的限制。图 3.7 给出了阿德莱德地区的雷达分布图,并叠加上了不同高度所对应的视距线。所有的视距线都以阿德莱德为中心,可见所有的雷达位置都位于 350km 的视距线内,这是约 6km 的高度所对应的视距。

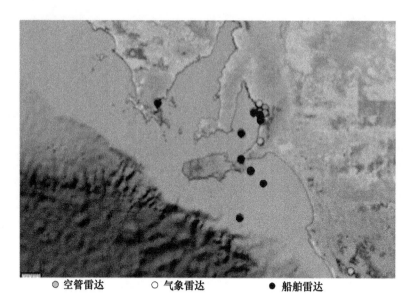

● 空管雷达　　○ 气象雷达　　● 船舶雷达

图 3.6　阿德莱德地区雷达分布图

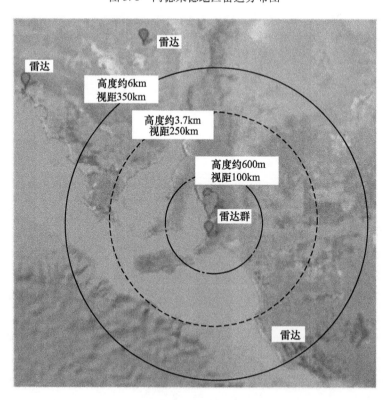

图 3.7　阿德莱德地区雷达分布及对应的视距线

依次考虑图中每部雷达,并根据雷达的 3dB 波束宽度、PRI 和扫描周期等参数计算在每次扫描周期中可能检测到的脉冲数。计算中还需要用到雷达的距离和 ERP。图 3.8 中显示了在每部雷达的每个扫描周期中能够检测到脉冲的时间线图。

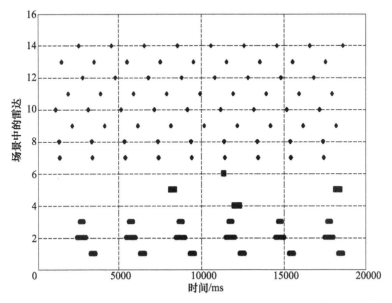

图 3.8 阿德莱德上空约 6km 高度上的 ESM 平台接收雷达脉冲的时间线图

基于为每部雷达创建的脉冲的时间线图,进一步生成了图 3.9 中的雷达脉冲

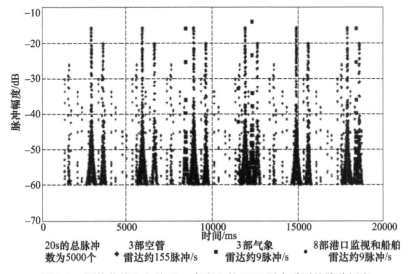

图 3.9 阿德莱德上空约 6km 高度上的 ESM 平台看到的脉冲幅度

幅度分布。在20s时间内,接收到雷达发射的5000个脉冲,因此脉冲密度仅为250脉冲/s,如图3.9所示。空管雷达贡献了大部分脉冲,约为155脉冲/s,而气象雷达平均仅贡献了9脉冲/s。

在这种脉冲密度水平下,ESM系统应该能够对来自各种雷达的脉冲进行分选处理,并且应该能生成近乎完美的射频环境图像。

## 3.6 高脉冲密度环境的示例:马六甲海峡

马六甲海峡代表了脉冲密度环境的另一个极端。这是世界上最繁忙的航运区之一,每年全球有10%的大型船舶访问该地区。图3.10中的地图显示了200多艘船舶,每艘船舶都强制配备了两部雷达,其中一部工作在3GHz左右,另一部工作在9GHz左右。图3.10所示为基于自动识别系统(AIS)的数据[17]生成的地图,所示图片是由卫星AIS探测到的,并且可以在一些商业网站上查阅[18-19]。

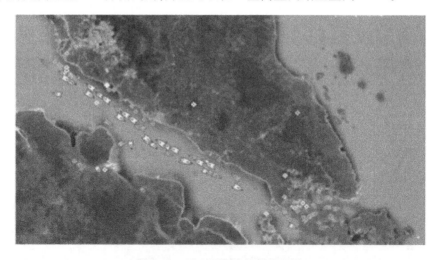

图3.10 马六甲海峡的航运地图

在这个场景中,有200部雷达发射脉冲,因此ESM系统会连续接收到脉冲。图3.11显示了来自所有雷达脉冲的幅度分布,在该图所示的2s时间里,可以看到所有200部雷达的扫描峰值。

随着所有这些船舶雷达的发射,人们可能会认为ESM将经历非常高的脉冲密度。如前所述,ESM仅在这些雷达朝ESM方向发射时才能收到雷达脉冲,因此情况并不像想象的那样糟糕。图3.11中实际上只有4000个脉冲,因此脉冲密度为2000脉冲/s。

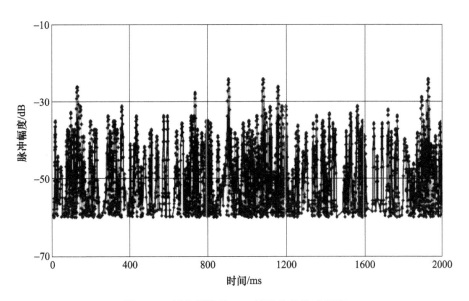

图 3.11 马六甲海峡 200 部雷达的脉冲幅度

图 3.12 显示了马六甲海峡船舶雷达发射脉冲的时间线,包括来自所有 200 部雷达的脉冲。

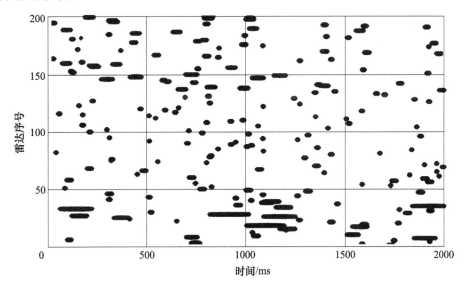

图 3.12 马六甲海峡船舶雷达发射脉冲的时间线

然而,由于这些雷达只在它们发射时间的很小比例内能被 ESM 看到,因此在任何时刻都只有少量的雷达脉冲会发生交错。

为了说明这一点,图 3.13 显示了 180ms 时间段内的脉冲幅度,图中有来自 16 部雷达的约 400 个脉冲。

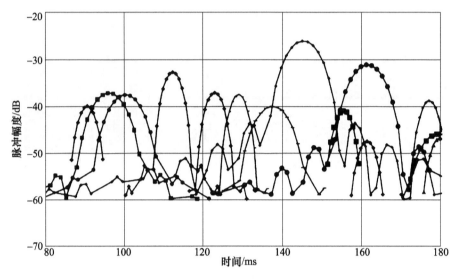

图 3.13　预测的幅度包络

在任何一个时刻,看起来好像最多有 5 部雷达脉冲序列发生了交错。

图 3.14 显示了 400 个脉冲序列中的雷达序号和脉冲序号。图中发生脉冲交错的雷达从来不会超过 3 部,通常只有 2 部雷达的脉冲序列发生交错。

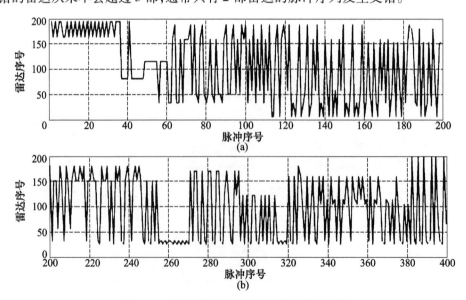

图 3.14　马六甲海峡的雷达序号和脉冲序号

总之，即使在非常繁忙的射频环境中，雷达脉冲密度也只有几千脉冲每秒，而且发生脉冲交错的雷达也不会超过几部。在设计 ESM 系统时，应考虑到雷达脉冲环境的这种实际情况。

## 3.7　ESM 检测所需的脉冲数

ESM 系统的设计者必须确定 ESM 接收机在报告来自特定雷达的截获之前所需检测到的最小脉冲数。通常，需要 6 个脉冲才能从截获中提取参数。

一些 ESM 制造商表示希望使用更多的脉冲来创建截获，但这不大可能行得通。目前的扫描雷达能够执行诸如武器系统目标截获之类的功能，这意味着很难在 ESM 平台的安全距离内检测到 6 个以上的脉冲。实际上，未来的 ESM 系统在每次扫描中可利用的脉冲数量只会更少。

典型空管雷达的幅度包络如图 3.15 所示，图中的每个脉冲分别显示。该雷达波束宽度为 1.5°，扫描周期为 4s，PRI 为 1.2ms。该雷达的主波束和旁瓣包括 75 个脉冲，其中 15 个脉冲位于 3dB 波束宽度内。

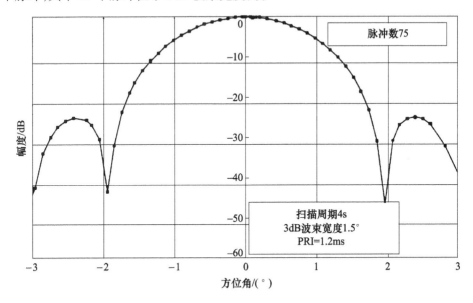

图 3.15　空管雷达幅度包络

图 3.15 所示的雷达波束分布具有相对较宽的 3dB 波束宽度。然而，有许多雷达具有较窄的波束宽度和较短的扫描周期，如图 3.16 所示的港口监视雷达的幅度包络。该雷达的主波束和两个旁瓣仅包括 20 个脉冲，只有 3 个脉冲在 3dB 波束宽度内。

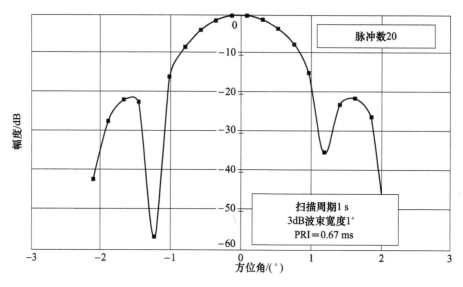

图 3.16　港口监视雷达幅度包络

ESM 系统必须在适当距离内截获那些与武器系统交联的雷达。截获的脉冲数取决于对那些具有最窄幅度分布的雷达的检测需求,这些雷达被视为对 ESM 平台的威胁。在扫描雷达的单次扫描中看到的脉冲数取决于雷达的波束形状、PRI 和扫描周期。图 3.17 显示了灵敏度为 −55dBmi 的 ESM 系统检测到的雷达脉冲数,对于方位 3dB 波束宽度仅为 0.8° 的雷达,ESM 检测到的脉冲为 9 个。如果将雷达的波束宽度展宽为 3.5°,则相同的 ESM 系统能够检测到 40 个脉冲。

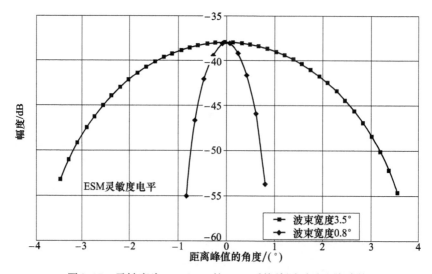

图 3.17　灵敏度为 −55dBmi 的 ESM 系统检测到雷达脉冲数

对于波束宽度为0.8°的雷达,ESM 的接收功率需要在灵敏度门限之上有17dB的动态范围,才能检测到9个脉冲。而对于波束宽度为3.5°的雷达,ESM 的接收功率只需比灵敏度门限高出0.5dB 就可以看到9个脉冲,如图3.18所示。图中所示两部雷达的 PRI 均为1ms,扫描周期均为2s。

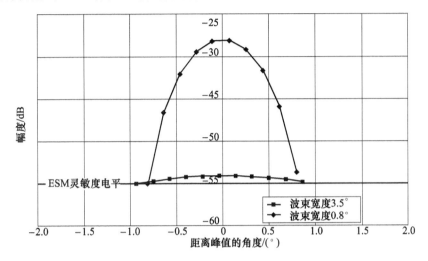

图3.18　灵敏度为 −55dBmi 的 ESM 系统检测到9个雷达脉冲所需的接收功率

PRI 也是影响扫描雷达幅度包络的一个重要因素。图3.19中给出了 PRI 0.1ms~3ms 的雷达幅度包络;几乎所有目标截获雷达的 PRI 值都在此范围内。

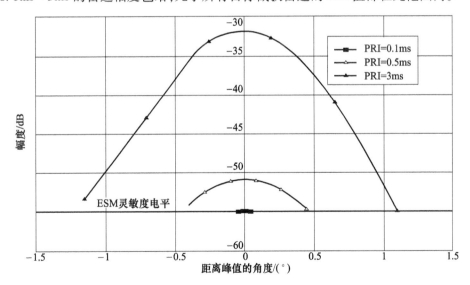

图3.19　PRI 对扫描雷达幅度包络的影响

最后一个显著影响扫描雷达幅度分布的因素是扫描周期。图 3.20 所示为 4 种扫描周期对应的雷达幅度分布,雷达的其他参数都相同。

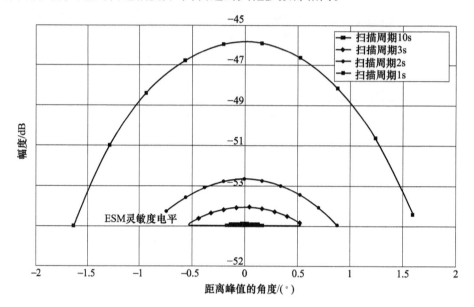

图 3.20　扫描周期对扫描雷达幅度包络的影响

图 3.20 中,对于扫描周期仅为 1s 的雷达,需要接收功率高出灵敏度 9dB 才能检测到 10 个脉冲,而对于扫描周期为 10s 的雷达,只需接收功率高出灵敏度 0.1dB 即可检测到 10 个脉冲。

从以上分析可以看出,具有较小方位波束宽度、较长 PRI 和较短扫描周期的雷达形成的幅度包络很窄,是最难探测的。理想情况下,形成截获所需的脉冲数的取值应能保证对这些具有极端参数组合的雷达的检测。

## 参考文献

[1] O'Neil,S.,*Electronic Warfare and Radar Systems Engineering Handbook*,U.S. Naval Air Warfare Center Weapons Division,2013.

[2] https://msi.nga.mil/MSISiteContent/StaticFiles/NAV_PUBS/RNM/310ch1.pdf.

[3] Illman,P.,*The Pilot's Radio Communications Handbook*,5th ed.,New York:McGraw-Hill,1998.

[4] Binns,C.,*Aircraft Systems:Instrumentation,Communications,Navigation and Control*,Hoboken,NJ:Wiley-IEEE,2018.

[5] Radford,M.,"Coastal and Harbor Security White Paper," www.blighter.com/images/pdfs/white-papers/coastal-and-harbour-security-white-paper.pdf.

[6] "AWACS Surveillance Radar," www.northropgrumman.com/Capabilities/AWACSAPY2/Documents/AWACS.pdf.

[7] Sandwell, D., "Radar Altimetry," http://topex.ucsd.edu/rs/altimetry.pdf, 2011.

[8] Nav radar/www.marineinsight.com/marine-navigation/marine-radars-and-their-use-inthe-shipping-industry/.

[9] Doviak, R., and D. Zrnic, *Doppler Radar and Weather Observations*, 2nd ed., San Diego CA: Academic Press, 1993.

[10] Kopp, C., "Surface to Air Missile Systems and Integrated Air Defence Systems," *Air Power Australia*, www.ausairpower.net/sams-iads.html.

[11] Kopp, C., and Wise, J., "HQ-9 and HQ-12 SAM System Battery Radars," *Air Power Australia Technical Report APA-TR-2009-1201*, 2012.

[12] https://missilethreat.csis.org.

[13] Rogerson, J., https://5g.co.uk/guides/5g-frequencies-in-the-uk-what-you-need-to-know/.

[14] Deng, A., "Detection and Jamming of LPI Radars," Thesis, U.S. Naval Postgraduate School, 2006.

[15] Robertson, S. M., "Advantages of AESA Radar Technology" *Naval Forces*, No. V, 2016.

[16] Robertson, S. M., "Ship Fingerprinting for Maritime Security," *Proc. MAST Conference*, 2013.

[17] www.nmea.org/Assets/nmea%20collision%20avoidance%20through%20ais.pdf.

[18] www.marinetraffic.com.

[19] www.aishub.net.

# 第 4 章

# ESM 设备

本章基于图 4.1 所示的 ESM 系统基本组成,介绍 ESM 设备中影响雷达参数测量和精度的因素。

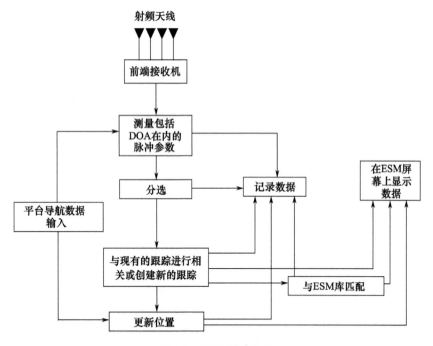

图 4.1 ESM 系统组成

天线是 ESM 系统的眼睛,可以将信号馈入前端接收机。前端接收机处理电磁能量,并将接收到的信号转换成脉冲描述字(PDW)。

参数测量单元(PMU)生成单个脉冲的描述数据,并将其存储在缓存器中,以便进行下一阶段的处理。缓存器中可以容纳数千条脉冲数据,对这些脉冲分选以后可以截获电磁环境中的不同雷达信号。然后将截获与已有的 ESM 跟踪进行关联处理,如果没有可以关联的跟踪,则创建新的跟踪(见第 2 章、第 8 章、第 9 章)。

许多 ESM 系统试图对雷达进行定位,并首先生成一个附带的误差椭圆(见第 11 章);然后识别过程利用雷达库中的数据为雷达跟踪分配身份标识(见第 10 章)。大多数 ESM 系统还配有记录设施,以便在任务结束后分析 PDW 数据、截获数据和跟踪数据(见第 10 章)。

## 4.1 ESM 天线

ESM 系统中最常用的天线类型是螺旋天线。这种天线可用于所有类型的 ESM 系统,包括比相系统中的相位测量阵列。其他类型的 ESM 天线包括正弦天线和喇叭天线,其中旋转天线用于窄带射频接收。Singh Bakshi 等[1]很好地概述了电子战应用的天线。

### 4.1.1 螺旋天线

螺旋天线对于 ESM 系统的测向应用特别有用[2]。这种天线的形状多为如图 4.2 所示的双臂螺旋形,当然也可以使用更多的臂[3]。

图 4.2 螺旋天线

螺旋天线属于与频率无关的天线,可以在很宽的频率范围内工作。螺旋天线的相对带宽可达到 30∶1。这意味着如果天线的最低频率为 1GHz,则天线可以在 1~30GHz 的频率范围内有效工作[4],且极化和辐射方向图保持不变。

螺旋天线的辐射方向图通常具有垂直于螺旋平面的峰值辐射方向,其 3dB 波束宽度为 70°~90°。在螺旋的后面通常放置一个有损耗的腔体来消除背瓣,因此 1 个螺旋天线的辐射方向图如图 4.3 所示。图 4.3 还给出了覆盖整个 360°方位角的 4 个螺旋天线组合的辐射方向图。

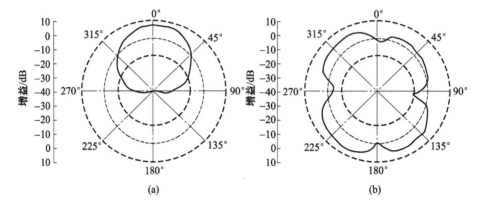

图 4.3　1 个螺旋天线和 4 个螺旋天线组合的方向图

### 4.1.2　正弦天线

螺旋天线的局限性在于它们无法同时接收相反的圆极化信号。正弦天线能够同时接收任意一种圆极化和线极化信号[5]。

正弦天线是双正交线极化辐射器,每个线极化都有一个输出连接器。将这两个输出的信号以不同的幅度和相位比进行组合时,可产生任意的极化。

### 4.1.3　喇叭天线

喇叭天线具有较大的方位和俯仰波束宽度,用于瞬时信号截获。双锥喇叭天线是线极化的,但可以与合适的极化器进行集成,使其能够接收所有极化[1]。目前已经开发出了能够覆盖从甚高频/特高频(VHF/UHF)到微波频率的喇叭天线,用于船载和车载平台。这些天线还可用于到达时间差(TDOA)测向应用,从而获得非常高的测向精度。

### 4.1.4　比相系统用的天线

干涉仪阵列由多个独立的天线单元组成,既可以是单极化螺旋天线,也可以是双极化正弦天线。为了实现精密的测向阵列,需要对天线单元进行相位跟踪。为了获得最好的精度,所有天线都可以蚀刻在同一张板材上,天线之间的间距可以控

制在 ±0.001 英寸(in)①的公差范围内。

干涉仪阵列的长度由 DOA 要求的精度和接收机的相位分辨率决定(见第7章)。为了获得高的 DOA 精度,干涉仪必须配置足够多的天线单元来解决 DOA 测量中的模糊问题。

### 4.1.5 旋转天线

旋转天线可提供聚焦的高增益检测。它对于检测高频段(毫米频段)的信号特别有用,这些信号在大气中会受到显著的路径损耗。旋转天线每次搜索一个较窄的射频频段(带宽通常为 10~20MHz),相对于传统天线可以实现大约 20dB 的额外增益。旋转天线在方位上的视角为 12°~15°,每分钟转速(RPM)可达 240r/min。波束驻留时间 $t$ 可由下式计算:

$$t_d = 1000/(RPM/60 \times 360/\theta)(ms) \tag{4.1}$$

式中: $\theta$ 为方位视角宽度。

图 4.4 中绘出了方位视角为 15°时波束停留时间(以 ms 为单位)与天线旋转速度的对应关系。

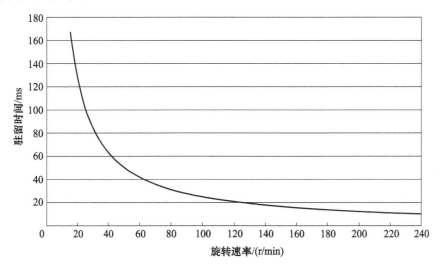

图 4.4　旋转天线的驻留时间

由图 4.4 可见,对于方位视角为 15°的旋转天线,波束驻留持续时间要想达到 40ms 以上,则 RPM 必须小于 60。ESM 可以看见扫描雷达的时间取决于许多因

---

① 英寸(in),1in = 2.54cm。

素,包括雷达的扫描周期。在100km的距离上,使用灵敏度为 -70dBmi(旋转天线的典型灵敏度)的ESM系统来探测典型的空管雷达,在每个扫描周期中约有200μs(约占扫描周期的5%)可以看到雷达。因此,ESM对这类雷达的截获概率很低,除非将旋转天线的转速降到很低。

## 4.2 ESM 接收机

一旦ESM天线阵列检测到电磁能量,就会进入接收机进行下一阶段的处理。ESM接收机有多种类型,具体的选择取决于ESM系统所需的频率范围和灵敏度。

### 4.2.1 超外差接收机

超外差接收机将输入信号线性变换到较低的中频频率上。由于接收机带宽较窄,两个相同的超外差接收机比较容易实现相位匹配,因此这种接收机常用于比相系统中。

超外差接收机的两个基本微波组件是混频器和本振。基本的超外差接收机如图4.5所示。

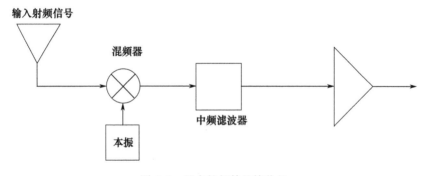

图 4.5 基本的超外差接收机

由于混频器是非线性器件,它除了产生所需频率外,还会产生许多其他频率。所有这些不需要的频率都称为杂散频率,简称杂散。这些杂散的频率是可以预测的,即

$$f_{out} = Mf_{in} + Nf_{lo} \qquad (4.2)$$

式中:$f_{in}$为信号频率;$f_{lo}$为本振频率;$M$和$N$为正整数或负整数;输出频率$f_{out}$是正值。

超外差的局限性在于其相对较窄的带宽。为了覆盖更宽的输入带宽,可以提

高接收机的扫描速度。这种接收机称为扫描超外差接收机。在不牺牲接收机灵敏度的情况下可获得的最快扫描速率为 $B^2$,其中 $B$ 为中频滤波器的带宽(例如,如果接收机的中频带宽为 10MHz,则最快扫描速率为 100MHz/ms)。如果输入带宽为 10GHz,则接收机需要 100ms 才能扫描整个频带。因此,扫描超外差可以用于截获长脉冲或连续波信号,但对于来自低占空比信号的短脉冲却具有较低的截获概率。

## 4.2.2 晶体视频接收机

晶体视频接收机可以覆盖很宽的频率范围,但是无法确定输入信号的频率。由于带宽很宽,接收机的灵敏度相对较低。接收机无法按频率分离输入信号,因此无法检测到同时多信号的存在。

晶体视频接收机的关键部件是晶体检波器。图 4.6 所示为一个简单的晶体视频接收机。天线的输出直接馈入检波器。检波器后面是一个视频放大器,用于放大检波器输出,并将视频信号传输到比较器的输入端。

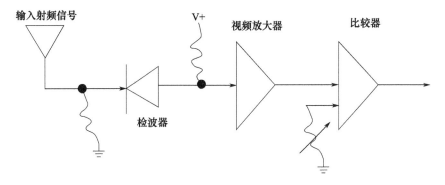

图 4.6 基本的晶体视频接收机

晶体视频接收机可以测量脉冲的幅度、脉宽、TOA 和 DOA。

## 4.2.3 瞬时测频接收机

首先,瞬时测频(IFM)接收机将输入的射频信号分成两部分:一部分具有已知长度的延迟;另一部分没有延迟。然后,通过延迟线的信号相对于无延迟的信号会存在相移,这个相移是输入频率的函数。

把这两个信号加到相位相关器和包络检测器上形成两个视频信号 $V_c$ 和 $V_s$。$V_c$ 与相移的余弦成正比,$V_s$ 与相移的正弦成正比。相位角 $\phi$ 为

$$\phi = \omega \tau_{delay} \tag{4.3}$$

式中:$\omega$ 为信号的角频率;$\tau_{delay}$ 为固定的延迟时间。

相位角可以通过arctan($V_s/V_c$)求出。然后根据测得的相位角和已知的时间延迟计算出截获的频率为

$$f_{in} = \phi/(2\pi\tau_{delay}) \tag{4.4}$$

每当输入频率的变化量等于延迟线的电长度时,鉴频器的输出就会发生重复,即

$$\Delta f = 1/\tau_{delay} \tag{4.5}$$

因此,要覆盖的输入带宽越宽,就需要越短的延迟线来防止模糊。然而,随着延迟线长度的缩短,在给定的频率分辨率下,相移量也减小了。

大多数实用的IFM接收机都是由一组鉴频器或相关器来实现的,其中最长的延迟线对应于所需频率分辨率,最短延迟线由待测的最高频率决定(图4.7)。最长延迟线的长度必须短于接收机要测量的最小脉冲宽度。否则,输入信号的延迟部分和未延迟部分永远不会有重叠,接收机将永远无法测到信号的频率。

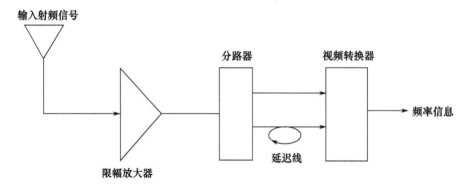

图4.7　IFM接收机

IFM接收机的优点是具有较宽的带宽和具有精确测量雷达频率的能力。然而,一个严重的限制是它们无法同时测量多个信号。如果两个信号同时出现,则IFM只能测量最强的那个信号。如果两个信号的功率电平相似,则测得的频率是两个信号频率的平均值。如果IFM接收机接收到连续信号,则随后到来的任何较弱的信号都会丢失。

### 4.2.4　信道化接收机

信道化接收机由大量具有相邻频率的并行窄带接收机组成。接收机需要覆盖的频率范围(如2～18GHz)通常被划分为连续的几个频带,每个频带的带宽为1GHz或2GHz。这些频带被进一步划分为子频带,带宽可能为200MHz。子频带进一步再

划分成宽度为20MHz左、右的信道,信道的带宽决定了接收机的频率分辨率。

信道化接收机的一个问题是高功率的窄脉冲会激活多个信道。另一个问题是,所有滤波器的输出幅度都不平坦。滤波器的输出信号在脉冲的前沿和后沿具有较大的幅度,称为瞬变。这种瞬态效应在信道化接收机的设计中是至关重要的。通常,滤波器带宽越窄,滤波器的节数越多,瞬态效应就越明显。

为了弱化瞬态效应,滤波器应具有相对较宽的带宽和较少的级数。这些要求相互矛盾,实际上,滤波器的选择取决于频率分辨率和预期的最小脉冲宽度。图4.8给出了典型的信道化接收机配置。

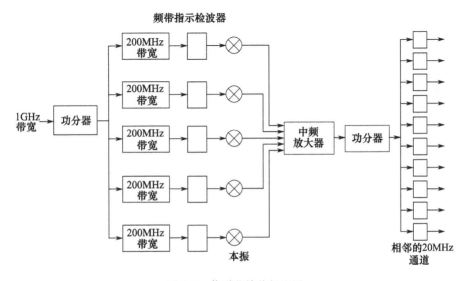

图4.8 信道化接收机配置

## 4.3 参数测量精度和分辨率

频率、脉宽、TOA和幅度可由ESM接收机直接测量得到,PRI和DOA则由ESM处理系统计算得到。

### 4.3.1 频率

对于可以测量频率的接收机(超外差和IFM),都是通过处理中频信号进行频率测量的。精细频率时钟通常工作在1GHz,并作用于中频(IF)。频率是通过在脉冲前沿附近找到中频的过零点来产生的。首先放大脉冲的中频;然后将放大后的信号通过图4.9所示的限幅器来形成近似方波,这样可以实现更精确的采样。

精细频率时钟对电信号进行采样,用1表示正,0表示负。从0到1的跃变表示脉冲内一个完整的正弦波周期或一个中频周期的开始。通过对脉冲持续时间内或者几微秒内的周期数进行计数(以先发生者为准),就可以得出中频值。中频是原始的射频经过一系列上变频和下变频形成的,通常为250~500MHz。一旦得出了中频值,就可以反向计算出原始的射频值。

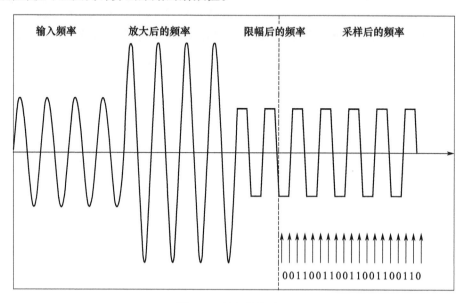

图4.9 频率估计过程

一般来说,频率测量的分辨率在1.5MHz以内,但是雷达频率在平均频率两侧的扩展可能会达到5MHz。当使用滤波器选择来自特定雷达的脉冲进行事后分析时,5MHz的滤波器应捕获来自雷达的所有脉冲。但是,在繁忙的射频环境中,应使用2MHz或3MHz的滤波器,以避免捕获来自多部雷达的脉冲。

### 4.3.2 时间测量

为了计算PRI,通常要求TOA的测量精度达到微秒量级,这对ESM系统来说是很容易达到的标准。有的ESM系统号称可以实现100ns的分辨率,但是通过常规方法计算PRI时不需要这种精度水平。

然而,在时差系统中,需要更精确的TOA。在这些系统中,TOA的测量精度至少为应达到1ns,理想的情况是达到0.1ns。

时差ESM设备中有几个时钟在同时运行。1GHz的时钟用于检测脉冲前沿,以1ns的精度测量TOA。100MHz的时钟可能用于测量脉宽,精度为10ns。

图4.10显示了测量脉冲时序的不同时钟。

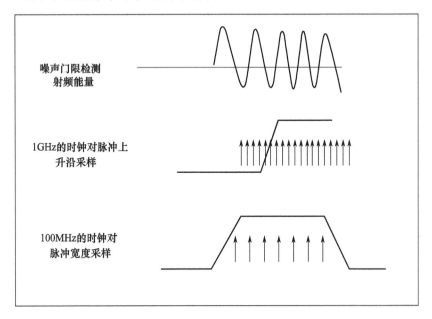

图4.10　时间测量

噪声门限(noise rider)检测能量并触发 TOA 时钟。1GHz 的时钟对脉冲的前沿进行采样以获得 TOA，可用另一个时钟对频率进行采样以获取频率值；100MHz 的时钟对脉冲进行采样以获取脉宽值。噪声门限设置得越低，系统就越灵敏。但是，如果门限设置得太低，则会在噪声尖峰上形成误触发，从而产生虚假脉冲。

图4.11 显示了时差系统中的4根天线分别收到的脉冲。在此示例中：首先在右舷天线上收到脉冲；然后在尾部和头部天线上收到脉冲，左舷天线由于受到遮挡而未收到脉冲。

TOA 时钟由噪声门限触发，记录下第一个天线/接收机中的脉冲 TOA，这也是计算 PRI 的基准。同时，所有的到达时间差(TDOA)接收机时钟开始运行，测量每个后续天线中的脉冲 TOA，并将其记录到 PDW 中。

### 4.3.3　脉宽

当噪声门限被触发时，脉宽测量与其他测量同时启动。脉宽时钟通常以 100MHz/10ns 的采样速率运行，直到出现脉冲结束标志或脉冲缓存器存满为止。在实践中，可容纳的最大脉宽约为 500μs。脉冲幅度从最大值下降 3dB 时，脉宽测量结束，如图4.12 所示。

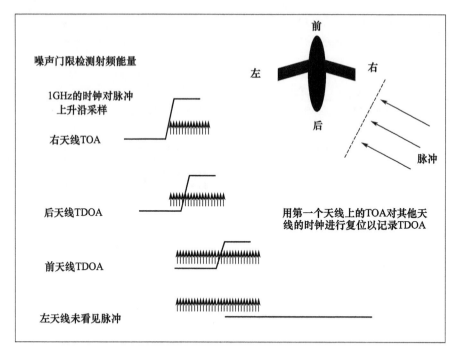

图 4.11 时差系统中不同天线收到的雷达脉冲

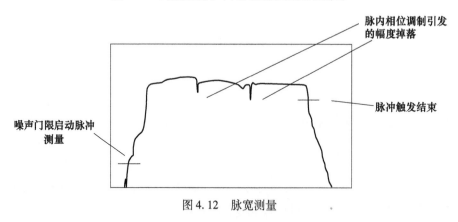

图 4.12 脉宽测量

可以设置最小脉宽值,以防止噪声尖峰占用脉冲缓存器中的空间。该最小脉宽值通常为 50ns。由于当前没有脉宽小于此值的雷达,因此这是一个很好的折中取值,既可以防止检测到噪声,又不会影响对真实雷达脉冲的检测。

### 4.3.4 幅度

在某些 ESM 系统中,使用幅度测量来估计到雷达的距离。然而,由于多径效应造成的脉冲相干叠加,其实无法可靠地测量幅度(见 11.8 节)。交叉极化(ESM 天线的极化与雷达不匹配)也会显著影响接收到的脉冲幅度。表 4.1 列出了由于交叉极化而导致的幅度下降[6]。

表 4.1　收/发极化失配导致的接收功率损失

| 发射极化 | 接收极化 | 接收功率与最大功率之比 |
| --- | --- | --- |
| 垂直极化 | 垂直极化 | 1 |
| 垂直极化 | 斜极化 | 0.5 |
| 垂直极化 | 水平极化 | 0 |
| 垂直极化 | 右旋或左旋圆极化 | 0.5 |
| 水平极化 | 水平极化 | 1 |
| 水平极化 | 斜极化 | 0.5 |
| 水平极化 | 右旋或左旋圆极化 | 0.5 |
| 右旋圆极化 | 右旋圆极化 | 1 |
| 右旋圆极化 | 左旋圆极化 | 0 |
| 右旋或左旋圆极化 | 斜极化 | 0.5 |

在几乎所有情况下,即使 ESM 和雷达的极化匹配,对特定距离上的雷达信号幅度的预测幅度与 ESM 系统的实测值之间也至少存在 1dB 的误差。ESM 通常所宣称的幅度分辨率为 0.5dB,考虑到上述幅度测量的局限性,这个分辨率已经足够了。

### 4.3.5　PRI 计算

PRI 是 ESM 系统识别雷达的重要参数之一,有如下几种确定 PRI 的技术。

(1)到达时间差直方图:这是最常用的分选方法。脉冲 TOA 用于形成直方图,峰值对应于 PRI 值。

(2)预测门:一旦建立了特定雷达的 PRI 范围,使用预测门技术就可以寻找脉冲链中的下一个脉冲。

(3)图论分选器:使用图论和非线性优化来进行脉冲关联,试图确定一个脉冲聚类中是否存在一个或多个脉冲链。

这些计算 PRI 的方法将在第 8 章中详细讨论。

### 4.3.6　DOA 计算

ESM 系统使用 3 种 DOA 计算方法。

(1)比幅:通过测量两个或多个天线接收到的信号的相对幅度来确定 DOA,

这些天线的视轴是相互错开的。理论计算表明,比幅系统给出的 DOA 精度为 $3°\sim20°$(见第 5 章)。

(2) TDOA:DOA 是通过测量两个天线接收到的脉冲的相对 TOA 来确定的。如果天线间距(基线)较长(通常为 10m),并且接收机的时差测量值很精确(如 1ns 量级),则 TDOA 可用于高精度测向。为了提供必要的空间覆盖范围,通常需要多个基线(见第 6 章)。

(3) 比相(干涉测量):DOA 是通过测量阵列中两个或多个天线接收到的脉冲的相对相位差来确定的。这种方法可以提供高精度测向(如 $1°\mathrm{RMS}$)[7]。为了避免 DOA 测量中的模糊,需要使用多个天线(通常为 3~5 个)来提供必要的空间和频率覆盖范围(见第 7 章)。

另一种确定 DOA 的方法是使用旋转天线。但是,这种方法对扫描雷达的截获概率较差,因此并不常用。

## 4.4　ESM 灵敏度

确定 ESM 系统灵敏度需求的主要因素是对每种类型雷达的探测距离要求。首先考虑各种灵敏度的 ESM 系统对来自雷达主波束的单个脉冲的探测距离,这些雷达的 ERP 为 45~100dBW,如图 4.13 所示。

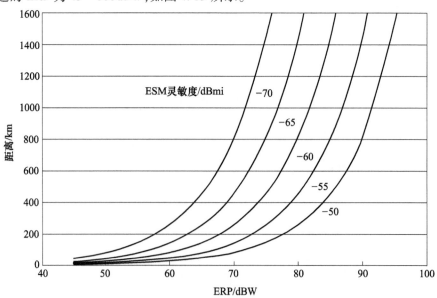

图 4.13　ESM 系统的不同灵敏度对应的探测距离

从图 4.13 中可以看出,灵敏度低于 −70dBmi 的 ESM 系统在 200km 的距离上探测不到 ERP 在 60dBW 以下的雷达。然而,对于 ERP 为 80dBW 的雷达,灵敏度为 −50dBmi 的 ESM 系统在 200km 的距离上能够看到,而对于灵敏度为 −70dBmi 的 ESM,对该雷达的探测距离可以达到 1600km 以上。

有几种因素会降低 ESM 系统对雷达的最大探测距离,首先是 ESM 天线的波束形状。即使 3dB 波束宽度为 70°,偏离 ESM 天线的波束峰值也会导致灵敏度下降,如图 4.14 所示。对于使用方位间隔 90° 的四天线 ESM 系统,这种灵敏度的降低尤其显著。图 4.15(a) 显示了这种四天线 ESM 系统在飞机周围 360° 范围内的灵敏度变化情况。

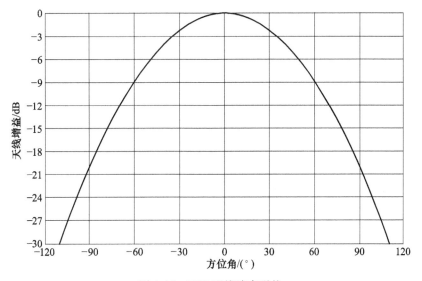

图 4.14　ESM 天线波束形状

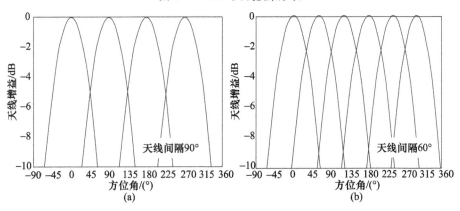

图 4.15　天线间隔 90° 和 60° 时的 ESM 系统灵敏度

图4.15(b)显示了当6个天线间隔60°时,ESM天线波束形状的重叠情况。

由图4.15可以看出,ESM天线的灵敏度在天线视轴处达到峰值,并在天线的正中间处达到最低。在4个天线的情况下,灵敏度降低幅度超过4dB;而在使用6个天线提供360°方位覆盖的情况下,灵敏度降低幅度为2dB。对于需要使用多个天线的比幅系统和TDOA系统,灵敏度的变化更为复杂。

对于具有6根天线的比幅系统,脉冲从天线1的20°角方向上入射,在3个天线中表现出明显不同的接收电平,如图4.16所示。

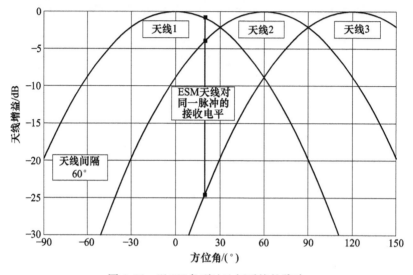

图4.16 以20°角到达比幅系统的脉冲

天线1接收到的脉冲电平比波束峰值低1.5dB,天线2接收到的脉冲电平比波束峰值低4dB,天线3接收到的脉冲电平比波束峰值低25dB。如果脉冲本身的幅度较小,则天线3可能无法检测到脉冲,导致无法进行三通道的比幅过程。

影响最大探测距离的另一个因素是检测所需的脉冲数,如第3章中所述。通常,ESM需要收到6个脉冲才能认为对雷达进行了截获。对于典型的空管雷达,波束峰值附近的6~7个脉冲的幅度变化可以忽略。但是,对于波束较窄且扫描速度较快的港口监视雷达,6个脉冲的幅度变化可能达到15dB(见3.7节)。

尽管希望ESM系统能够探测到所有雷达,但这不太现实。对ESM系统的现实要求是必须具有足够的灵敏度来检测到威胁雷达,这一点至关重要。大多数威胁雷达的作用距离取决于与其关联的武器的射程。目标捕获雷达的作用距离直接决定了ESM系统应当具备的探测距离以及所需的灵敏度。

图4.17给出了针对威胁雷达确定ESM灵敏度需求的图解方法。

图4.17上的曲线显示了不同灵敏度的ESM系统对雷达的探测距离,计算公

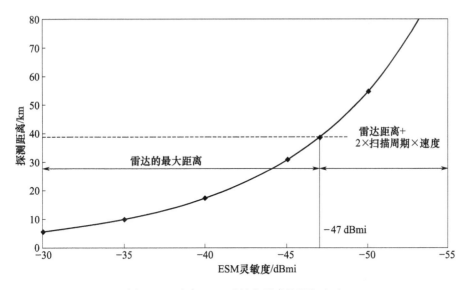

图 4.17　确定 ESM 灵敏度需求的图解方法

式为

$$R_{\text{ESM}}^2 = (P_t \lambda^2)/(16\pi^2 P_r) \tag{4.6}$$

式中：$P_t$ 为雷达的发射功率；$P_r$ 为 ESM 接收的功率（灵敏度）；$\lambda$ 为雷达波长。

水平实线表示雷达的最大探测距离 $R_{\text{radar}}$。这是雷达可以探测 ESM 平台的距离。雷达距离方程的一个简单形式为

$$R_{\text{radar}} = \{(P_t G^2 \lambda^2 \sigma)/[(4\pi)^3 P_r]\}^{1/4} \tag{4.7}$$

式中：$P_t$ 是以 W 为单位的发射功率；$G$ 为雷达天线增益；$\lambda$ 为雷达波长；$\sigma$ 是以 $m^2$ 为单位的目标横截面；$P_r$ 是以 W 为单位的接收功率。

ESM 平台的雷达横截面积是计算雷达作用距离的重要参数，因为飞机和船舶的雷达横截面积相差很大。像 F-16 战斗机这样的飞机的雷达横截面积约为 $5m^2$，而像 F-22 这样的隐身飞机的雷达横截面积可以低至 $0.0001m^2$[8]。船舶的雷达横截面积可高达 $100000m^2$[9]，这意味着雷达对船舶的探测距离远远大于对飞机的探测距离。

图 4.17 中的水平虚线线表示 ESM 平台为免受威胁而必须达到的最小探测距离。在这种情况下，可以表示为雷达的最大探测距离加上 ESM 平台在其进入雷达探测范围之前可以探测到雷达的距离余量。对于具有相关武器的威胁雷达，所需的 ESM 探测距离余量可能是武器射程的 20% 或 50%，具体取决于雷达类型。

下面简要介绍 ESM 对各种威胁雷达功能所需的探测距离。

## 4.4.1　目标截获

ESM 对目标截获雷达的探测距离应当是雷达的作用距离加上飞机在两个雷达扫描周期内向雷达行进距离的 2 倍。如果雷达具有较长的扫描周期，则飞机在两个扫描周期之间可能飞行几千米。

例如，雷达工作在 3GHz 上，ERP 为 80dBW，雷达天线增益为 30dB，最小可检测功率为 -90dBmi，则对于雷达截面积为 1m² 的目标，探测距离约为 47km。如果雷达的扫描周期为 5s，并且 ESM 飞机以 400kn①（约 200m/s）的速度正对着雷达飞行，则飞机在雷达的两个扫描周期内飞行的距离是 2km。因此，ESM 对该雷达的探测距离至少应为 47+2=49km。为了让 ESM 系统在 49km 的距离上探测到雷达，灵敏度至少需要达到 -46dBmi，这可以通过将式(4.6)改写为下式计算得到，即

$$P_r = (P_t \lambda^2)/(16\pi^2 R_{ESM}^2) \qquad (4.8)$$

## 4.4.2　目标跟踪

在进行目标跟踪时，威胁雷达的扫描通常会锁定在目标上。理想情况下，目标飞机在这一个交战阶段应保持在武器射程的至少 1.5 倍以外。由于保密的原因，此处无法引用特定雷达的数据，但已有分析表明，灵敏度为 -55dBmi 的 ESM 系统可以在所需距离内检测当前的目标跟踪雷达。

## 4.4.3　导弹制导和目标照射

对导弹制导雷达的探测距离应为武器射程的 1.2 倍。导弹制导雷达的 ERP 不是特别高，因此可能需要 -55dBmi 的灵敏度才能在适当的距离上探测到当前的导弹制导雷达。但是，未来威胁的参数可能会改变这一要求。

理想情况下，对目标照射雷达的探测距离也应当是武器射程的 1.2 倍，尽管这种雷达可能直到武器发射前才会开机，在这种情况下，ESM 在武器射程外是无法探测到这种雷达的。目标照射雷达的功率不是特别高，因此检测此类雷达需要 -55dBmi 的灵敏度。

## 4.4.4　信标询问器和导弹信标信号

很少有雷达执行信标询问器功能。对这种威胁功能的探测距离通常应为武器射程的 1.2 倍，因为威胁雷达只在导弹发射的那一刻前后才会执行这种功能。

---

① 节(kn)，1 节的速度为 1kn = 1n mile/h ≈ 0.51m/s。

导弹信标雷达通常是低功率的,低于60dBm。因此,为这种雷达功能规定探测距离标准是不合理的。

### 4.4.5 导弹寻的系统/导引头

理想情况下,应当在武器射程对应的距离上检测到导弹寻的雷达,因为它们直到武器发射时或发射后才开机运行。这些雷达的 ERP 相对较低,因此需要高灵敏度的 ESM 接收机进行检测,通常为 $-75 \sim -65$ dBmi。如果将对导弹寻的雷达的探测距离降低到 50km,则大多数导弹寻的雷达可以用灵敏度不到 $-70$ dBmi 的 ESM 系统探测到。

## 4.5 频率搜索策略

对于窄带 ESM 系统(不能在其整个频率范围内同时接收雷达信号),必须采用频率搜索策略,在每个频段上都提供可接受的截获概率。大多数的传统搜索策略都采用了对每个频带进行短时驻留的方法。这种策略并不能保证环境中的所有雷达都被检测到。确保所有频段都得到适当探测的唯一方法是,在一个频段上驻留足够的时间以覆盖该频段内感兴趣的雷达的扫描周期,然后切换到下一个频段。

在描述理想的频率搜索策略之前,先考虑当使用传统的频率搜索策略时会发生什么。这种搜索策略的一个示例如图 4.18 所示。此搜索策略在每个频段上具有相同的驻留时间(300ms),每 2s 遍历一次所有频段。

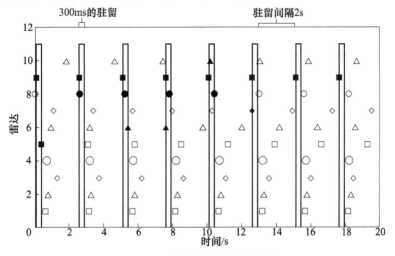

图 4.18 传统的频率搜索策略

图 4.18 模拟了 ESM 在驻留的频段中连续扫描 10 部雷达得到的脉冲到达时间。实心符号表示可以被检测到雷达的扫描,空心符号表示被忽略的那些雷达的扫描。使用这种搜索策略的 ESM 只能看到 5 部雷达,而且其中有两部雷达只能被看到一次,因此使用这种搜索策略会漏掉 1/2 的雷达。

雷达会被漏掉的原因是其可用于 ESM 检测的扫描时间的占比太小。第 3 章中对此进行了详细的讨论。图 4.19 给出了典型的空管雷达在 150km 的距离上的理论扫描图样。图中的雷达只能看到主波束,即使检测到主波束,也只能看到 30ms 的脉冲。这意味着,图 4.18 所示的频率搜索策略不太可能在正确的时间和正确的频段捕捉到该雷达。

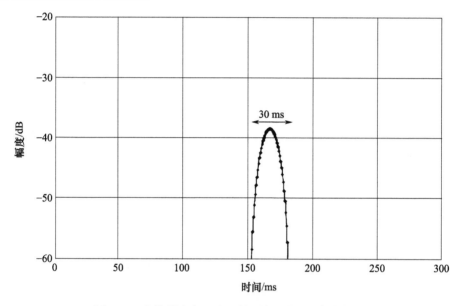

图 4.19　空管雷达在 150km 的距离上的理论扫描图样

为了确保检测到所有雷达(包括远距离的雷达),频率扫描策略需要具有足够长的驻留时间,以涵盖任务中所有感兴趣的雷达的完整扫描周期。图 4.20 显示了有效的频率扫描策略,ESM 在感兴趣的频带中驻留 3s,重访周期为 9s。

对于图 4.18 中传统频率搜索策略所涉及的所有雷达对象,采用新的搜索策略进行探测,并绘制图表来显示该扫描策略检测到的所有雷达,如图 4.20 所示。ESM 在驻留时间内会首先检测到该频段内的每部雷达;然后 ESM 去查看其他频段时,对该频段内的雷达会错过几个扫描周期。这种频率扫描策略允许为每部雷达创建跟踪,然后以不超过 3 个或 4 个扫描周期的间隔进行更新。对于不构成威胁的雷达目标,这个更新率应该是可以接受的。

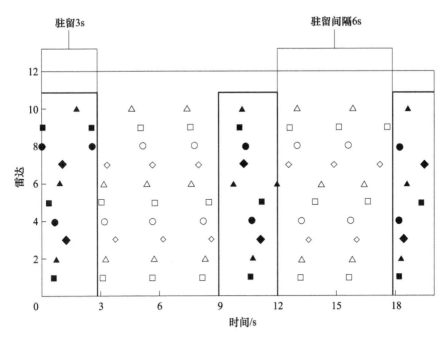

图 4.20 有效的频率扫描策略

使用这样的频率搜索策略可能意味着在移动到下一个频段之前,在每个频段中需要进行连续驻留,因为驻留持续时间可能只有几百毫秒,驻留时间主要受到脉冲缓存器容量的限制。在当前的 ESM 系统中,单个缓存器/驻留器中只能记录几千个脉冲。

使用这种频率搜索策略意味着,只要 ESM 位于雷达的视距内,ESM 肯定可以看到每部雷达的主波束。对于特定任务,根据所有感兴趣的频段中所有类型雷达的扫描周期,可以准确地确定驻留片段持续时间。

上述扫描策略适用于中远距离的 ESM。当关注的区域的距离很近时(25n mile),最好在每个频带中交错驻留。这是因为来自雷达旁瓣的脉冲可以在近距离上被接收到,因此可以减少截获生成和更新 ESM 跟踪之间的时间,并为雷达定位提供更多的时间。

当环境中可能存在威胁雷达时,需要修改扫描策略以优化对威胁雷达的搜索。在这种情况下,应将威胁雷达频段的驻留与其他所有频段的驻留进行交错。如果有一个频段的驻留时间特别长,则应以威胁所在频段的驻留来中断这个长驻留。尽管这会导致其他频段上的驻留分裂,从而使该频段内 ESM 的探测能力下降,但这是窄带 ESM 系统运行中不得不采取的折中之计。

# 参考文献

[1] Singh Bakshi, H., et al., "Microwave Antennas in Defence for Electronic Warfare Application," *International Journal of Electrical, Electronics and Data Communication*, Vol. 2, 2014.

[2] Lipsky, S. E., *Microwave Passive Direction Finding*, New York: SciTech Publishing, 2004.

[3] Johnson, R. C., and H. Jasik, *Antenna Engineering Handbook*, 2nd ed., New York: Mc-Graw-Hill, 1961.

[4] Mayes, P. E., "Frequency-Independent Antennas and Broad-Band Derivatives Thereof," *Proc. of the IEEE*, Vol. 80, No. 1, 1992.

[5] Johnson, R. C., *Antenna Engineering Handbook*, 3rd ed., Ch. 14, New York: McGraw-Hill, 1993.

[6] Griffiths, H. D., and W. J. Bradford, "Digital Generation of High Time Bandwidth Product Linear FM Waveforms for Radar Altimeters," *Proc. of the IEE*, Vol. 139, No. 2, April 1992.

[7] Wiley, R. G., *ELINT: The Reception and Analysis of Radar Signals*, Norwood, MA: Artech House, 2006.

[8] https://www.globalsecurity.org/military/world/stealth-aircraft-rcs.htm.

[9] https://www.emcos.com/images/Applications/App_Ships4_RCS_Problems_in_Ship_Table.gif.

# 第 5 章

# 比幅 ESM

ESM 系统常用的一种技术是比较不同天线上收到的信号幅度,以确定雷达脉冲的到达角度。这里有一个前提假设,即雷达脉冲以相等的幅度到达所有接收天线。通过比较不同接收机中信号幅度的差异,并假设这种差异是由脉冲到达每个天线的方向所造成的,即可得出 DOA。

## 5.1 比幅系统的 DOA 测算

一个典型的 ESM 系统有 $m$ 个接收天线,相邻天线的视轴之间的方位间隔为 $\theta = 360°/m$。天线的波束形状可用高斯模型[1]表示,其标称 3dB 波束宽度为 $\theta_b$,典型值约为 70°。最简单的比幅算法就是使用两个 ESM 天线的电平来计算信号的 DOA($\theta$)。

图 5.1 显示了两端口 ESM 天线的方位波束形状,两个天线视轴的方位间隔为 90°。

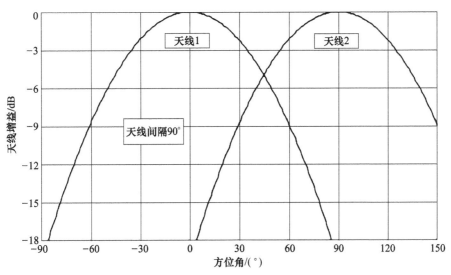

图 5.1 两端口 ESM 天线波束形状

在两端口 ESM 系统中，DOA($\theta$)的估计值用 $|(A_{m-1}-A_m)|$ 或 $|(A_{m+1}-A_m)|$ 的最小幅度差计算得出。为了将测得的幅度与信号方向建立对应关系，需要知道系统的跟踪斜率，也就是 2 个天线之间幅度差为 1dB 时 $\theta$ 的估计值变化。高斯型的波束具有以下特性：输出幅度比值的对数是波达角的线性函数[2]。因此，可以使用查找表直接根据 2 个天线之间的电平差来确定角度。在 ESM 系统的典型频率范围内，天线波束宽度和视轴偏离角度都随频率而变化。暗室测量可以确定天线的真实特性[3]。但是，典型的两端口 ESM 系统可能具有 3°/dB 的跟踪斜率，如图 5.2 所示。

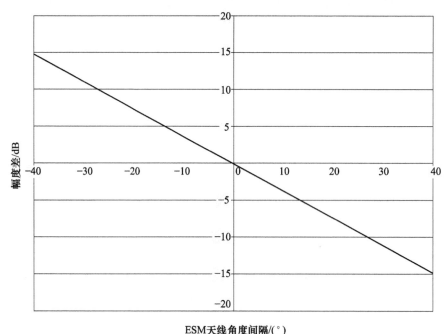

图 5.2　两端口 ESM 系统的跟踪斜率

对于从角度 $\theta$ 入射的幅度为 $A_0$ 的信号，第 $m$ 个天线上测得的幅度 $A_m$ 近似为

$$A_m = A_0 - k(\theta - m\theta_0)^2 \text{(dB)} \tag{5.1}$$

式中：$k$ 为跟踪斜率，是一个常数：

$$k = 12(\theta_b)^2 (\text{dB}/(°)^2) \tag{5.2}$$

式中：$\theta_0$ 和 $\theta_b$ 分别为 ESM 天线的视轴方位间隔和 3dB 波束宽度。

当只使用 2 个天线时，DOA 在 2 个天线的视轴方向上会出现不连续的跳变。为了避免这种情况，通常采用 3 根天线来进行比幅计算。图 5.3 显示了 3 个天线高斯波束的配置，这 3 根天线间隔 60°，3dB 波束宽度为 70°。

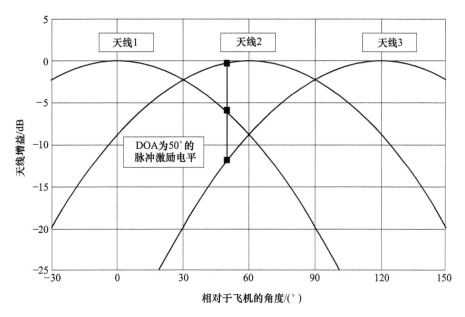

图 5.3 三端口 ESM 系统的典型天线波束配置

图 5.3 还给出了 DOA 为 50°的脉冲在每个天线上的激励电平。图中的激励电平位于一条直线上,可以进行正确的 DOA 计算。在这种情况下,脉冲到每个天线的输入幅度是相等的。

下面使用 3 个 ESM 天线的激励电平来推导 DOA。

脉冲以方位角 $\theta$ 到达 ESM 天线,天线 $A_2$ 具有最大的激励电平,然后是天线 $A_1$ 和 $A_3$。可以建立以下公式:

$$A_1 = A_0 - k(\theta - (0)\theta_0)^2 + e_1 (视轴位于 0°) \tag{5.3}$$

$$A_2 = A_0 - k(\theta - (1)\theta_0)^2 + e_2 (视轴位于 60°) \tag{5.4}$$

$$A_3 = A_0 - k(\theta - (2)\theta_0)^2 + e_3 (视轴位于 120°) \tag{5.5}$$

式中:$A_0$ 为输入幅度;$k$ 为跟踪常数;$e_m$ 为第 $m$ 个天线的测量误差。可以通过计算两个激励电平差($D_L$ 和 $D_R$),得出 $\theta$ 的两个值:$\theta_L$ 和 $\theta_R$。

假设 $e_m = e_{m-1} = e_1$,可得

$$\begin{aligned} D_L &= A_2 - A_1 = A_0 - k(\theta - \theta_0)^2 - (A_0 - k(\theta)^2) \\ &= -k(\theta - \theta_0)^2 + k(\theta)^2 \end{aligned} \tag{5.6}$$

$$(D_L/k) = -\theta^2 - \theta_0^2 + 2\theta\theta_0 + \theta^2 \tag{5.7}$$

$$(D_L/2\theta_0 k) = 0.5\theta_0 + \theta_L \tag{5.8}$$

$$\theta_L = -0.5\theta_0 + (D_L/2k\theta_0) \tag{5.9}$$

对 $A_2$ 和 $A_3$ 进行类似的处理,可得

$$\theta_R = 0.5\theta_0 - (D_L/2k\theta_0) \tag{5.10}$$

将 $k$ 从等式中移除,由于 $\theta_L = \theta_R$,可以得出 $\theta_a$ 的估计值为

$$\theta_a = \theta_0(D_L - D_R)/2(D_L + D_R) \tag{5.11}$$

必须根据计算中使用的天线对 $\theta_a$ 进行校正。例如,如果激励电平最强的天线是视轴为60°的天线,则必须将 $\theta_a$ 加上60°才能获得正确的波达角(AOA)。DOA计算的最后一步是将飞机航向角加到 AOA 中,以得到雷达脉冲的 DOA。

当入射信号在每个天线上的幅度不相等时,比幅系统会出现问题。这可能是由 ESM 天线的位置差异、雷达波束宽度和多径信号等因素造成的。第 15 章 ~ 第 17 章将详细讨论多径效应。

## 5.2 比幅天线的典型配置

比幅系统能够工作的基础条件是必须在多个天线上看到脉冲。为了在飞机周围实现 360°方位覆盖,ESM 天线必须分布在平台周围。

直升机的典型 ESM 配置可能采用 6 个 ESM 天线,分别位于飞机的前部、后部和两侧,最大天线间距可达 20m。2 个前向天线、2 个后向天线和两个侧向天线的指向间隔为 60°,这样就可以提供 360°的全方位覆盖,如图 5.4 所示。图 5.4 还给出了一种用于固定翼飞机的 ESM 天线配置。6 个天线分为两组,一组在机头;另一组在机尾,两组天线的间距为 30m。

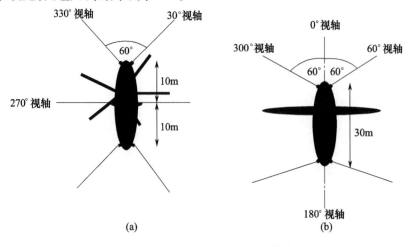

图 5.4 直升机和大型飞机的 ESM 天线典型配置

比幅系统所做的一个重要假设是，飞机可以被认为是空间中的一个点。如果飞机离雷达足够远，这一假设是成立的，即使 ESM 天线之间有几米的间隔。通常认为，在 ESM 系统的设计中，即使在近距离上，这种点接收机的近似也足够好。然而，许多雷达的方位 3dB 波束宽度较窄，如 1°、2°甚至更窄，且旁瓣比主波束的峰值低至少 20dB。对于这种雷达，波束的不同部分可能会被飞机两端的天线同时看到，由于幅度电平相差很大，会导致显著的 DOA 误差。

天线间距的主要影响是当雷达波束扫描飞机时脉冲 DOA 分布的斜率（DOA 误差在脉冲之间的变化）。然而，由于下面说明的原因，在主波束的边缘以及发生旁瓣检测时，预计会有更大的 DOA 误差。

## 5.3 ESM 天线间距对 DOA 测算的影响

图 5.5 显示了飞机以跑道形航线飞过雷达时，天线间距对 ESM 系统跟踪的影响。图中选择了航线上的 5 个点，给出了每个点上形成的 ESM 跟踪的数量。

当飞机在位置 1 时，只形成了一条跟踪。当飞机飞向雷达时，雷达在飞机的右侧，在位置 2 上与飞机的方位夹角为 90°，这时会出现多余的跟踪。当飞机飞离雷达时，在位置 3 上多余的跟踪就会消失。飞机调头以后再次飞向雷达，雷达位于飞机的左侧，在位置 4 上只形成了一条跟踪。到达位置 5 时，雷达与飞机机头的方位夹角为 270°，再次出现了多余的跟踪，然后又随着飞机飞离雷达而消失。

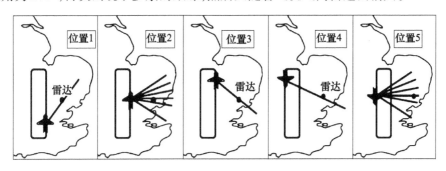

图 5.5　ESM 天线间距对 ESM 跟踪的影响

图 5.6 所示的脉冲数据的 DOA 分布表明，多重跟踪的原因是当飞机飞越雷达时，测得的脉冲 DOA 分布被展宽了。当飞机机翼方向与雷达方向平齐时，DOA 的分布范围从 5°增加到了 15°。当飞机飞离雷达时，DOA 的分布范围又减小到了 5°。

图 5.7 模拟了当飞机接近雷达时，单部雷达的主瓣扫过 ESM 时收到脉冲的幅

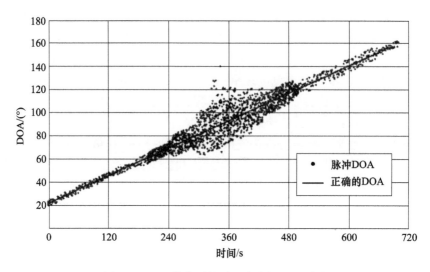

图 5.6　ESM 接收到的雷达脉冲的 DOA 分布

度和 DOA 分布。从图 5.7 中的 DOA 分布可以看出,来自主波束前沿的脉冲具有正的 DOA 误差,波束峰值处的脉冲没有 DOA 误差,而主波束后沿处的脉冲具有负的 DOA 误差。

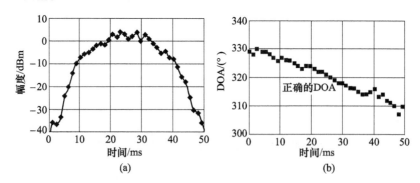

图 5.7　单部雷达扫描的幅度和 DOA 分布

图 5.7 中 DOA 分布的斜率取决于 ESM 天线间距和雷达在方位上的 3dB 波束宽度,也取决于飞机相对于雷达的距离和方位。斜率在主波束的边缘上最大。

## 5.4　ESM 天线间距引起的 DOA 误差

为了确定雷达的 DOA 分布,设计了一种图解方法。图 5.8 模拟了雷达波束形状和飞机观察到的方位角范围,并从飞机的末端向雷达波束的幅度包络引垂线。

ESM 天线位于飞机的末端。

每一条垂线与雷达幅度包络的交点显示了入射到飞机上的信号幅度。

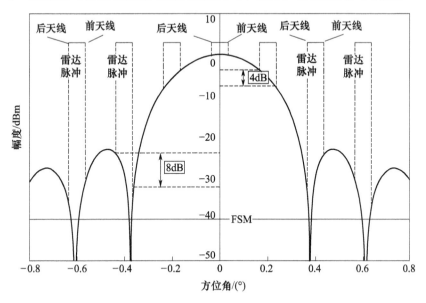

图 5.8  确定由天线间距引起的 DOA 误差的方法

从波束交点向幅度轴引水平线,显示了前端和后端的 ESM 天线所看到的雷达幅度差异。

在实际中,雷达波束扫过飞机时,飞机在两个脉冲之间的移动很小。在图 5.8 中,飞机在雷达波束上移动,产生了相应的幅度差异效应,并且可以线性地描绘角度分布。

图 5.8 是用一个极端的示例来说明定义 DOA 误差的方法,图中雷达到飞机的距离很近,并且飞机与雷达波束的方位角很大。图 5.9 显示了更为真实的情况,其中飞机距离雷达 18.52km。由于飞机前、后天线的间距为 30m,飞机相对以雷达为中心的圆呈现出 0.1°的角。雷达是典型的空管雷达,其 3dB 波束宽度为 1.5°。

随着雷达波束开始扫描整个飞机,前天线将接收到的信号幅度大于后天线,而在波束峰值扫过飞机之后,情况发生了逆转。因此,在图 5.9 位置 A 和 B,前天线收到的信号幅度将比后天线大,而在位置 D 和 E 的情况则相反。

在图 5.9 雷达波束的峰值位置 C 处,前、后天线可以看到相同的输入幅度,因此在 DOA 计算中不会产生误差。

在雷达主波束的前沿,由于前天线和后天线看到的雷达波束幅度相差 12dB,因此计算出的 DOA 误差高达 +36°。在主波束的后沿,由于前后天线输入幅度的

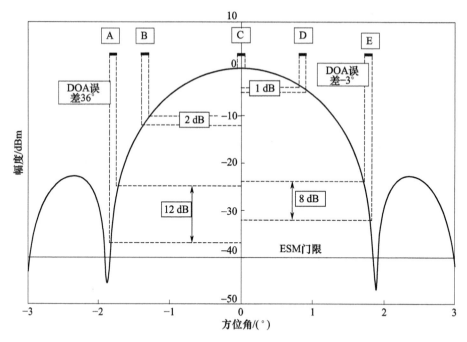

图5.9 空管雷达的天线波束形状与18km处的飞机

差异为8dB,得出的DOA误差高达-24°。这些幅度差异的影响导致测得的DOA在主波束内表现出如图5.7所示的斜率。

虽然大多数ESM跟踪生成软件应该能够应对雷达主波束上的DOA展宽,但在主波束边缘可能会面临挑战。例如,一组天线可能看到主波束,另一组天线可能看到第一副瓣,如图5.10所示。图中主波束前沿的脉冲在前后天线上的输入幅度差异造成的DOA误差为-9°。然而,由于该脉冲位于主波束的前沿,原本预期会出现正的DOA误差。

当原本应该由特定天线接收的脉冲完全丢失时,就会出现其他问题,如图5.10中主波束后沿的脉冲,后天线根本看不到这个脉冲。

图5.11显示了ESM天线间距对旁瓣脉冲和主波束边缘脉冲的影响。由于雷达波束形状的影响导致较大的DOA误差,主波束边缘的脉冲DOA不会遵循主波束内的DOA误差斜率;对于旁瓣脉冲,由于一个天线可能接收雷达主波束,而另一个天线可能接收雷达旁瓣,因此可能存在正的或负的DOA误差。如果其中一个天线接收到的脉冲幅度没有超出ESM的门限,则脉冲将完全丢失。

天线间距效应取决于天线间距以及飞机的距离和方向,与雷达的峰值幅度无关。主波束内DOA误差的斜率除了与上述3个因素有关外,还与雷达波束的形状有关(见5.5节)。

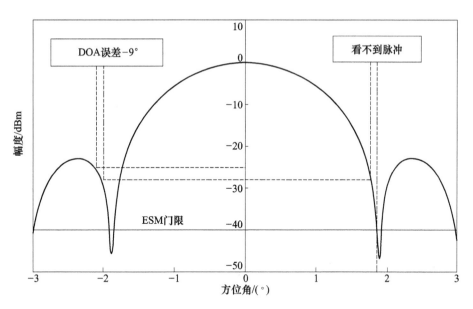

图 5.10　旁瓣的幅度差异和丢失的脉冲

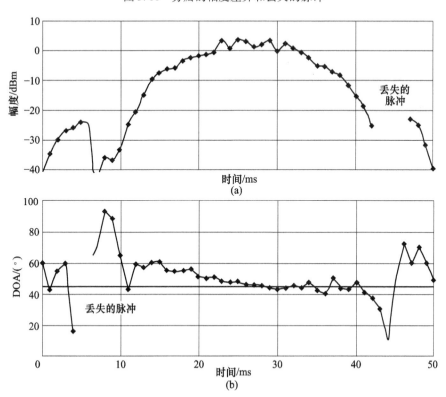

图 5.11　旁瓣脉冲产生很大的 DOA 误差

DOA 误差的斜率随着雷达距离的减小而增大,也随着雷达 3dB 波束宽度的减小而增大。但是,天线的定向性会导致天线有效间距的减小,进而会引起 DOA 误差斜率的下降,如图 5.12 所示。

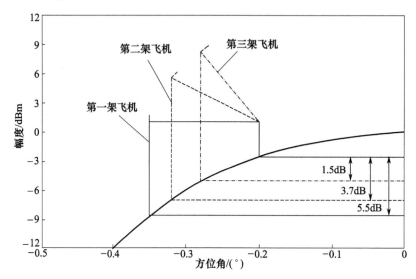

图 5.12　飞机方向对 DOA 误差的影响

图 5.12 中的第一架飞机(实线)的方位角为 0°,此时前、后天线组的幅度差为 5.5dB,对应于到 16.5° 的 DOA 误差。第二架飞机(虚线)与雷达成 30°角,前、后天线组的幅度差减小到 3.7dB,对应的 DOA 误差约为 11°。第三架飞机(点线)与雷达成 60°角,此时的幅度差为 1.5dB,对应的 DOA 误差仅为 4.5°。

图 5.13 显示了在大型飞机和直升机的 ESM 天线配置下(图 5.4),雷达主波束边缘上的最大 DOA 误差。图中给出了两种雷达波束宽度。图 5.13(a)是典型

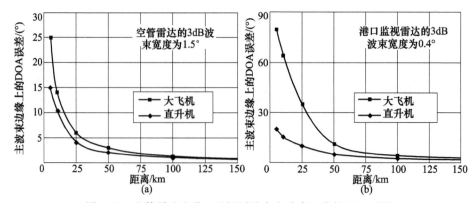

图 5.13　空管雷达和港口监视雷达在主波束边缘的 DOA 误差

的空管雷达,具有 1.5°的 3dB 波束宽度,图 5.13(b)是典型的港口监视雷达,3dB 波束宽度为 0.4°。

当使用大型机载 ESM 天线在 10km 的距离上观察波束宽度为 1.5°的雷达时,主波束边缘的最大误差为 25°。当雷达波束宽度为 0.4°时,误差增加到 80°。对于这两种雷达,直升机上的 ESM 天线间距要比大型飞机上的 ESM 天线间距小,从而在主波束边缘上可以得到较小的 DOA 误差。

## 5.5 雷达波束形状对 DOA 误差的影响

大多数扫描雷达的方位波束宽度较窄,典型的空管雷达的 3dB 波束宽度为 1.5°。港口监视雷达的 3dB 波束宽度可以低至 0.3°,对于这类雷达,不同天线上看到的输入脉冲幅度之间可能存在显著差异。

图 5.14 和图 5.15 对比了机载 ESM 在 8km 的距离上对空管雷达和港口监视雷达的脉冲接收情况,机载 ESM 的天线间距为 30m,飞机对半径为 8km 的圆形成的张角为 0.2°。

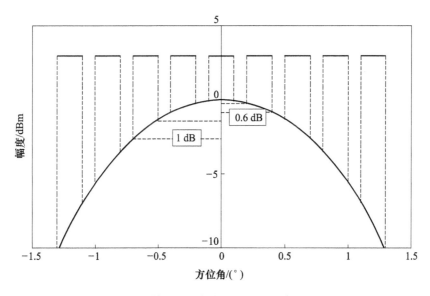

图 5.14 空管雷达的方向图和 8km 距离上的 ESM

对于这两种情况,ESM 系统只能对雷达波束扫描峰值上的脉冲测得正确的 DOA。对于紧挨着波束前沿的脉冲 A,在 ESM 中可以看到 0.6dB 的幅度差。

对于空管雷达,由天线激励电平导致的 DOA 误差通常为 2°。港口监视雷达

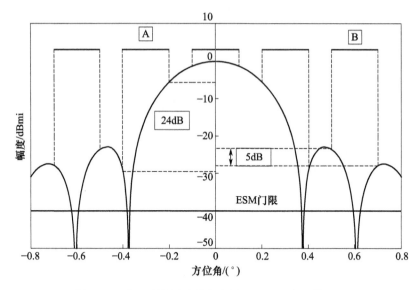

图 5.15 港口监视雷达的方向图和 8km 距离上的 ESM

发射的脉冲在相关天线上的激励电平有更大的差异,可以达到 24dB,从而会产生更大的 DOA 误差。

对于港口监视雷达,只有波束峰值上的脉冲能够同时被 ESM 的前端和后端天线看到。对于所有其他脉冲,ESM 只能在一个天线上看到主波束,而在另一个天线上看到旁瓣。因此,在近距离条件下,ESM 系统很难检测到窄波束宽度的雷达,因为大多数脉冲的 DOA 误差较大。因此,截获创建和跟踪相关会受到影响。

## 5.6 仰角对 DOA 误差的影响

在比幅系统中,影响 DOA 测量值的第二个效应是仰角误差效应。对于给定的距离和仰角,DOA 误差在接收天线的视轴附近会增大,只有在零仰角处才没有仰角误差效应。

图 5.16 通过显示不同仰角上(0°~60°)两个天线的幅度差异来说明这一点。

图 5.17 给出了仰角误差效应的一个示例,显示了典型的空管雷达在 30°的固定仰角上进行单次扫描时的 DOA 分布。在图 5.17(a)中,ESM 天线位于同一个位置。在图 5.17(b)中,ESM 天线的间距为 20m。在两种情况下,信号的真实 DOA 位于一个 ESM 天线的视轴方向上。

当天线在同一个位置时,整个扫描过程中的 DOA 没有变化,仰角的影响是将 DOA 偏移了约 5°。对于分置的 ESM 天线,也存在同样的效应,即 DOA 也偏移了约 5°。

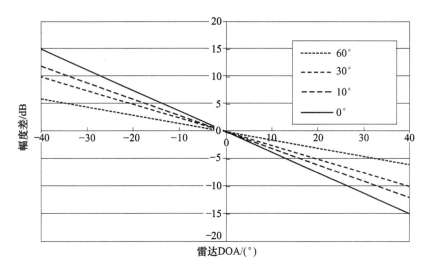

图 5.16 两个 ESM 天线的幅度差

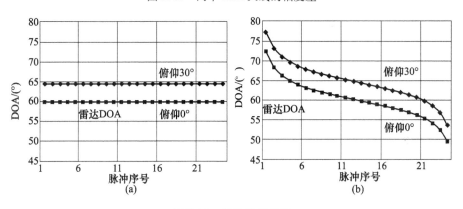

图 5.17 仰角误差效应

## 5.7 ESM 天线间距效应的解决方案

ESM 天线的间距会导致比幅 ESM 系统中的 DOA 误差,因此在 ESM 系统的设计中解决这个问题或在飞行后的分析中采取措施纠正 DOA 误差是非常重要的。

在比幅系统中,天线间距的影响是当飞机经过雷达时,从雷达主波束接收的脉冲的 DOA 会发生扩展。DOA 的扩展会产生额外的跟踪,导致对雷达正确 DOA 的混淆,并在 ESM 操作员的屏幕上产生混乱的多重跟踪。

在雷达脉冲串中,有些脉冲无法被所有的天线看到,因而会产生脉冲丢失,进而影响到 PRI 的计算。糟糕的 PRI 计算会导致截获不能与现有跟踪相关联,因此会创建额外的跟踪。糟糕的 PRI 计算还会导致错误的识别。有些雷达可能会被 ESM 完全忽略掉,因为缺少 DOA 取值合理的脉冲来创建截获。

对于比幅 ESM 系统中的 DOA 误差问题,可能的解决方案包括共址 ESM 天线、从波束峰值中选择脉冲用于 DOA 计算和调整接收天线的激励电平。

### 5.7.1 共址 ESM 天线

当 ESM 天线分置时,主波束上的 DOA 分布会出现斜率。然而,当天线共址时,脉冲在所有天线上具有相同的激励电平,并且没有 DOA 误差。但是,该解决方案可能并不可行,因为可能无法找到能够让所有 ESM 天线都不被平台表面遮挡的位置。

### 5.7.2 使用来自雷达波束峰值的脉冲

通过选择雷达主波束峰值附近的脉冲,可以将天线分离引起的误差降到最低。如果脉冲检测仅限于这些脉冲,则在进一步的 ESM 处理中就无需考虑图 5.18(a) 和图 5.18(c) 所示的较大 DOA 误差。当仅使用波束峰值附近的脉冲时,ESM 系统应能够对峰值两侧脉冲的 DOA 进行平均,并得出正确的 DOA。

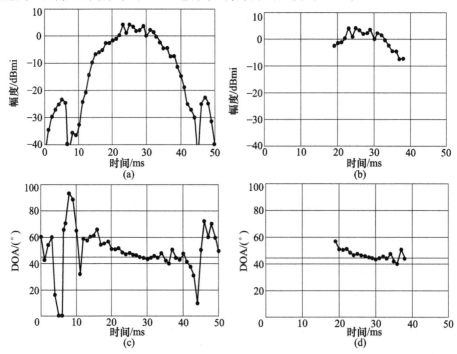

图 5.18　峰值脉冲对 DOA 误差的抑制

### 5.7.3 调整天线激励电平

当所有 3 个 ESM 天线的输入幅度之间没有差异时,激励电平位于一条直线上,从而可以得出正确的 DOA。图 5.19 中所示为 70°的 DOA 所对应的激励电平。

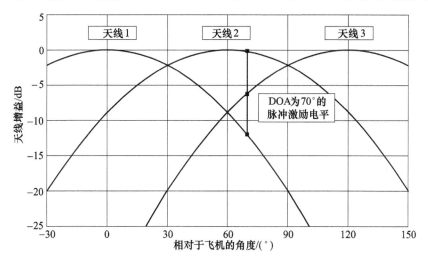

图 5.19　峰值脉冲对 DOA 误差的抑制

当 3 个天线的输入幅度不同时,由于 ESM 天线的间距和雷达波束的形状,激励电平不再位于一条直线上,如图 5.20 所示。

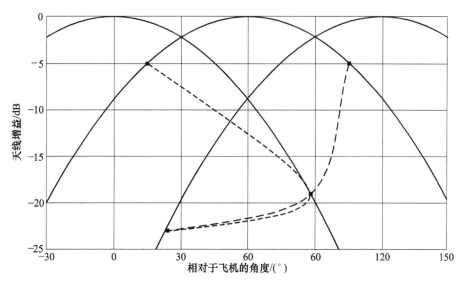

图 5.20　输入幅度不相等时 ESM 天线的激励电平

当3个激励电平不在一条垂直直线上时,计算出的 DOA 为 56°,误差为 14°。表 5.1 给出了在图 5.19 和图 5.20 两种情况下的输入幅度以及 3 个天线上的激励电平。

表 5.1  输入幅度和 ESM 天线的激励电平

| 天线 | | 输入幅度/dB | ESM 激励电平/dB |
|---|---|---|---|
| DOA = 70° | 天线 1 | 0 | -12.0 |
| | 天线 2 | 0 | -0.2 |
| | 天线 3 | 0 | -6.1 |
| DOA = 56°(误差 14°) | 天线 1 | -7 | -19.6 |
| | 天线 2 | -5 | -5.0 |
| | 天线 3 | -17 | -23.5 |

通过测得的激励电平和计算出的 DOA(尽管不正确)来估计到达每个天线的输入幅度,可以确定计算出的 DOA 是否有误差。

对比幅系统的校正看起来应该很容易,所需的是每个 ESM 天线输入幅度的相对值。但是,这一信息是得不到的。所知的只是单个 ESM 天线的激励电平和计算出的 DOA。

为了对计算出的 DOA 进行验证,首先对比幅算法进行反向运算,以估算出每个天线的输入幅度。

对于图 5.20 中的天线 1,通过下式估算入射幅度($A_{in}$ = -11.3dB):

$$A_{in} = k(\theta_c - \theta_o)^2 + A_{out} \tag{5.12}$$

式中:$k = 12/(\theta_b)^2$,$\theta_b$ 为 ESM 天线的 3dB 波束宽度(70°);$\theta_c$ 为计算出的 DOA 值(56°);$\theta_o$ 为天线的视轴方向(在本例中为 0°);$A_{out}$ 为天线的激励电平(-19.6dB)。

采用类似的计算方法可以估算出天线 2 和天线 3 的输入幅度分别为 -5.2dB 和 -13.1dB。因为在计算中使用了错误的 DOA 值,这些值并不正确。但这是现阶段唯一可用的值,所以除了使用这些数据别无选择。这组计算表明,入射到 ESM 天线上的脉冲幅度不相等,因此 DOA 很可能存在误差。

可以设计一种将不正确的 DOA 和天线的激励电平映射到正确的 DOA 的方法。需要考虑的因素包括处理速度、需要存储的数据量以及 ESM 天线波束形状的模糊性。

可以采用一种模式匹配的形式(如神经网络)将计算出的 DOA 和 ESM 天线激励电平映射到正确的 DOA,但目前还没有设计出这种方法。

## 参考文献

[1] Stott, G. F., "DF Algorithms for ESM," *Proc. of 6th Conference on Military Microwaves*, 1988.
[2] Wiley, R. G., *Electronic Intelligence: The Analysis of Radar Signals*, Norwood, MA: Artech House, 1993.
[3] Ipek, A. V., "Implementation of a Direction Finding Algorithm on an FPGA Platform," Thesis submitted and accepted to the Middle East Technical University, October 2006.

# 第 6 章 时差 ESM

TDOA 系统通过测量脉冲在每个 ESM 天线上的 TOA 来确定雷达的 DOA。这种类型的系统通常用在大型飞机上,因为大型飞机可以提供足够的天线间距,从而保证了 DOA 计算具有良好的分辨率。TDOA 系统通常工作在 2~18GHz 的频率范围内。

## 6.1 时差 ESM 系统中的 DOA 测算

图 6.1 显示了典型 TDOA 系统的天线配置以及形成的天线基线。

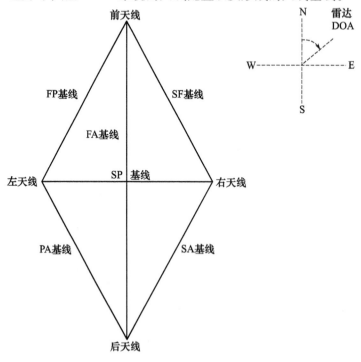

图 6.1 典型 TDOA 系统的天线配置

图 6.1 中显示了 6 条基线:前后基线(FA)、左右基线(SP)、前左基线(FP)、右前基线(SF)、左后基线(PA)和右后基线(SA)。

TDOA ESM 系统通过脉冲到达每个天线的时间差来确定脉冲的 DOA。例如,相对于飞机机头 90°方向上的脉冲首先到达右舷天线;然后同时到达前天线和后天线。对于给定的 DOA($\theta$),TDOA($\Delta T$)可以通过下式计算:

$$D_T = (d\sin\theta)/c \tag{6.1}$$

式中:$d$ 为两个天线之间的距离;$c$ 为光速($c = 3 \times 10^8 \text{m/s}$)。

TDOA 计算的几何关系如图 6.2 所示。

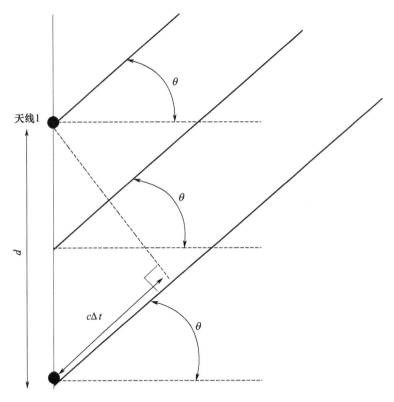

图 6.2 TDOA 计算的几何关系

如果使用单条基线,在确定 DOA 时会产生模糊,因此必须在多条基线上进行测量才能解决这个问题。以前、后天线间距 30m 且左、右天线间距 35m 的 TDOA 系统为例,所有 6 条基线的 TOA 之差与 DOA 的关系曲线如图 6.3 所示。

TDOA – DOA 曲线的重叠显示了如何使用多条基线来解 DOA 的模糊。例如,SP 基线上的 TDOA 为 100ns,对应的 DOA 为 60°或 120°。与此同时,SF 基线上的

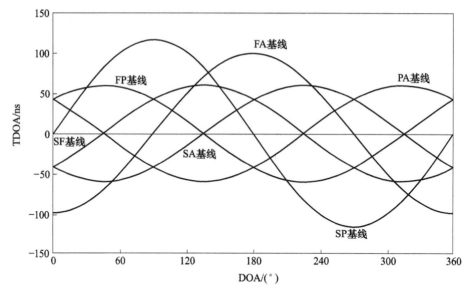

图 6.3　TDOA 系统中各条基线的时差与 DOA 的关系曲线

TDOA 为 58ns，由此可以确认 DOA 为 120°。

## 6.2　TOA 测量

脉冲上升时间定义为脉冲幅度从脉冲幅度峰值的 10% 增加到 90% 所用的时间。在整个上升时间内，以 W/ns 表示的上升是线性的，但以 dBW/ns 表示的上升不是线性的。图 6.4 和图 6.5 显示了这一点，这在后面关于脉冲测量时间的讨论中很重要。

图 6.4 显示了两个脉冲的上升时间的线性斜率，其中一个脉冲的峰值幅度为另一个脉冲的 1/2，但两者的上升时间相同，均为 160ns。上升时间开始于第 20ns（此时脉冲幅度为峰值幅度的 10%），结束于第 180ns（此时脉冲幅度为峰值幅度的 90%）。在右侧的 $Y$ 轴上，标出了以 dBW 为单位的幅度。

虽然图 6.4 所示的两个脉冲的上升时间都是线性的，但上升时间的斜率（每 ns 的瓦特数（W/ns））并不相同。

如图 6.5 所示，以 dBW/ns 为单位的脉冲上升曲线不是线性的。

测量脉冲 TOA 有两种方法。在第一种方法中，当脉冲的幅度达到门限时，记录脉冲在每个天线上的 TOA。在图 6.6 中，宽度为 1μs 的脉冲的上升时间为 80ns（相对于脉宽具有如此长上升时间的脉冲在实际中是不太可能出现的，这里只是

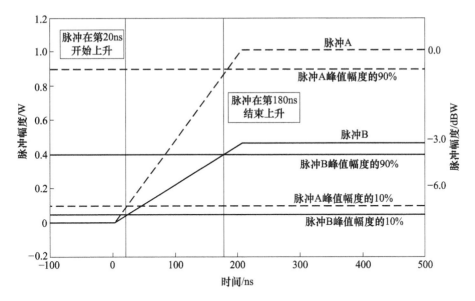

图 6.4 以 W/ns 表示的脉冲上升时间

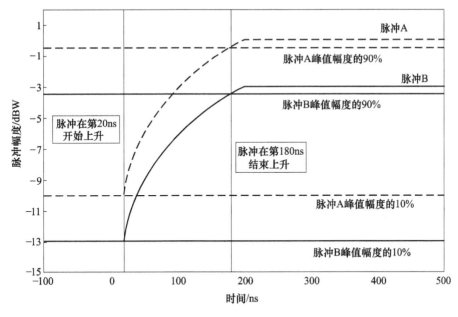

图 6.5 以 dBW/ns 表示的脉冲上升时间

用作示例,以便更清楚地说明脉冲 TOA 的测量)。

在图 6.6 中,对于灵敏度为 $-50$ dBmi 的 ESM 系统,是在脉冲起始后的 85ns 开始使用幅度门限方法测量 TOA 的。

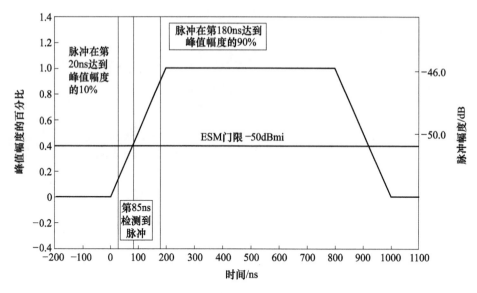

图 6.6　基于幅度门限的脉冲 TOA 测量

测量 TOA 的第二种方法是记录脉冲内的幅度曲线,然后从峰值沿时间曲线向下移动一个设定的分贝数。图 6.7 显示了脉冲 TOA 的测量,其中时间测量是在比脉冲幅度峰值低 3dB 的点上进行的。这种情况下,脉冲 TOA 是在脉冲起始后的 100ns 测量的。

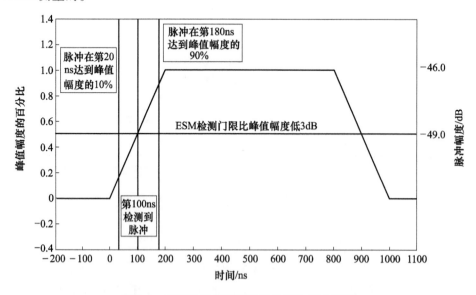

图 6.7　基于峰值幅度下降量的脉冲 TOA 测量

这两种时间测量方法将在下面的章节中进行比较,并给出它们对 DOA 精度的影响。

## 6.3　ESM 天线间距效应

ESM 天线的间距对 TDOA ESM 系统的工作来说是必不可少的,但天线间距也会导致对扫描雷达的 DOA 误差。由于雷达波束的形状和 ESM 天线的间距,来自扫描雷达的脉冲在所有 ESM 天线上的接收幅度并不相等。由于脉冲的上升时间,每个天线上的脉冲在不同的时间越过检测门限。

在 TDOA 系统的设计中,通常假定脉冲以相等的幅度到达每个 ESM 天线。如果是这种情况,则可以在一对天线的 TDOA 和脉冲的 DOA 之间进行简单的关联。

实际上,雷达波束形状意味着所有接收天线只有在波束峰值上才能看到相同的幅度。ESM 平台对雷达波束形成一个可分辨的方位角(见第 5 章),如图 6.8 所示,其中 ESM 平台到雷达的距离为 25km,ESM 天线的间距为 30m。图 6.8 显示了天线间距对雷达单次扫描中 3 个脉冲 TOA 的影响,图中雷达工作在 3GHz,3dB 波束宽度为 0.9°,PRI 为 0.8ms,上升时间为 160ns(本章中的所有雷达均假定工作在 3GHz,因为在这个频率上,以 dBmi 为单位接收的功率与以 $dBW/m^2$ 为单位接收的功率数值相同)。

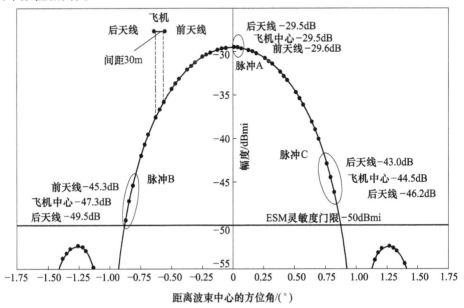

图 6.8　天线间距效应对接收幅度的影响

每个天线接收每个脉冲的峰值幅度如图6.8所示。不论采取两种时间测量方法中的哪一种,这些幅度都是相同的,下面分别对两种时间测量方法进行讨论。假设将 FA 基线用于 TDOA 的测量,首先考虑测量 TOA 的幅度门限法。图 6.9 显示了前天线和后天线在波束峰值处脉冲 A 的脉内幅度包络。两个天线都以大约 -29.5dBmi 的幅度看到该脉冲,并且几乎都是在脉冲起始 2ns 后穿过 -50dBmi 的 ESM 幅度门限。脉冲起始后 2ns 的检测刚好发生在 ESM 的灵敏度电平之上,该灵敏度电平比脉冲峰值幅度低 20.5dB。在这种情况下,两个天线之间 TOA 的任何差异都是由 DOA 引起的,与雷达波束形状无关。

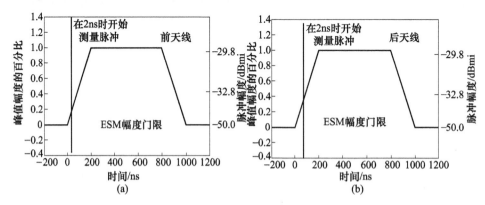

图 6.9　前、后天线使用幅度门限法接收脉冲 A 的脉内幅度包络

位于主波束后沿的脉冲 B 的脉内幅度包络如图 6.10 所示。后天线看到幅度为 -49.5dBmi 的脉冲,并且在达到 -50dBmi 的 ESM 幅度门限之前,脉冲已经上升了 180ns。

然而,前天线看到的脉冲幅度是 -43.5dBmi,比后天线看到的幅度高了 4 倍。在前天线上,脉冲只用了 70ns 的时间就越过了 ESM 幅度门限。因此,脉冲 B 在 FA 基线上的 TDOA 误差为 110ns,由此导致的 DOA 误差约为 33°。

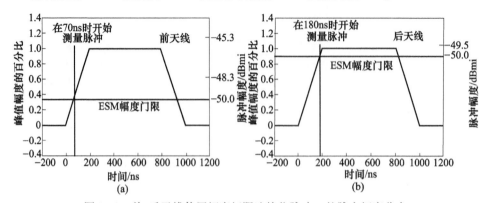

图 6.10　前、后天线使用幅度门限法接收脉冲 B 的脉内幅度分布

主波束前沿的脉冲 C 在脉冲起始后 40ns 被后天线检测到,但是前天线直到脉冲起始之后 80ns 才检测到脉冲。脉冲 C 在 FA 基线上的 TDOA 误差为 40ns,由此导致的 DOA 误差约为 13°。

当使用幅度下降法测量时间时,脉冲 A 在脉冲起始后 100ns 处前、后天线都看到,如图 6.11 所示。虽然这与使用幅度门限法的 2ns 有很大差别,但两根天线在脉冲起始后的同一时刻看到脉冲这一事实意味着,使用幅度下降法测量脉冲 A 的 TOA 时也没有产生 DOA 误差。

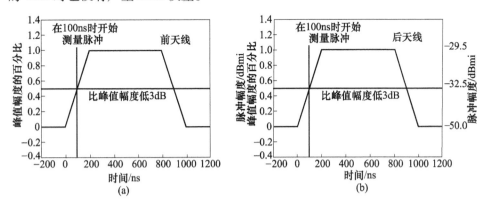

图 6.11　前、后天线使用幅度下降法接收脉冲 A 的脉内幅度剖面

脉冲 B 在前天线的脉冲起始后 100ns 出现,如图 6.12 所示。然而,后天线根本检测不到脉冲 B,因为在后天线处看到的峰值幅度仅为 -49.5dBmi,比 ESM 的检测门限 -50dBmi 只高了不到 3dB。

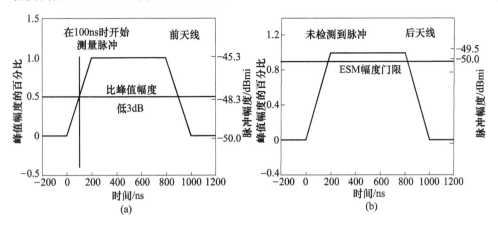

图 6.12　前、后天线使用幅度下降法接收脉冲 B 的脉内幅度剖面

对于脉冲 C,前、后天线都可以在脉冲起始后 100ns 处看到脉冲,因此不存在

由于 ESM 天线间距和雷达波束形状造成的 DOA 误差。而当使用幅度门限法时，可以看到 13°的 DOA 误差。

图 6.8 中测量 3 个脉冲 TOA 的两种方法在表 6.1 中进行了比较。

表 6.1 两种 TOA 测量方法得出的测量结果

| 脉冲 | DOA 误差/(°) | |
| --- | --- | --- |
| | 幅度门限法 | 幅度下降法 |
| 脉冲 A | 0 | 0 |
| 脉冲 B | 33 | 未检测到 |
| 脉冲 C | 13 | 0 |

幅度下降法虽然去除了 DOA 误差，但降低了 ESM 系统的灵敏度。在相同的灵敏度水平下，3dB 幅度下降法对雷达的探测距离只有幅度门限法的 1/2。

ESM 通过幅度下降法可以看到的脉冲数目的减少可能意味着对某些雷达无法形成跟踪，并且由于可用于确定 PRI 序列的脉冲较少，识别过程也会被延迟。

在采用幅度门限法的 ESM 系统中，接近检测门限的脉冲会出现较大的 DOA 误差，具有较大 DOA 误差的脉冲即使被排除在跟踪之外，但还可用于确定 PRI。

## 6.4 ESM 灵敏度对 DOA 误差的影响

对于扫描雷达，当时差 ESM 系统的天线间距较大且采用幅度门限法测量 TOA 时，偏离波束峰值的脉冲的 TOA 差值足以引起 DOA 误差。对于峰值幅度接近接收机检测门限或灵敏度的脉冲，天线分离的影响更为严重。

图 6.13 显示了 3 种不同 ESM 灵敏度（-50dBmi、-55dBmi 和 -60dBmi）如何接收雷达主波束一侧的 3GHz 脉冲的示例。在图 6.13 中，前、后天线间距为 30m，到雷达的距离为 25km。雷达相对于飞机的方位仅在飞机的 FA 轴不垂直于从雷达到飞机中心的连线且飞机对雷达波束的张角较小的情况下才有意义。

对于灵敏度最低（-50dBmi）的 ESM 系统，后天线接收的脉冲仅比门限高了 0.5dB。

当采用幅度门限法测量 TOA 时，前后天线对脉冲的 TOA 测量值相差 110ns，由此导致 33°的 DOA 误差。对于灵敏度为 -55dBmi 的 ESM 系统，同一个脉冲的 TDOA 误差降至 25ns，由此导致的 DOA 误差为 7°，有了显著的改善。对于灵敏度为 -60dBmi 的 ESM 系统，同一脉冲的 TDOA 误差仅为 10ns，由此导致的 DOA 误差为 3°。

当使用幅度下降法测量 TOA 时，受 ESM 系统灵敏度的限制，要么没有 TOA 测

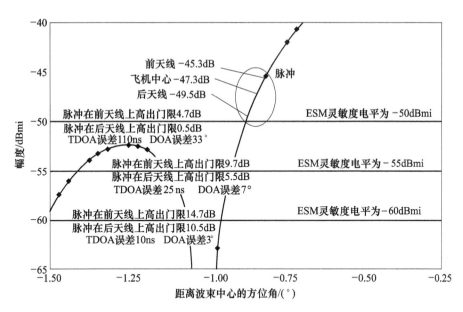

图 6.13　三种灵敏度的 ESM 系统接收同一个脉冲

量误差,要么在其中一个天线上根本看不到脉冲。灵敏度为 -50dBmi 的 ESM 使用幅度下降法测量 TOA 时,在后天线上根本看不到脉冲。使用幅度门限法,其 DOA 误差为 33°。

然而,当 ESM 的灵敏度为 -55dBmi 和 -60dBmi 时,使用幅度下降法可以看到脉冲,且没有 DOA 误差。与此相比,幅度门限法的 DOA 误差分别为 7°和 3°。

虽然通过使用幅度下降法消除了 ESM 灵敏度引起的 DOA 误差,但该方法导致 ESM 的灵敏度降低了 3dB。因此,在相同的灵敏度电平下,幅度下降法的探测距离只有幅度门限法的 1/2。

## 6.5　ESM 天线波束形状对 DOA 计算的影响

ESM 的灵敏度通常指 ESM 天线波束峰值上的灵敏度。即使是具有 70°波束宽度的典型 ESM 接收天线,从波束的峰值到与相邻天线波束产生相交的点,灵敏度上也存在着相当大的变化。

图 6.14 显示了两个重叠的 ESM 天线波束形状,两个天线的方位间隔为 90°,每个天线的 3dB 波束宽度为 70°。这两个天线波束在每个波束峰值处的灵敏度相差达 20dB。

ESM 天线波束形状对脉冲 DOA 计算的影响如图 6.15 和图 6.16 所示。两图

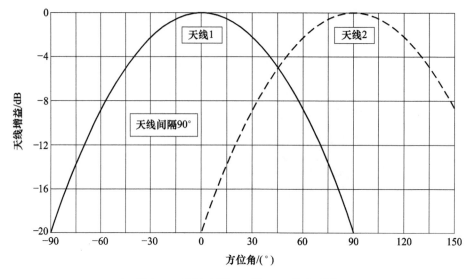

图 6.14　两个相隔 90° 的 ESM 接收天线

分别考虑了 DOA 为 0° 和 DOA 为 30° 的脉冲,这些脉冲来自同一部雷达,且具有相同的幅度电平。ESM 天线的方位间隔为 90°。使用前天线和右天线来测量 TOA 并计算 DOA,天线的间距为 20m。飞机到雷达的距离为 15km,前天线和右天线对飞机形成的方位角约为 0.1°,这导致单个脉冲在每个天线上的幅度存在明显差异。

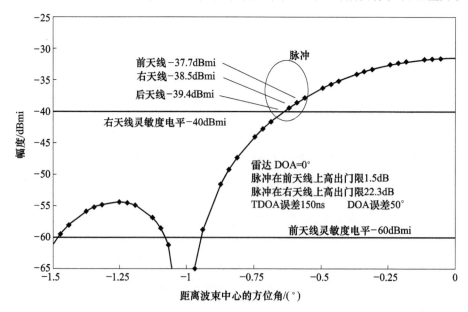

图 6.15　两个相隔 90° 的 ESM 天线接收一个 DOA 为 0° 的脉冲

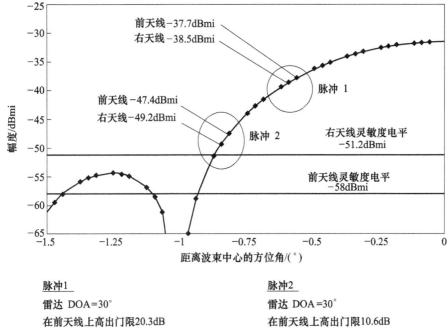

| 脉冲1 | 脉冲2 |
|---|---|
| 雷达 DOA=30° | 雷达 DOA=30° |
| 在前天线上高出门限20.3dB | 在前天线上高出门限10.6dB |
| 在右天线上高出门限12.7dB | 在右天线上高出门限2.0dB |
| TDOA 误差10ns DOA 误差3° | TDOA 误差105ns DOA 误差31° |

图 6.16 两个相隔 90°的 ESM 天线接收两个 DOA 为 30°的脉冲

DOA 为 0°的脉冲刚好位于前天线的视轴上,与右天线的视轴相隔 90°。前天线的灵敏度为 -60dBmi,右天线的灵敏度为 -40dBmi。图 6.15 显示了接收到的脉冲的幅度电平,其中考虑了雷达波束形状和每个天线上高出门限的幅度。

ESM 从一次雷达扫描中接收到 10 个脉冲,这些脉冲高于两个 ESM 天线灵敏度电平中的较低者(高于 -40dBmi)。图 6.15 给出了主波束的 1/2,因此只显示了高出 ESM 灵敏度电平的 5 个脉冲的幅度。

对于图 6.15 中突出显示的单个脉冲,前天线在脉冲起始后 1ns 内测量其 TOA,而右天线在脉冲开始后 150ns 才检测到脉冲,由此导致的 DOA 误差为 50°。如果使用幅度下降法进行 TOA 测量,则在右天线上看不到脉冲,因此不进行 DOA 估计。使用该方法进行 DOA 计算时可用的脉冲数目为 8 个,而使用幅度门限法时可用的脉冲数为 10 个。

当 DOA 为 90°的脉冲到达 ESM 平台时,情况就反转了。此时前天线的检测门限为 -40dBmi,而右天线的灵敏度则提高了 20dB,因为雷达位于右天线的视轴上。

在这种情况下,使用幅度门限法,右天线在脉冲起始后 1ns 内测量其 TOA,而前天线直到脉冲开始后120ns才看到脉冲,由此导致的DOA误差为36°。如果使用幅度下降法进行TOA测量,则在前天线上根本看不到脉冲。这是因为在雷达波束形状和ESM天线波束形状的双重影响下,使得脉冲幅度在达到ESM检测门限之前只允许下降2.3dB,因此无法检测到脉冲。

图6.16显示了来自单次雷达扫描的两个DOA为30°的脉冲,其中右天线和前天线的灵敏度电平分别为-51.20dBmi和-58.0dBmi。

图6.16中,脉冲1在起始后1ns被前天线看到,右天线则是在脉冲起始后10ns才看到脉冲,由此导致的DOA误差为3°。脉冲2在起始后25ns被前天线看到,右天线则是在脉冲起始后130ns才看到脉冲,对应的TOA误差为105ns,由此导致的DOA误差为31°。

当使用幅度下降法时,脉冲1在前天线和右天线之间没有TOA误差,因此也没有DOA误差。然而,对于脉冲2,右天线上检测不到脉冲,因为脉冲幅度仅比右天线灵敏度(在30°的DOA上仅为-51.2dBmi)高出2dB。

幅度下降方法虽然可以消除由ESM天线波束形状引起的DOA误差,但在DOA为30°的情况下,在主波束扫描中能够看到的脉冲数只有12个,而使用幅度门限法则可以看到14个脉冲。

## 6.6 ESM天线配置对DOA计算和分辨率的影响

为了确定ESM天线间距对DOA计算的影响,考虑两种不同的ESM天线配置:一种是大型飞机(如监视平台)上的典型配置;另一种是较小的战斗机上的典型配置,如图6.17所示。

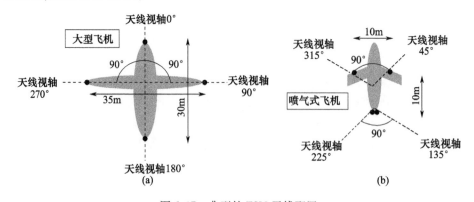

图6.17 典型的ESM天线配置

图6.18模拟了大型飞机TDOA ESM系统接收两个脉冲(A和B)的情形。图

中的 ESM 系统使用了 -50dBmi 和 -60dBmi 两种灵敏度。雷达是典型的监视雷达,3dB 波束宽度为 0.3°,距离 ESM 飞机 80km。

在 ESM 灵敏度为 -50dBmi 的情况下,由于前、后天线的幅度差异,脉冲 A 的 TDOA 误差为 20ns,导致的 DOA 误差为 6°。在此灵敏度电平下看不到脉冲 B。当灵敏度提高到 -60dBmi 时,由天线分离效应引起的脉冲 A 的 DOA 误差减小为 2°,但脉冲 B 的 DOA 误差为 16°。如果增大 ESM 到雷达的距离,那么脉冲 B 可能在 -60dBmi 的灵敏度下也看不到,并且随着脉冲 A 更接近接收机的灵敏度门限,脉冲 A 的 DOA 误差也会增加。

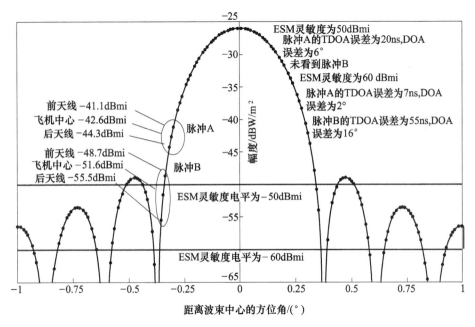

图 6.18 大型飞机 TDOA ESM 系统对脉冲的接收

图 6.19 模拟了高速喷气式飞机上的 ESM 天线配置在相同的场景下的脉冲接收情况。

在高速喷气式飞机的时差 ESM 系统中,ESM 天线的间距较小,前后天线接收幅度的差异会减小,所看到的 DOA 误差也会减小。例如,在 -60dBmi 的灵敏度电平下,对于同一个脉冲 A,大型飞机的 ESM 看到的 TDOA 误差为 55ns,而高速喷气式飞机的 ESM 能看到的 TDOA 误差仅为 20ns。

尽管高速喷气式飞机 ESM 的 TDOA 误差比大型飞机 ESM 的 TDOA 误差小,但 DOA 分辨率却更差。图 6.20 显示了 4 种不同 ESM 天线间距下 TDOA 和 DOA 的关系曲线。该图表明,在两个天线的交叉点,理论上可以精确地确定 DOA,但随

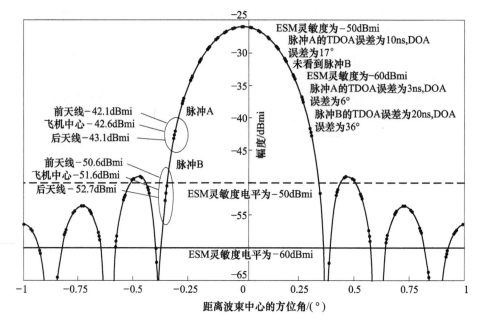

图 6.19　快速喷气式飞机 TDOA ESM 系统对脉冲的接收

着 DOA 远离天线交叉点，DOA 分辨率在不同的天线间距下会表现出不同方式的下降。

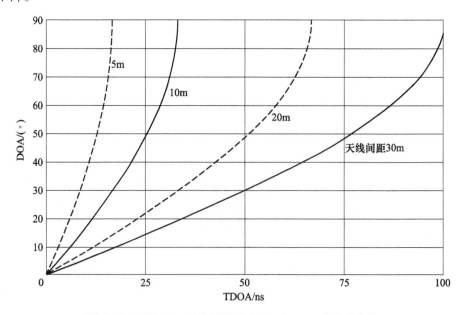

图 6.20　不同 ESM 天线间距下 TDOA 和 DOA 的关系曲线

图 6.21 显示从 TDOA 和 DOA 的关系曲线中截取的 4 个片段，每个片断对应一个天线间距。这些片段的目的是比较不同的天线间距下的 DOA 分辨率，信号的方位与其中一个天线的视轴成 55°角。30m 天线间距的分辨率约为 1(°)/ns，而 10m 天线间距的分辨率约为 3(°)/ns，5m 天线间距的分辨率约为 6(°)/ns。

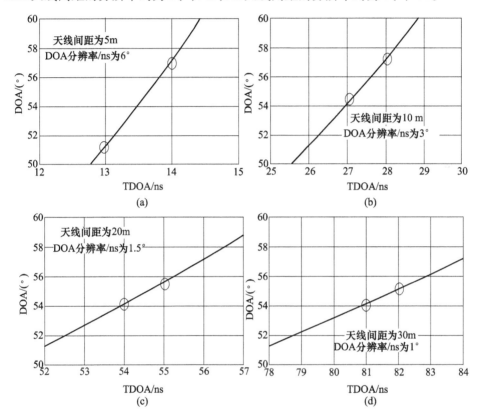

图 6.21 不同 ESM 天线间距下 TDOA 和 DOA 的关系曲线

可以计算不同 ESM 天线间距的 DOA 分辨率，假设从距离为 $r$ 和 DOA 为 $\theta$ 的雷达接收到脉冲，两个天线的间距为 $d$，如图 6.22 所示。在这种情况下，可以将式(6.1)改写如下：

$$\sin\theta = (c\Delta t)/d \tag{6.2}$$

$$\Delta t = (d\sin\theta)/c \tag{6.3}$$

$$\delta\Delta t/\delta\theta = (d\cos\theta)/c \tag{6.4}$$

$$\delta\theta = (\delta\Delta t c)/(d\cos\theta) \tag{6.5}$$

式中：$\delta\Delta t$ 为时间分辨率；$\delta\theta$ 为 DOA 分辨率。

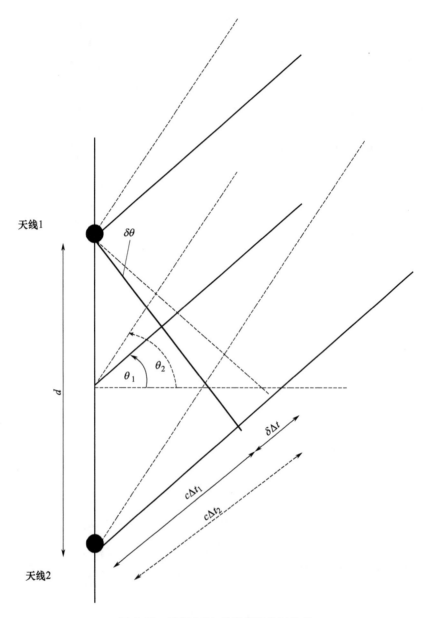

图 6.22 计算 DOA 分辨率的几何关系

图 6.23 给出了 ESM 天线间距为 1~30m 时对应的 DOA 分辨率,两个天线的视轴分别为 0°和 180°,使用的时间分辨率为 1ns。不出所料,DOA 分辨率随着天线间距的增加而提升。

图 6.24 显示了一个较小的 DOA 范围(0°~5°),这使得 DOA 分辨率的细节更

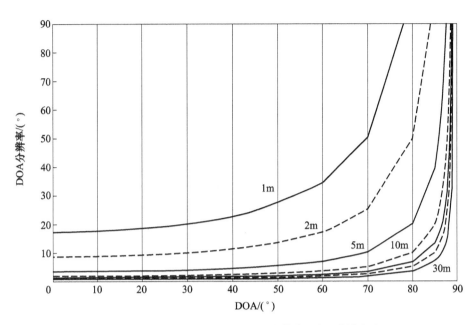

图 6.23 不同 ESM 天线间距下的 DOA 分辨率(时间分辨率为 1ns)

加明显,尤其是对于较大的天线间距。

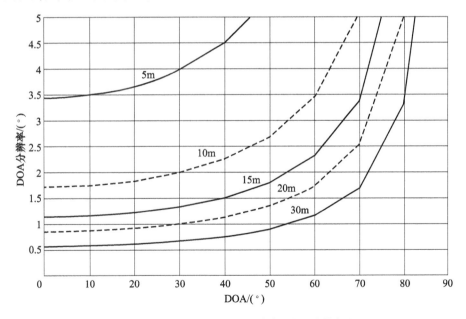

图 6.24 0°~5°范围内的 DOA 分辨率(时间分辨率为 1ns)

当天线间距为30m时,天线之间的 DOA 分辨率可达 0.5°。对于 10m 的天线间距,分辨率降低至 1.75°。对于 30m 的天线间距,在每个天线视轴的 20°范围内,DOA 分辨率已显著降低。对于较小的天线间距,DOA 分辨率恶化得更为明显。

对于 1ns 的时间分辨率,当天线间距为 5m 时,最佳 DOA 分辨率为 3.5°。然而,当使用 0.1ns 的时间分辨率时,所有天线间距下的 DOA 分辨率都提高了 10 倍。

图 6.25 显示了 0.1ns 时间分辨率下不同天线间距对应的 DOA 分辨率。当天线间距为 5m 时,最佳的 DOA 分辨率为 0.35°,但在 0.1ns 的时间分辨率下,每个天线视轴上的 DOA 分辨率都大于 5°。

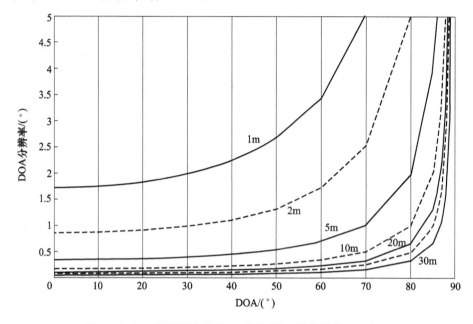

图 6.25　0°~5°范围内的 DOA 分辨率(时间分辨率为 0.1ns)

由图 6.23~图 6.25 可以看出,仅使用两个天线进行 DOA 估计时,在每个天线的视轴附近会表现出较差的 DOA 分辨率,可能导致无法进行精确的 DOA 计算。ESM 天线波束宽度的影响还表现为,在远离天线交叉点时,DOA 测量能力有所降低。

## 6.7　TDOA 直方图和 DOA 的不确定性

在理想的 ESM 系统中,对于给定的基线,来自单部雷达的一组脉冲将以相同的 TDOA 接收。每个基线在不同的 TDOA 上应具有与 ESM 的时间分辨率相同宽度的单个峰,如图 6.26 所示。图中给出了 ESM 系统中 FA 基线、PA 基线和 PF 基线接收到的雷达脉冲直方图,雷达的 DOA 为 300°。由于飞机机身的遮挡,右天线上看不到脉冲。因此,在 SP 基线、SF 基线和 SA 基线上没有看到来自该雷达的脉冲直方图峰值。

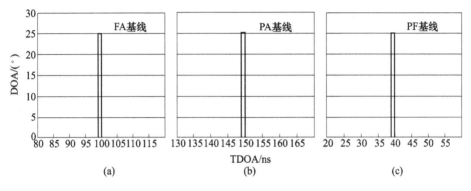

图 6.26　DOA 为 300°时理想的 TDOA 直方图

实际上,TDOA 直方图总是会发生扩展,有时会达到几十纳秒,如图 6.27 所示。

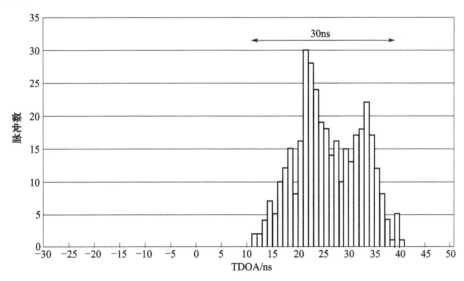

图 6.27　实际的 TDOA 直方图

TDOA 直方图的扩展是由 TOA 的测量误差造成的。本章前面已经探讨了产生 TOA 误差的一些原因。此外,脉冲内的多径干扰也会产生 TOA 误差,这会在第

15 章中详述。对于给定的 TOA 测量分辨率，DOA 的分辨率与每个基线的 TOA 差成正比。当雷达距离远远大于 ESM 天线间距即 $R \gg d$ 时，DOA 的分辨率只取决于 ESM 天线间距 $d$，而与雷达距离 $R$ 无关。

TDOA 与 DOA 的关系曲线可用于确定 TDOA 扩展后 DOA 的不确定性。对于长度为 30m 的 FA 基线，TDOA 与 DOA 的关系曲线如图 6.28 所示。

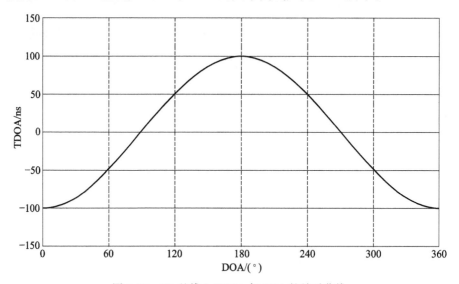

图 6.28　FA 基线上 TDOA 与 DOA 的关系曲线

20ns 的 TDOA 扩展会导致不同的 DOA 不确定性，取决于 TDOA 值在图 6.28 中曲线上的位置。例如，在图 6.29 左侧的曲线图中，雷达相对于飞机机头的 DOA 约为 30°，ESM 系统接收来自雷达的脉冲时，TDOA 扩展为 20ns，由此导致 FA 基线上的 DOA 不确定性为 24°。

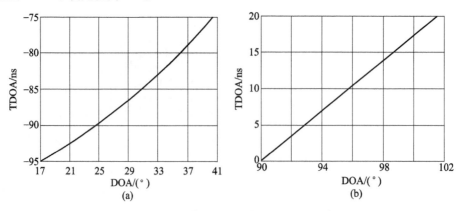

图 6.29　FA 基线上 TDOA 与 DOA 的关系曲线

在图 6.29(b)中,雷达相对于飞机机头的 DOA 约为 95°(更靠近两个天线波束的交叉点),当 ESM 系统接收雷达脉冲的 TDOA 扩展为 20ns 时,FA 基线上的 DOA 不确定性为 12°。

第 8 章中将详细地介绍如何将 TDOA 直方图用于脉冲分选过程的第一阶段。

# 第 7 章

## 比相/干涉仪 ESM

比相 ESM 系统根据线阵或圆阵天线所接收到的脉冲信号的相位差计算 DOA。比相同比幅一样,具备单脉冲瞬时测向能力(可以计算出单个脉冲的 DOA)。

## 7.1 比相系统中的 DOA 计算

线阵干涉仪由一组按直线排列、间距不同的天线单元组成,各天线单元的 TOA 关系可转换为相位差,通过测量相位差即可计算得到 DOA。该原理同样适用于圆形阵列,圆阵干涉仪能够实现方位 360°测向。

平面波传播到距离较远的天线单元需要花费额外的时间,这导致各天线单元的输出相位存在差异。如果信号源到两个天线的距离相等,则两个天线同时接收到信号,此时相位差为 0,因此天线阵列法线方向的信号产生的相位差为 0。当信号的 TOA 差或相位差大于或小于 0,通过测量结果可以得出信号相对于天线阵列的 AOA,图 7.1 显示了单基线两天线干涉仪的几何形状。

在图 7.1 中,脉冲距离天线 1 的距离为 $R$,距离天线 2 的距离为 $R+s$,则路径差为

$$s = d\sin\theta \tag{7.1}$$

式中:$d$ 为天线间距;$\theta$ 为天线阵列的 AOA($-90° \leqslant \theta \leqslant 90°$)。

将路径差转换为相位差需要知道信号波长 $\lambda$。一个波长的相位变化为 $2\pi$,因此路径差 $s$ 对应的相位差为

$$\Delta\phi = (2\pi d\sin\theta)/\lambda \tag{7.2}$$

式中:$d$ 为天线间距(单位为 m);$\theta$ 为相对于平面阵列的 AOA,$\lambda$ 为雷达波长(单位为 m),$2\pi = 360°$。

比相系统能够测量相位差,因此通过对式(7.2)变形求出角度 $\theta$,即

$$\theta = \arcsin(\lambda\Delta\phi/2\pi d) \tag{7.3}$$

# 第7章 比相/干涉仪 ESM

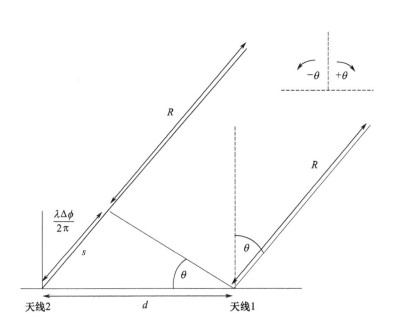

图 7.1 比相 ESM 系统 AOA 测量示意图

以工作在 3GHz 的雷达为例。脉冲以光速($3×10^8$ m/s)传播,传播 1m 距离需要 3.33ns。两比相天线相隔 10cm,因此雷达波到达两天线的最大时间差为 0.33ns (此时 AOA 为 90°)。雷达工作频率为 3GHz,波长为 0.1m,相位周期为 0.33ns。两天线间距为 0.1m,与雷达的波长相同。当雷达脉冲的 AOA 为 90°时,脉冲到达天线 2 的时间比到达天线 1 的时间晚 0.33ns。该时间差等于雷达脉冲的周期,因此两个天线之间的相位差为 360°,故 ESM 系统计算出的 AOA 为 0°。

同样,雷达从 AOA 为 60°处发射的脉冲到达天线 2 的时间比到达天线 1 的脉冲晚 0.288ns。此时的相位差 $\Delta\phi$ 为 312°。当雷达脉冲的 AOA 为 30°时,计算得出脉冲到达两天线的时间差为 0.1667ns,相位差为 180°。

图 7.2 给出脉冲频率为 3GHz,且两天线相隔为 10cm 的 AOA 与相位差的关系曲线。-360°和+360°之间的所有相位差都可以直接从图中读取 AOA。

图 7.2 的示例中,脉冲波长与两天线的间距相同(10cm)。当其他波长(如 9GHz)雷达的脉冲到达该天线阵列时,AOA 与相位差的关系曲线如图 7.3 所示。

当 9GHz 雷达的 AOA 为 90°时,从图 7.3 中可以看出脉冲到达两天线的相位差为 1080°。但是,实际测量的两天线相位差只能在±360°范围内。相位测量系统将 1080°的相位差记录为 1080°-3×360°=0°。这导致 AOA 的计算结果出现模糊,如图 7.4 所示,超过±360°的相位差被校正至±360°范围以内,以符合实测相位差值。

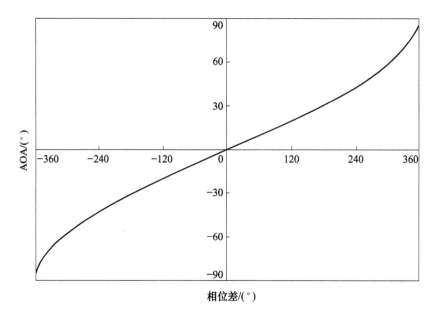

图 7.2　频率为 3GHz 脉冲的 AOA 与相位差的关系曲线

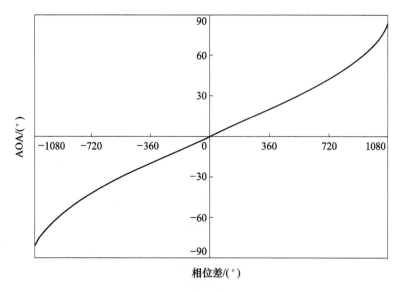

图 7.3　频率为 9GHz 脉冲的 AOA 与相位差的关系曲线

图 7.4 中同一相位差对应 3 个 AOA 值。使用多个天线,在计算 AOA 时利用不同的天线间距可以解决该模糊问题。

例如,图 7.5 显示了两组天线的相位差:第一组天线的间距为 5cm;第二组天线的间距为 10cm。

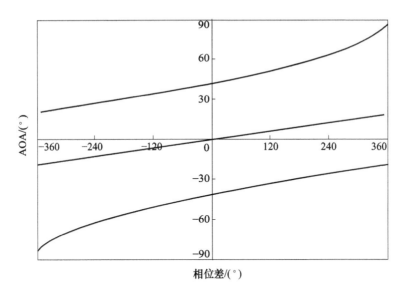

图 7.4 脉冲频率为 9GHz，且两天线相隔 10cm 时的 AOA 与相位差的关系曲线

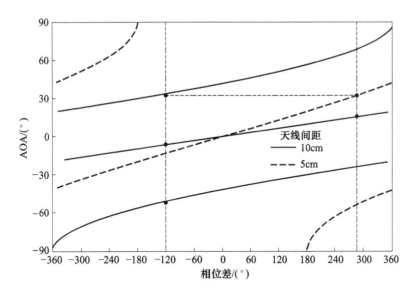

图 7.5 脉冲频率为 9GHz 时，两组天线的 AOA 与相位差的关系曲线

间距为 10cm 的天线记录的相位差为 120°，对应 3 个可能的 AOA 分别为 32°、-7°和 -52°。间隔为 5cm 的天线组记录的相位差为 285°，其对应的 AOA 中包含 32°。通过对这两组天线进行比较，能够解决 AOA 的模糊问题，从而得到正确结果。

增大天线间距能够提升角度测量精度，因为天线间距越大，相位差随 DOA 的变化就越剧烈。而使用尽量小的天线间距,有助于消除模糊。

上述的比相系统中没有考虑接收天线的相位误差。然而,如下所述,存在各种影响脉冲相位的因素。

## 7.2 天线间距对 DOA 计算的影响

在比幅和时差 ESM 系统中,天线间距都是产生 DOA 误差的原因。在这些类型的系统中,天线间通常有几米的间隔。然而,比相系统的天线间距仅几厘米,当雷达波束扫过 ESM 平台时,DOA 的斜变效应微乎其微。

在比相系统中,不同的天线间距会导致不同的相位差,如图 7.6 所示,对于相距 10cm 的两个天线,AOA 为 30°时,9GHz 雷达脉冲产生的相位差为 180°。天线间距为 5cm 和 15cm 时,同一个脉冲在 AOA 为 30°的情况下产生的相位差分别为 90°和 270°。

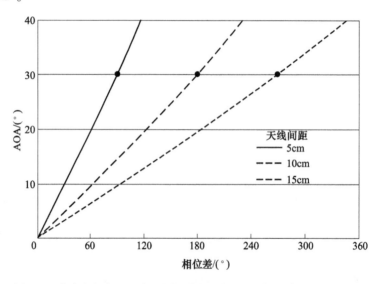

图 7.6 脉冲方向为 30°时,不同天线间距的 AOA 与相位差的关系曲线

在不同的天线间距下,AOA 与相位差的关系曲线的斜率不同,对应的两个天线的相位差也就不同,导致最终计算出的 DOA 分辨率不同。

## 7.3 DOA 分辨率

AOA 的分辨率取决于 AOA 的数值和天线间距,如图 7.7 所示。

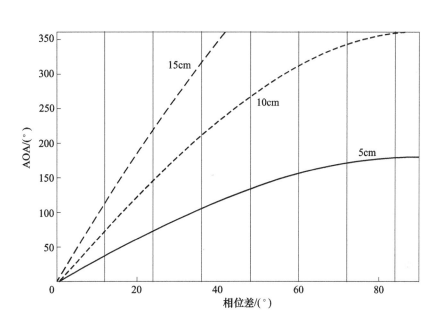

图 7.7 不同天线间距下 AOA 与相位差的关系曲线

AOA 与相位差的关系曲线是弯曲的,这意味着 AOA 的分辨率会随着 AOA 数值的变化而改变。图 7.8 和图 7.9 给出了更多细节,第一个 AOA 为 30°,第二个 AOA 为 85°。

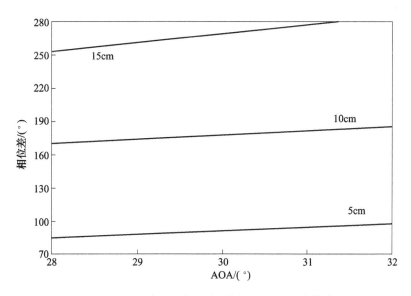

图 7.8 AOA 为 30°时不同天线间距的 AOA 分辨率

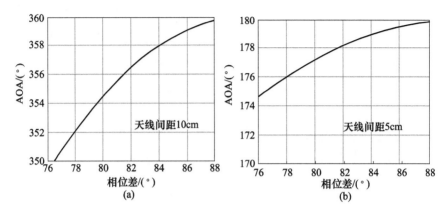

图 7.9　AOA 为 85°时不同天线间距的 AOA 分辨率

当天线间距为 10cm，且 AOA 在 85°附近时，相位差每变化 1°，则 AOA 变化 1°。当天线间距为 5cm，且 AOA 在 85°附近时，相位差每变化 1°，则 AOA 变化 2°。

表 7.1 显示了 AOA 与相位差对应曲线在不同位置上，相位差每改变 1°时 AOA 的变化值。

表 7.1　不同天线间距下的 AOA 分辨率

| 天线间距/cm | 不同方向的 AOA 分辨率/(°) | | | |
| --- | --- | --- | --- | --- |
| | AOA1° | AOA30° | AOA60° | AOA85° |
| 5 | 0.334 | 0.364 | 0.645 | 3.44 |
| 10 | 0.167 | 0.200 | 0.328 | 2.22 |
| 15 | 0.111 | 0.125 | 0.219 | 1.53 |

当 AOA 值在 0°~60°时，相位差每改变 1°AOA 的变化小于 1°，天线间距进一步增大则 AOA 分辨率进一步提升。当 AOA 为 85°时，所有天线间距下的 AOA 分辨率显著降低；当天线间距为 5cm，且 AOA 在 85°附近时，相位差每变化 1°则 AOA 变化 3.5°。

## 7.4　雷达波束形状的影响

在比相系统中，天线之间的间距很小，这意味着雷达参数（如波束形状）不会影响 DOA 的测量。所有天线单元接收到的脉冲幅度相同，但如果在非常接近雷达处（脉冲刚传播几纳秒）发生了多径效应，可能会导致某个或几个天线单元检测到的脉冲幅度存在差异，此时脉冲的相位分布也会发生变化。

然而，如果天线阵的空间尺寸过大（如安装于大型飞机的比相系统的天线间距约为30m),雷达波束形状可能会对相位差的计算产生影响。所有接收机都依赖于噪声门限来确定是否存在脉冲。对于窄波束雷达(雷达波束宽度为1.5°或更小),脉冲TOA会受到雷达波束形状的影响(见第6章)。理论上,即使两天线之间存在显著的TOA差,相位差也不应受到影响。然而多径效应可能导致DOA计算的重大误差。15.5节对比相系统中的多径效应进行了详细描述。

## 7.5 脉冲调制的影响

脉冲频率调制(FMOP)也称为线性调频,会影响脉冲在其整个存续期内的相位分布。在考虑线性调频脉冲如何影响比相ESM系统时,首先观察100MHz/μs线性调频脉冲对脉冲频率分布的影响,如图7.10所示。当前的雷达通常不采用如此大的线性调频脉冲,此处只是用它来说明线性调频脉冲对相位测量的影响。

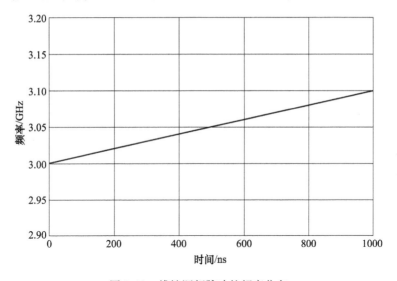

图7.10 线性调频脉冲的频率分布

图7.11给出了100MHz/μs的线性调频脉冲对脉冲相位分布的影响,图中还显示了未调制的脉冲相位曲线。

由于相位分布的周期性(360°为一周期),未经调制和线性调频的两个脉冲在叠加分布上存在差拍效应。差拍效应意味着未调制脉冲和线性调频脉冲之间的相位差会在脉冲的存续期内发生变化。

图7.12给出了一个线性调频脉冲的部分片段,以展现线性调频脉冲在存续期里相位分布的变化情况。

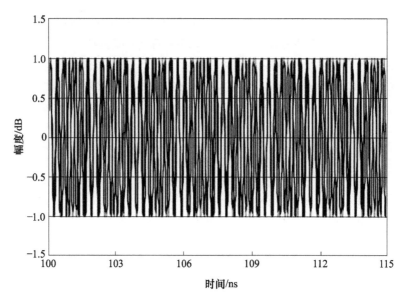

图 7.11 未调制脉冲和线性调频脉冲的相位曲线叠加

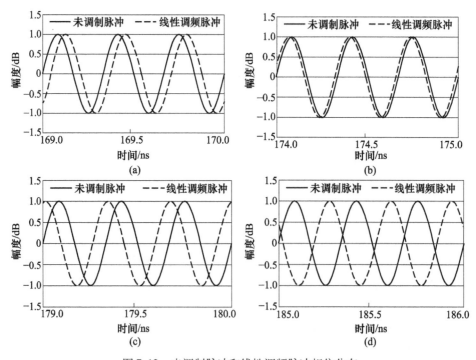

图 7.12 未调制脉冲和线性调频脉冲相位分布

线性调频脉冲的相位分布相对于未调制脉冲的相位存在明显的"漂移",

图7.12给出了100ns时间内的4个截然不同的相位分布。未调制脉冲和线性调频脉冲之间的相位差不取决于测量时间。

研究相位"漂移"对DOA计算的影响,首先要考虑未调制脉冲。未调制脉冲的部分相位分布如图7.13所示,其通过两个天线来测量相位差,图7.13中标出的取样时间点为211.4ns。在该时刻,天线1的相位为85°,天线2的相位为125°,两者的相位差为-40°,计算得到的AOA为-6°。

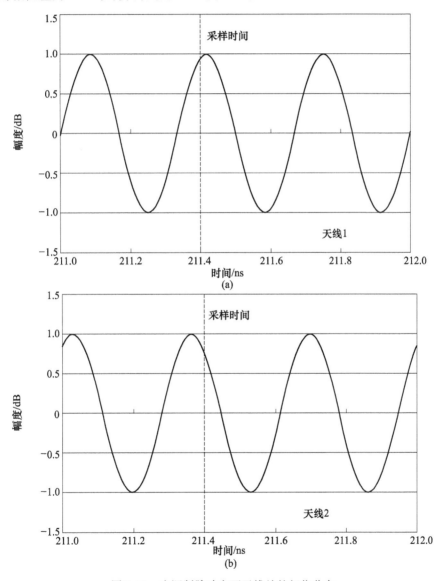

图7.13 未调制脉冲在两天线处的相位分布

为便于比较,图 7.14 显示了一个线性调频脉冲在两天线上的相位分布,该脉冲与未调制脉冲同时开始,其按照 100MHz/μs 进行调频。

在 211.4ns 时刻,天线 1 测量的相位为 160°,天线 2 测量的相位为 220°,两天线的相位与未调制脉冲情况明显不同,但天线的相位差仍为 −40°、AOA 仍为 −6°。虽然示例中的线性调频斜率为 100MHz/μs,大于当前雷达的线性调频斜率,但这并不影响对 DOA 的分析。只有当线性调频斜率足够大,导致不同天线在测量相位时,脉冲频率已发生明显变化,才会造成 AOA 误差。

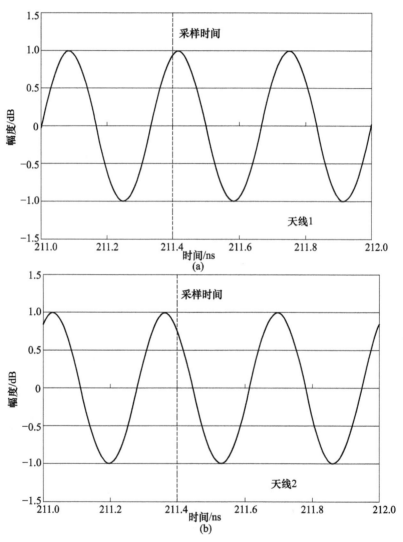

图 7.14　线性调频脉冲在两天线上的相位分布

## 7.6 脉冲形状的影响

受多径效应影响的线性调频脉冲的相位分布如图 7.15 所示(脉冲相位和幅度受到脉冲自身反射信号的影响而发生改变)。

多径效应使脉冲的峰值幅度加倍,但也会在幅度分布中引入新的零点,当直达脉冲和反射脉冲的相位相差 180°时两者完全相消。

幅度分布中的波谷可能导致 ESM 测量的脉冲宽度变小,导致可用于比相的样本数量变少。多径的另一个影响是对整个脉冲存续期内引入的相位随机变化。这会对比相系统带来一系列难题。第 15 章将介绍多径对比相系统的影响,第 17 章将介绍一些缓解多径效应的思路。

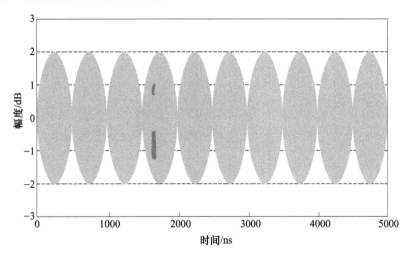

图 7.15　受多径效应影响的线性调频脉冲的幅度分布

## 7.7 雷达频率的影响

只要天线间距小于或等于雷达波长,就可以进行无模糊的 AOA 测量。[①] 例如,对于 3GHz 脉冲,可以用不超过 10cm 的天线间距来确定 AOA,而无需额外天线辅助解模糊。当雷达频率较高时,将天线间距减小到雷达波长范围内是不切实际的。特别注意的是,天线间距较小会导致较差的角度分辨率。

---

① 译者注:应该是小于雷达半波长。

图 7.16 和图 7.17 分别显示了天线间距为 10cm 的情况下,9GHz 和 18GHz 脉冲的相位差与 AOA 的关系。

对于 9GHz 脉冲,每个相位差的 AOA 有 4 个模糊值,对于 18GHz 脉冲有 6 个模糊值。如 7.1 节所述,需要使用另外一组天线间距来解模糊。

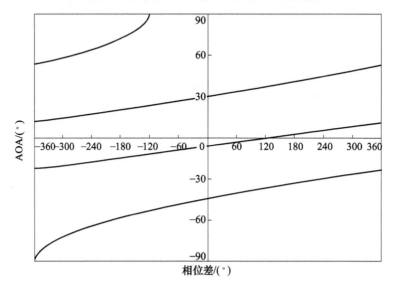

图 7.16　天线间距为 10cm 时,9GHz 脉冲的相位差与 AOA 的关系

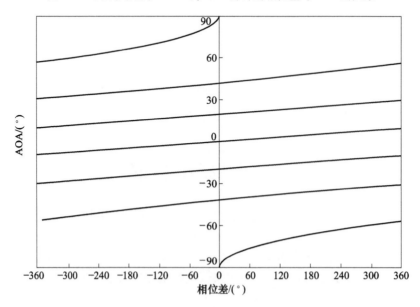

图 7.17　天线间距为 10cm 时,18GHz 脉冲的相位差与 AOA 的关系

## 7.8 实际的比相系统

从每个天线对中抽取单个样本来计算特定时刻的相位差很可能存在 AOA 测量误差。所有的脉冲都会受到多径的影响,这在本章和本书的其他地方都有详细的讨论。当脉冲遇到反射脉冲时,由于现有脉冲和反射脉冲的传输路径存在差异,因此会导致新合成脉冲的相位差发生变化。如果一对天线中的一个天线接收到的脉冲受到多径的影响,而另一个天线接收到的脉冲未受到多径效应的影响,那么两者之间就会产生相位误差。相位误差可以为任何值,因此无法计算。第 15 章描述了在比相系统中,多径效应对 DOA 测量的影响。

因此,有必要在脉冲的整个寿命期间对天线的相位差进行采样。比相系统通常每纳秒采样一次,这意味着 1μs 脉宽的脉冲可采样大约 1000 次。人们希望利用这些样本计算出平均 AOA 来得到 AOA 的正确值,但图 7.18 给出的脉冲数据示例表明,实际情况通常并非如此。图 7.18 中每个脉冲期间测得的 AOA 数值跨度达到 40°。现实中,很难解决由多径引起的问题,图 7.18 所示的现象在当前系统中很常见。最成功的 ESM 系统中综合了多种 DOA 测量技术。

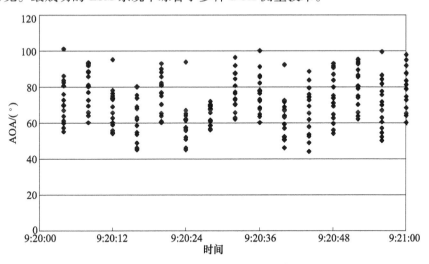

图 7.18 比相 ESM 系统的典型脉冲数据示例

## 7.9 长基线比相 ESM 系统

本章中讨论的多为短基线干涉仪,其天线间距在厘米量级。而有些比相系统的天线间距可达数米此时，由于多径效应而导致的相位差误差范围随之增大。为保证比相方法有效，每个天线的相位采样时间必须相同。如第 15 章所述，多径效应对长基线比相系统的影响体现为，天线的相位采集有些发生在多径效应影响之前，而有些则发生在多径效应影响后。

# 第 8 章

# 分选和 ESM 处理

ESM 接收机(天线子系统和参数测量单元)输出的 PDW 中包含了频率、脉冲宽度、到达方向、幅度和 TOA 等脉冲测量参数。表 8.1 列出了 ESM 系统记录的一组 PDW 示例。

表 8.1　PDW 示例

| 频率/MHz | 脉冲宽度/μs | DOA/(°) | 幅度/dBmi | TOA |
|---|---|---|---|---|
| 9084 | 0.16 | 223.59 | −20.0 | 14∶18∶13.4683 |
| 3011 | 26.32 | 230.63 | −17.5 | 14∶18∶13.46843 |
| 9082 | 0.12 | 230.63 | −19.5 | 14∶18∶13.46864 |
| 9084 | 0.08 | 232.03 | −20.5 | 14∶18∶13.46889 |
| 3012 | 26.36 | 229.22 | −17.0 | 14∶18∶13.46981 |
| 9082 | 0.08 | 275.63 | −22.0 | 14∶18∶13.47041 |
| 9084 | 0.16 | 277.03 | −22.5 | 14∶18∶13.47065 |

随后，大多数 ESM 系统会利用传统分选技术，根据脉冲的参数对脉冲进行聚类，并生成跟踪，理想情况是每部雷达对应一个跟踪。所有新脉冲将归类到与其参数相似的脉冲组中；对于比幅系统，通常根据载频和到达角度参数；对于 TDOA 系统，通常根据载频和到达时差参数；对于比相系统，通常根据载频和相位差参数。

分选过程中会确定 PRI，分选处理的结果是将具有相似参数的脉冲截获进行分组。这些截获用于创建或更新目标跟踪。一条跟踪通常包括了频率、PRI、脉宽和 DOA 等参数的最大值、最小值和平均值。此外，分选还确定每个参数的能力特征，给出频率捷变、PRI 类型和扫描方式等信息。表 8.2 列出部分跟踪示例。

表 8.2 跟踪示例

| 跟踪编号 | DOA/(°) | 频率 | | | | PRI | | | | 脉宽 | | | 幅度 | 识别 |
|---|---|---|---|---|---|---|---|---|---|---|---|---|---|---|
| | | 平均值 | 最大值 | 最小值 | 类型 | 平均值 | 最大值 | 最小值 | 类型 | 平均值 | 最大值 | 最小值 | 最大值 | |
| 1 | 23.5 | 9084 | 9085 | 9083 | 固定 | 223 | 223 | 222 | 固定 | 0.6 | 0.7 | 0.5 | -19 | XXX |
| 2 | 145.2 | 3011 | 3015 | 3008 | 捷变 | 599 | 605 | 585 | 抖动 | 0.7 | 0.7 | 0.6 | -23 | YYY |
| 3 | 256.73 | 2960 | 2955 | 2965 | 跳变 | 1120 | 1340 | 1040 | 参差 | 1.3 | 1.5 | 1.2 | -22 | ZZZ |
| 4 | 58.2 | 3280 | 3282 | 3279 | 固定 | 1501 | 1502 | 1500 | 固定 | 2.1 | 2.2 | 2.0 | -37 | 未知 |

合并过程是确定两个或更多跟踪是否同源。如果它们是源自同一部雷达,则将两条跟踪合并。

在 ESM 处理的最后阶段,雷达识别算法将每条跟踪与 ESM 系统雷达数据库中的条目进行比对。雷达数据库包含关于各型雷达的工作参数及功能模式信息。更多详细信息,见第 10 章。

## 8.1 分选技术

几乎所有 ESM 系统的分选都是首先从频率、DOA 或 DTOA 等方面入手对脉冲进行聚类;然后确定 PRI,目的是将 ESM 系统判为源自不同雷达的截获进行聚类。ESM 系统尝试将每个截获与现有跟踪进行关联,如果不存在匹配跟踪则创建新跟踪。

大多数 ESM 系统具备脉冲缓存区,通常能在一定时间范围对数千个脉冲进行记录。当 ESM 工作频率宽开时,脉冲缓存时间可以是固定的,ESM 系统也能够对每个窄带接收机的缓存时间进行设定。第 4 章讨论了频率扫描策略。

一个截获通常至少包含 6 个脉冲,以提取参数和检测大多数远距离雷达。第 3 章介绍了选择使用 6 个脉冲的优缺点。

大多数 ESM 系统在分选过程中首先使用聚类技术,然后使用参数直方图,但也有一些其他分选技术。文献[1]对图论和 Predictive Gate 分选方法进行了简要说明,其他分选技术还包括卡尔曼滤波器[2]、用于演化数据的增量聚类(ICED)[3]、神经网络[4]和几何分选方法[5]。目前,正在研究一种通过估计雷达时钟周期来提取特定雷达脉冲的技术。

## 8.2 DOA/频率或 DTOA/频率聚类算法

此类分选会将缓存区中的每个脉冲分配至二维直方图单元中。直方图的一维是 DOA 或 DTOA,另一维是频率。如果直方图单元中脉冲的数目满足最低数量要求,则对这些脉冲进行处理以确定聚类的平均参数。通常直方图单元的大小是 1MHz×5°(DOA 分选)或 1MHz×1ns(TDOA 分选),所需的最少脉冲数为 6 个。聚类是由直方图中的单个单元或多个单元(如果相邻单元被占用)形成的。需要注意,对于 TDOA 系统首先处理接收信号最多的基线(见第 6 章)上看到的脉冲;然后再处理下一个信号最多的基线,依此类推,直到所有基线都被考虑。

图 8.1 显示了一个二维直方图,该直方图构成了 TDOA 系统中信号处理的第一部分。在此图中,可以看到两个脉冲聚类:一个来自具有固定频率的雷达;另一个来自频率捷变雷达。

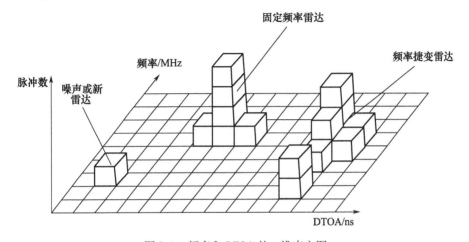

图 8.1 频率和 DTOA 的二维直方图

## 8.3 到达时间差直方图

在分选的下一阶段,通过到达时间差直方图(TOADH)对每个 DTOA/频率或 DOA/频率脉冲聚类进行处理,以提取脉冲聚类中雷达的 PRI。图 8.2 以图解方式显示了 TOA 的计算方法。

TOADH 流程对于理解 ESM 系统的工作方式非常重要。为了使此过程更加便于理解,表 8.3 给出了两部相互交织的雷达脉冲的 TOADH 表计算示例。这两部雷达的固定 PRI 分别为 880μs 和 1000μs。

在表 8.3 中,TOADH 的执行深度为 4。此示例中,使用 10μs 大小的单元为每个到达时间差(TOAD)生成了直方图。最终的 TOADH 是通过将所有单个直方图的每个单元的结果相加而得到的。

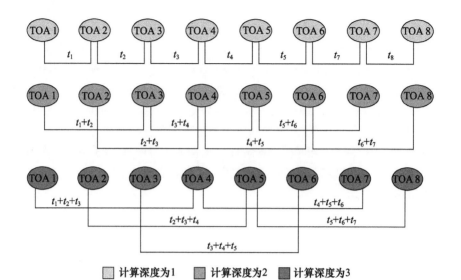

图 8.2 TOADH 的时差计算

表 8.3 TOAD 处理两部固定 PRI 雷达的示例

| 雷达 | TOA | TOA1 | TOA2 | TOA3 | TOA4 |
|---|---|---|---|---|---|
| 1 | 880 | | | | |
| 2 | 1000 | 120 | | | |
| 1 | 1760 | 760 | 880 | | |
| 2 | 2000 | 240 | 1000 | 1120 | |
| 1 | 2640 | 640 | 880 | 1640 | 1760 |
| 2 | 3000 | 360 | 1000 | 1240 | 2000 |
| 1 | 3520 | 520 | 880 | 1520 | 1760 |
| 2 | 4000 | 480 | 1000 | 1360 | 2000 |
| 1 | 4400 | 400 | 880 | 1400 | 1760 |
| 2 | 5000 | 600 | 1000 | 1480 | 2000 |
| 1 | 5280 | 280 | 880 | 1280 | 1760 |
| 2 | 6000 | 720 | 1000 | 1600 | 2000 |
| 1 | 6160 | 160 | 880 | 1160 | 1760 |
| 2 | 7000 | 840 | 1000 | 1720 | 2000 |
| 1 | 7040 | 40 | 880 | 1040 | 1760 |
| 1 | 7920 | 880 | 920 | 1760 | 1920 |
| 2 | 8000 | 80 | 960 | 1000 | 1840 |

(续)

| 雷达 | TOA | TOA1 | TOA2 | TOA3 | TOA4 |
|---|---|---|---|---|---|
| 1 | 8800 | 800 | 880 | 1760 | 1800 |
| 2 | 9000 | 200 | 1000 | 1080 | 1960 |
| 1 | 9680 | 680 | 880 | 1680 | 1760 |
| 2 | 10000 | 320 | 1000 | 1200 | 2000 |

TOAD 值的直方图如图 8.3 所示,其中在两部雷达的正确 PRI 处有峰值,在每部雷达的 PRI 的一次谐波处也有峰值(雷达 1 的峰值为 880μs 和 1760μs,雷达 2 的峰值为 1000μs 和 2000μs)。第二峰值处的脉冲至少是第一峰值处脉冲的 1/2,这是验证雷达 PRI 的标准。

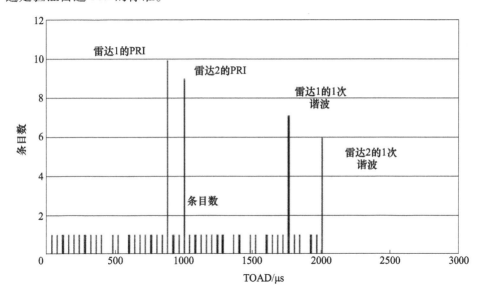

图 8.3 TOADH

上面的简单示例适用于具有固定 PRI 的雷达。通过对 DTOA/频率或 DOA/频率聚类进行几次遍历,以提取各种类型的 PRI。对于每种类别(对于固定的 PRI 以及参差和抖动的 PRI 类型),TOADH 的计算深度不同,脉冲数也不同。每次计算的过程与固定 PRI 相同,只是对于更复杂的 PRI 类型,TOADH 的计算深度更大。一旦完成对每个脉冲的处理后,构成主峰和次峰的脉冲被认为来自同一部雷达,并被提取以进行进一步处理。

对于固定 PRI 脉冲,TOADH 的结果是实际的 PRI。对于参差式 PRI 雷达,TOADH 处理的结果为脉组重复间隔。图 8.4 给出了具有简单 PRI 参差的 3 部雷达的 TOADH 计算示例。其中雷达 1 的 PRI 为 600μs 和 650μs，脉组重复间隔为 1250μs，雷达 2 的 PRI 为 720μs 和 680μs，脉组重复间隔为 1400μs，雷达 3 的 PRI 为 920μs 和 900μs，脉组重复间隔为 1820μs。

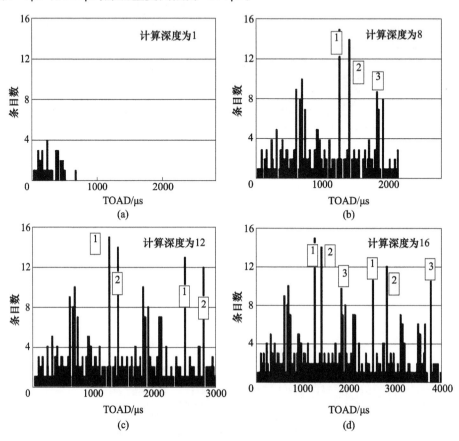

图 8.4　不同计算深度得到的参差 PRI 的 TOADH

图 8.4 给出了 4 个 TOADH，每个 TOADH 的计算深度不同。当计算深度为 1 时，由于每个脉冲之间的 TOAD 小于 3 部雷达的脉组重复间隔值中的任何一个，所以不存在峰值。计算深度为 8 时，提取到了所有 3 部雷达的脉组重复间隔，但在该直方图中没有看到验证峰值。直到计算深度为 16，才得出 3 个脉组重复间隔峰和 3 个验证峰。

每次 TOAD 过程的实际计算深度应取决于预期的最大 PRI 参差数，以及频率环境中预期来自每部雷达的脉冲数的实际估计值。理想情况下，在决定 TOADH 的计算深度时，还应考虑脉冲环境的密度，但实际上，当前的 ESM 系统中未使用这种自适应处理方法。

如第 3 章所述,即使在真实的非常密集射频环境中,也不可能存在超过 5 个参差的雷达脉冲序列,因此这是确定 TOADH 计算深度的起点。实际上,TOADH 的计算深度设置为 16~25。某些 ESM 系统指定了 TOADH 计算深度,以应对具有非常长且复杂的参差序列的雷达。然而,当缺少脉冲以及 ESM 在一次扫描中没有接收到完整的雷达 PRI 序列时,就会出现问题。

如果 DOA/频率或 DTOA/频率聚类中保留 30 个或更多脉冲,则通常按照具有相似 DTOA 的标准对其进行重新分组,其 DTOA 容差可能为 3ns 或者 DOA 容差为 5°,并认定为复杂截获。在现实中,这些复杂截获信号对 ESM 操作员没有价值,除非它们具有某种特征(如具备独特的脉宽),才能识别它们来自某种特定类型雷达。由于大多数 ESM 系统难以提取具有多参差 PRI 序列雷达的 PRI 信息,因此这种复杂截获的存在是非常普遍的。

一旦从脉冲缓存器中提取了所有对固定频率截获有贡献的脉冲,则可以仅通过 DTOA 或 DOA 对频率捷变信号脉冲进行分组并按上述方法执行 PRI 分选。

如果 TOADH 处理中去掉频率标准时不能确定 PRI 的值(或 PRI 参差的多个值),则丢弃脉冲。如果没有固定的频率值,则不允许它们形成复杂的 PRI 截获。

## 8.4 预测门

一旦确定了雷达的 PRI 限值,一些常规分选器使用预测门技术来寻找下一个脉冲。图 8.5 给出针对某固定 PRI 雷达的预测门过程。

图 8.5　预测门技术根据 PRI 对脉冲进行分组

在预测门系统中[1],设置的搜寻下一部雷达脉冲的限值必须足够宽,以应对可能的 PRI 抖动,但又要足够窄以防止来自其他雷达的脉冲混杂在脉冲链中。在密集频率环境中,每隔几十微秒就会接收到一个脉冲,这给 PRI 计算带来困难。这意味着这类分选器不适用于雷达环境密集的情况,如 3.6 节中所述的情况。

## 8.5 图论分选器

图论分选器在脉冲关联过程使用了图论(GT)和非线性优化,以判断一个或多个脉冲链是否属于一个聚类。为了计算参数权重(PWT),首先假设聚类中的每个脉冲与前批次的 16 个脉冲存在关联。图 8.6 用一个前瞻为 3 的示例说明了前瞻原则。

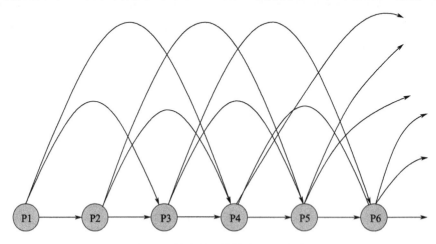

图 8.6 前瞻为 3 的脉冲 PWT 生成

针对每对脉冲的参数值差异 Diff,分别计算每个脉冲参数(DOA、频率、脉宽、TOA 或幅度)的权重,即

$$\text{PWT}_i = W_i \times \text{Diff}_i / \text{Num\_pulses} \quad ① \tag{8.1}$$

式中:$i$ 为参数(DOA、频率、脉宽、TOA 或幅度);$W_i$ 为参数权重,参数权重根据参数在分选过程中的重要性来设置;$\text{Diff}_i$ 为链表脉冲之间的参数值差;$\text{Num\_pulses}$ 为聚类中的脉冲数。

简单雷达的脉冲差异很小,所以 PWT 值高。捷变雷达脉冲间的差异大,PWT 值低。链路权重 LWT 是所有脉冲对的 PWT 总和。LWT 值越大,表明这对脉冲来自同一雷达的可能性越高。

流程的下一步是寻找连续链表的序列,使得链表权重的和是最大值。每个链路都有一个 LWT 和一个状态。状态从 0.5 开始,然后变为 0(链表无效)或 1(链表有效)。根据前向和后向两个方向上所有相邻链路(来自给定脉冲的其他多个链

---

① 译者注:此公式疑似有误,Diffi 应为分母,Num_pulses 应为分子。

路)的链路权重和状态来计算新状态。通常,具有高权重状态的链表将相邻链表的状态强制为零。结果是脉冲中只有一个链表变为活动状态,从而提供了一对一而非一对多的脉冲链表。

流程的最后一步是检查整个链路中是否存在错误,并在发现错误后将链路拆分。针对特定的参数,检查每个脉冲与前一个脉冲的参数差异值是否超过容差。

一旦参数的差异值超过容差,该参数在链中的位置就被标记为可能拆分点。然而,为防止分裂,参数差异超过容差值两倍的链表将被忽略。如果链中的相同位置被标记为一个以上的参数,则链在给定位置被拆分(图 8.7),并形成新的链。然后将整个图论分选过程重新应用于相同的脉冲缓存器。然而,这一次在权重计算过程中,如果在同一个链中的脉冲之间存在连接而不与其他链路中的脉冲之间存在连接,则加强参数权重。为获得最佳性能,在将派生链发送到合并和分类过程之前,将迭代应用 3 次。

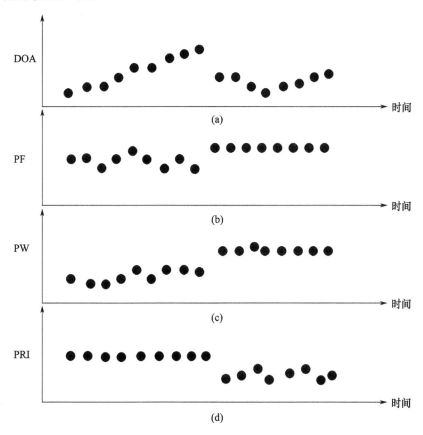

图 8.7 脉冲链中分裂点的确定

合并过程试图执行链到链合并和链到跟踪的合并，在该过程中更新现有跟踪跟踪参数。这是一个处理密集型的操作，在大多数情况下，这种方法相对简单的 DOA/频率聚类和 TOADH 方法不会具有太多的优势。然而，GT 分选对于处理频率快速捷变雷达存在优势。对于频率快速捷变雷达，聚类预分选并不可行。

## 8.6　雷达时钟周期分选器

如本章前面所述，传统 ESM 分选器对脉冲进行存储，并推导出哪些截获源自同一部雷达。当雷达具有捷变参数时，处理过程中会将雷达的脉冲流分割成若干个截获，而且很难将同一部捷变雷达的不同截获进行关联。

雷达时钟周期（RCP）分选是一种不需要计算频率和 PRI 的新式分选方法。许多脉冲雷达使用晶体控制时钟来产生稳定的 PRI。在时钟的每个周期，雷达从下计数（DC）的初始值开始向下计数，当到达零时，触发一个脉冲。DC 可因脉冲而异，以产生参差的 PRI。

RCP 的主要参数时钟周期（CP）是由脉冲的 TOA 导出的。由于 RCP 过程不使用其他常规参数（如 DOA 或频率），因此 CP 对于 RCP 过程至关重要。

RCP 过程分析脉冲的交织缓存区以找到 CP。它通过将脉冲排序成链对其进行分选，链中的每个 PRI 是该 CP 的整数倍。RCP 处理对缓存区的脉冲数据进行操作，但不对缓存器之间的结果进行关联和跟踪，也不对诸如捷变、扫描或参数级别等特征进行表征。该过程的输出是每个缓存器的脉冲表，按链排序。

CP 参数可以帮助减少雷达识别过程中的模糊性。如果雷达和射频传感器晶体能够保持长期稳定，CP 还可用于辐射源个体识别（SEI）。

## 8.7　参数分类算法

参数分类算法试图描述脉冲链中脉冲之间的频率、脉宽和 PRI 特性。该算法通过创建各个参数的直方图，明确是否存在明显峰值（如果存在，则确定峰值的数量）的方法，来得出每个参数的具体数值。ESM 接收机计算得出参数的离散度，并据此来确定截获与跟踪的关联偏差。

首先，生成脉冲链中所有频率值的直方图。如果某个峰值包含大约 80% 以上的脉冲，则可以认为雷达具有简单频率。图 8.8 显示了脉冲链的频率直方图。在图 8.8 中，可以观察到单个峰值，因此判定雷达具备固定频率。

如果在频率直方图中看到几个峰值，则将雷达归类为捷变雷达，并确定该雷

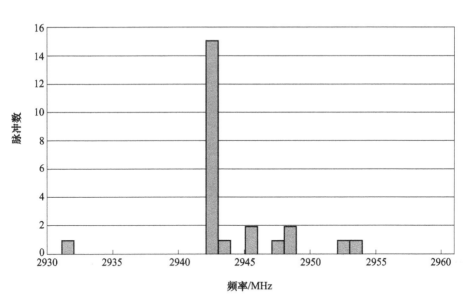

图 8.8 固定频率雷达的频率直方图

达的捷变类型。图 8.9 给出一个捷变雷达的示例,其中频率直方图中存在多个峰值。

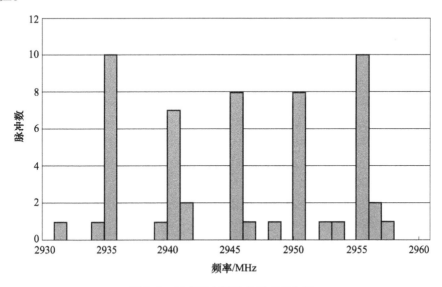

图 8.9 捷变频率雷达的频率直方图

对具有几个峰值的脉冲频率直方图,最后的处理步骤是确定雷达频率是否是脉组捷变(这种情况下,同一个频率中会出现几个连续脉冲),或者是否为脉间捷变。这两类雷达的脉冲既可以按照固定样式有规律变化,也可以是在满足发射机频率指标的前提下按照伪随机样式改变脉冲或脉冲组的频率。

频率和脉宽两者的分类算法相似,区别只是脉宽算法没有对参数的规律性进行测试(脉间规律或脉组规律)。脉宽捷变雷达通常只使用少量不同的脉宽。在这种情况下,参数直方图的目的是确定脉宽,以计算脉宽的离散度并更新跟踪关联算法中的关联容差。

PRI 分类算法首先测试脉冲链内的脉冲组行为(对组内和组间的脉冲间隔变化进行两两对比、三三对比以此类推)。如果未找到脉冲组行为,则仅生成差异直方图。在大多数 PRI 分类算法中,如果 PRI 直方图中最大峰值能量能够占到总能量的 82% 以上,则认为辐射源具有简单 PRI。

如果能够确定参数捷变将有助于雷达识别。当脉冲链中存在尚未被发现的频率或 PRI 捷变,或者单个缓存器中的每个捷变级别仅有一个或两个脉冲时,就会给 ESM 处理带来麻烦。在接收到足够的脉冲之前,需要花费一段时间才能发现真实的捷变特性,进而完成对雷达的识别。大多数 ESM 系统普遍存在的一个问题是无法处理来自多个缓存区的脉冲,所以无法对不同缓存区的脉冲进行对比而获取捷变信息。ESM 系统可以通过事后分析得到正确的雷达参数,这些有用信息将为 ELINT 提供帮助,但是,工作在实时应用场景下的 ESM 系统只能够识别最简单雷达。第 10 章将更详细地描述此问题。

## 8.8 形成跟踪

形成截获并确定参数后,ESM 处理器首先将截获与已有的雷达跟踪(跟踪中包含源自同一雷达的多个截获)进行关联。ESM 系统在关联过程会设置参数容差。频率的容差可以是 1MHz 或 2MHz,DOA 的容差可以设定为几度。可以根据 ESM 和雷达的空间关系,以及搭载雷达的平台种类(空中、海上或地面平台)对 DOA 容差进行调整。

如果截获与现有跟踪确定关联,则利用截获中的信息(如频率、脉宽和 PRI)更新跟踪参数。并依据参数公差,更新后续跟踪关联过程中允许的最大值和最小值。

如果截获与现有跟踪不关联,则生成新的跟踪。在典型频率环境(见第 3 章)中,通常只需要 6 个脉冲就可以创建有效的截获。ESM 系统通常能够准确地测量频率,但许多因素可能导致 PRI 测量不准,如第 14 章所述。对于精心调制的脉冲,脉宽的测量通常存在误差。与传统思维相反,实际上 DOA 是最容易被错误测量的参数。这些因素导致了 ESM 系统创建的跟踪远多于频率环境中的雷达数目。通常,生成的跟踪可能包含了多部雷达的脉冲(过度合并),或者同一部雷达的脉冲生成了多个跟踪（多重跟踪或分段）。这就导致了 ESM 不能生成正确的频率环境图像。第 14 章对跟踪关联和多重跟踪进行了详细的介绍。

## 参考文献

［1］ Hassan, H. E., "De-Interleaving of Radar Pulses in a Dense Emitter Environment," *Proc. of the Int. Conference on Radar*, 2003.

［2］ Conroy, T., and J. B. Moore, "The Limits of Extended Kalman Filtering for Pulse Train De-Interleaving," *IEEE Transactions on Signal Processing*, January 1999.

［3］ Bailie, S., and M. Leeser, "An FPGA Implementation of Incremental Clustering for Radar Pulse De-interleaving," https://www.ll.mit.edu//HPEC/agendas/proc10/Day1/PA02_Bailie_abstract.pdf.

［4］ Ata'a, A. W., and S. N. Abdullah, "De-Interleaving of Radar Signals and PRF Identification Algorithms," *IET Journal of Radar, Sonar and Navigation*, November 2007.

［5］ Keshavarsi, M., and A. M. Pezeshk, "A Simple Geometrical Approach for De-Interleaving Radar Pulse Trains," *UKSIM-AMSS 18th Int. Conference on Computer Modelling and Simulation*, 2016.

# 第 9 章

# 截获与跟踪的关联

大多数 ESM 系统一次只能处理一个缓存区中的雷达脉冲数据,因此很难提取正确的参数值,当处理对象为参数捷变雷达时尤其如此。脉冲频率和 TOA 的测量精度可能也会导致误差。脉冲参数的误差通常会导致多重跟踪,如第 14 章所述。

然而,当多部雷达的参数范围严重重叠时,可能会出现相反的问题,即跟踪过度合并。这导致 ESM 图像的混乱,因为跟踪数目可能少于环境中的雷达数目,即单个跟踪包含了多部雷达的截获。ESM 系统生成的图像中经常混杂着分段和过度合并的跟踪,对射频环境的真实情况体现得不够。

有时在一次截获中出现来自多部雷达的脉冲,但这种情况比多部雷达的截获生成一个跟踪的情况要少见的多。因此,本章讨论的是截获和跟踪关联过程以及该过程失败的原因。

## 9.1 截获和跟踪的关联过程

一旦生成截获,ESM 就会尝试将其与现有跟踪进行关联。关联过程依次考虑每个参数并将截获参数与跟踪参数进行比较。考虑的首个参数通常是 DOA。如果截获与某个现有跟踪的 DOA 差异在几度之内(典型值为 5°),则该跟踪将被视为候选者。

频率通常是下一个要比较的参数,通常容差为 ±2MHz,其次是 PRI。脉宽也可以当作关联参数。关联过程中还会考虑参数的类型(如频率类型(固定、跳变、捷变)和 PRI 类型(固定、参差、抖动))。图 9.1 给出了典型的截获和跟踪关联过程的流程图。

在截获创建期间,需要按照固定型、捷变型或跳变型对频率进行分类。频率匹配过程如图 9.2 所示。

PRI 匹配更为复杂,每种 ESM 类型的具体匹配过程也不同。图 9.3 给出了完

第 9 章 截获与跟踪的关联

成关联过程这一部分所需的步骤。

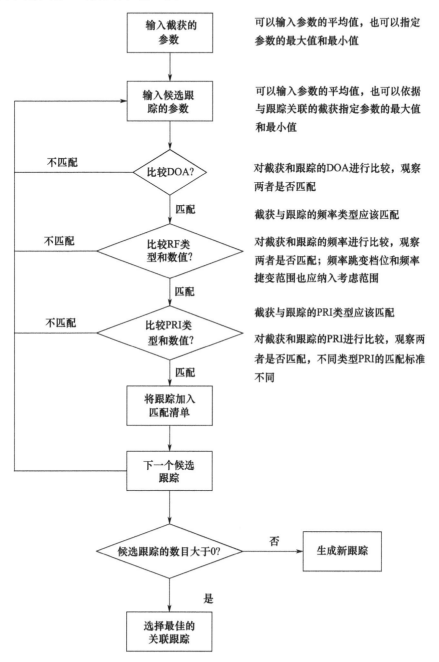

图 9.1 截获和跟踪关联过程的流程图

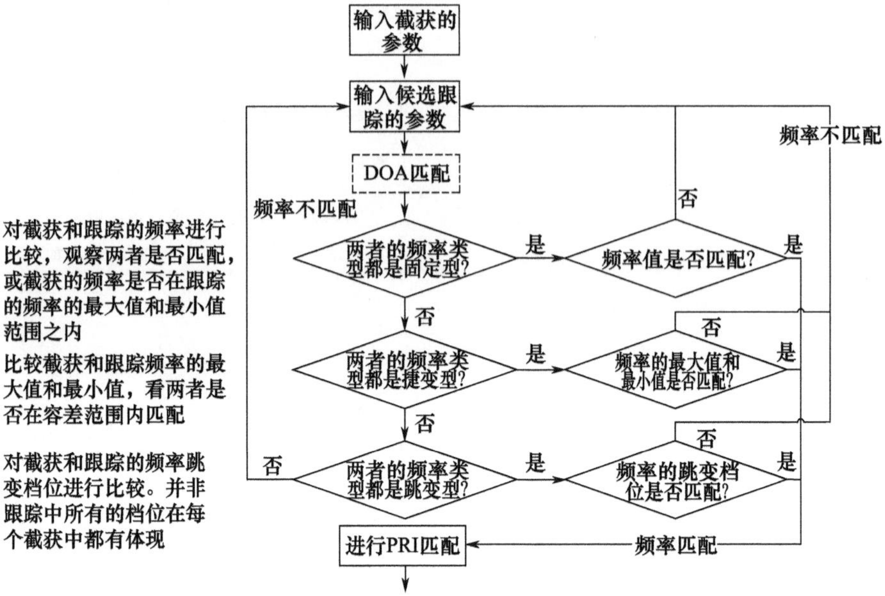


图 9.2　频率匹配过程图

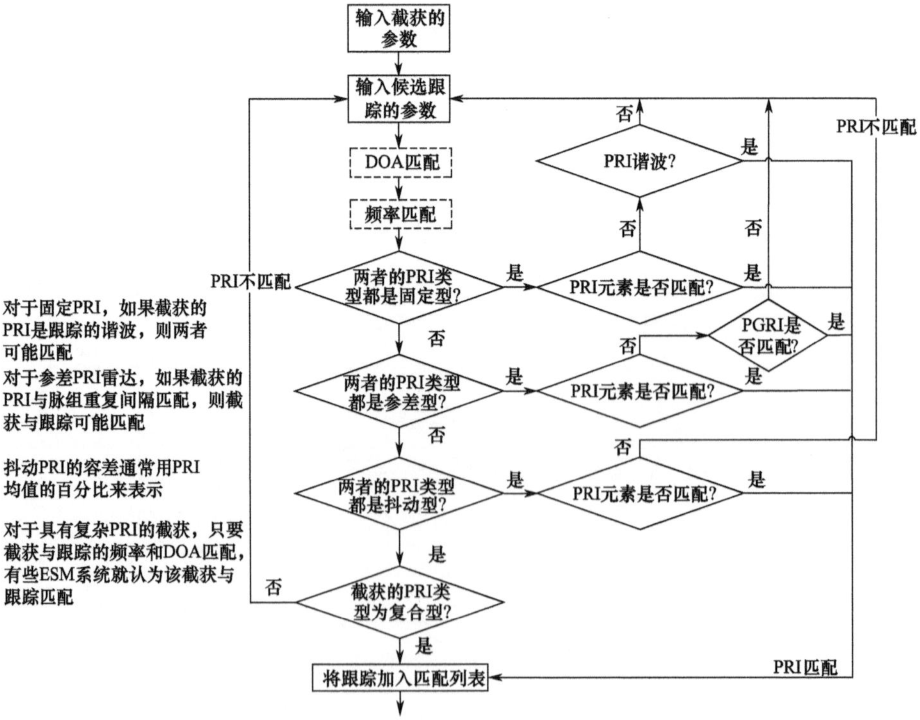


图 9.3　PRI 匹配过程

在许多 ESM 系统中,固定 PRI 是被包含在参差 PRI 中(固定 PRI 信号可以看作是单个元素的参差)。有很多原因可能导致 PRI 序列中遗漏脉冲(见第 14 章)。为应对这种情况,需将截获 PRI 与跟踪 PRI 的谐波进行比较,以查看是否匹配。例如,应该允许 2550μs 的截获 PRI 与 850μs PRI 的跟踪关联,因为截获 PRI 是跟踪 PRI 的二次谐波。

对于参差 PRI,可以计算脉组重复间隔并将其存储在跟踪数据中。此时,截获无法区分 PRI 序列中的所有元素,只能与计算得到的脉组重复间隔进行比较。

由于在比较 PRI 前已经确定截获与跟踪的频率和 DOA 匹配,所以应允许具备复杂 PRI 的截获与现有跟踪进行关联。

进行截获与跟踪关联的另一种方法是先对截获进行识别,然后将用于关联过程的候选跟踪限制为具有相同标识的跟踪。图 9.4 给出了将标识作为关联参数进行截获和跟踪关联过程的流程图。

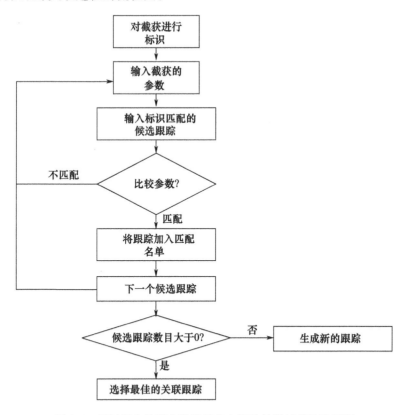

图 9.4 以标识为关联参数的截获和跟踪关联过程的流程图

一旦建立了与截获的标识匹配的候选跟踪列表,就对每个候选跟踪进行参数测试。在关联过程中使用标识的一个优点是可以为每种雷达类型设置不同的参数容差。

在截获的可能标识多于一种的情况下（见 9.5 节），用于关联的可用跟踪的数目会增加，因为所有具备截取可能标识的跟踪都将视为关联的候选者。

如果一个截获不能被识别或被标识为未知，那么要么将其与所有跟踪进行关联，要么仅将其与那些无法识别的跟踪进行关联。

如果跟踪包含雷达位置的数据，则由截获 DOA 定义的方位线（LOB）必须位于计算得到的雷达位置误差椭圆内（见第 11 章），而不是对截获和跟踪的 DOA 进行匹配。

ESM 系统面临一个难题，即某些频段内可能存在很多类型的雷达，这些雷达的参数相互重叠。这种情况下，使用标识作关联参数限制了可用于关联的跟踪列表，并可能导致创建额外的跟踪。

如果截获能与多个跟踪匹配，则与参数差异最小的跟踪关联。一旦找到最佳匹配，就使用截获的参数来更新跟踪参数。如果在关联过程中未使用标识，则在此阶段将根据 ESM 雷达库检查跟踪标识，并在必要时更新跟踪标识。对于能够生成雷达位置信息的 ESM 系统，关联过程的最后一步是利用地理定位算法，检查是否满足跟踪的初始位置估计阈值，如果满足，则执行关联。如果为关联选择的跟踪已经有一个位置，那么关联成功后将触发位置的更新，此问题将在第 11 章详细介绍。

## 9.2　重叠的参数范围

可以认为，当射频环境中脉冲存在交错的雷达不超过两部或三部（通常的频率环境，见第 3 章），那么 ESM 系统能够准确地将截获与跟踪关联。但是，有太多彼此相似的雷达类型的情况下，即使雷达脉冲密度较低，ESM 系统也可能接收到多个参数范围相互重叠的雷达脉冲。例如，在 3.03～3.08GHz 和 9.30～9.45GHz 的频率频段（船舶雷达工作的频率频段）中，存在数百部不同型号的雷达。即使在 5～6GHz 的频段（许多气象雷达工作的频段），也有几十部不同型号的雷达，它们的参数范围都非常相似。

为了说明参数的重叠，图 9.5 给出了 I 频段内 10 部船舶雷达的频率范围。这些雷达频率具有较多重叠。

如图 9.6 所示，这 10 部船舶雷达 PRI 的重叠现象更为复杂。如图 9.7 所示，脉宽对区分船舶雷达没有任何帮助。

第 9 章　截获与跟踪的关联

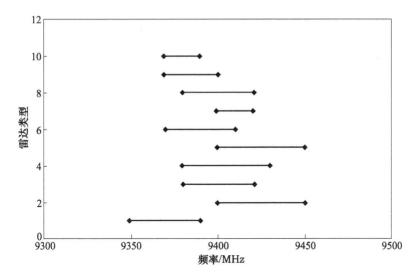

图 9.5　10 部船舶雷达的频率范围

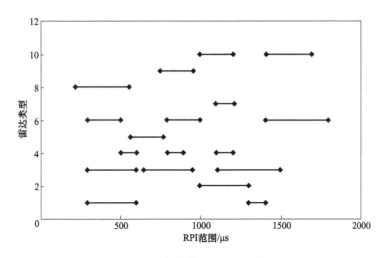

图 9.6　10 部船舶雷达的 PRI 范围

在图 9.8 中,将 PRI 和脉宽范围合并在一个图中,按照图中显示的这两个参数的重叠情况,很难利用参数匹配来区分这些雷达。

扫描周期是最后一个可能有助于区分雷达的参数,如图 9.9 所示,这 10 部船舶雷达的扫描周期仍有很大部分出现重叠。

总之,这 10 部雷达的所有参数都存在重叠,这就意味着 ESM 很难将不同雷达的截获关联到正确的跟踪上。现实中,I 频段还存在更多类型的雷达,因此 ESM 系统面临巨大挑战。

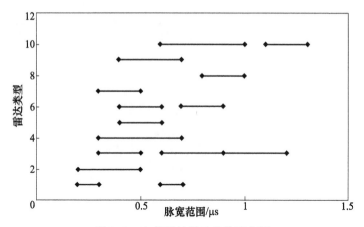

图 9.7　10 部船舶雷达的脉宽范围

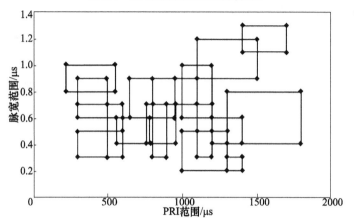

图 9.8　10 部船舶雷达的 PRI 和脉宽对比

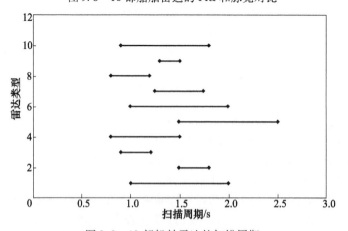

图 9.9　10 部船舶雷达的扫描周期

## 9.3 跟踪过度合并

对 ESM 系统而言,存在着两个相互对立的难题,既不能将不同雷达的截获分配至一个跟踪,又要避免为单部雷达创建多个跟踪。对于工作频段为窄带的雷达(如船舶使用的雷达),过度合并的情况最为常见。3GHz 和 9GHz 这两个频率点附近,经常在较小的地理区域中存在许多具有参数高度相似的雷达的情况,于是就容易发生过度合并的情况。

图 9.10 用模拟的脉冲数据来阐释过度合并的问题。图中模拟的雷达工作频率位于 3.04~3.08GHz 频段,DOA 在 100°~135°。这种脉冲密度在繁忙的航海运输环境(如马六甲海峡或英吉利海峡)中很常见。图 9.10 给出了特定频率和 DOA 范围内所有 14 部雷达在 2.5s 内的脉冲幅度曲线。

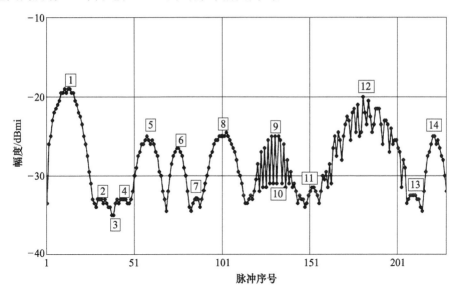

图 9.10 频率 3.04~3.08GHz 和 DOA100°~135°各雷达的脉冲幅度(时长 2.5s)

图 9.11 显示了在特定频率和 DOA 范围内所有脉冲的 DOA。在图 9.10 和图 9.11 中,通过肉眼能够识别各部雷达所发出的脉冲组。其中两部雷达几乎同时出现扫描峰值,这两部雷达的脉冲相互交错,两部雷达在图 9.10 和图 9.11 中的编号为 9 和 10。

当以脉冲序号为 X 轴时,通过肉眼分析数据可以清楚分辨哪个脉冲源自哪部雷达。然而,当按照 DOA 随时间的变化对数据进行描述时,确定脉冲来自哪部雷

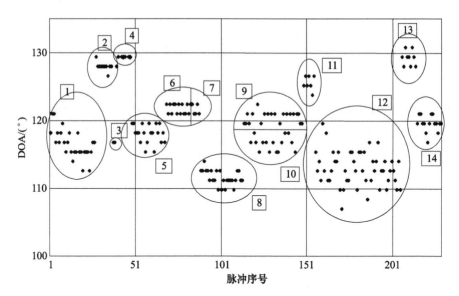

图 9.11　频率 3.04~3.08GHz 和 DOA 100°~135°内雷达脉冲的 DOA(时长 2.5s)

达并不容易。

利用更长序列的脉冲,对截获与跟踪关联过程进行简单模拟,ESM 系统为这 14 部雷达创建和更新了 4 条跟踪。图 9.12 给出了各脉冲的 DOA 以及 ESM 生成的跟踪结果。

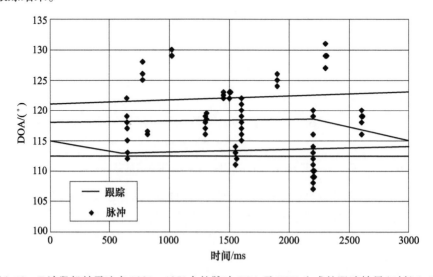

图 9.12　F 波段船舶雷达在 100°~135°内的脉冲 DOA 及 ESM 生成的跟踪结果(时长 2.5s)

所有雷达的脉宽都在 0.3~0.7μs 之间,雷达为固定 PRI 或简单参差 PRI,参差位于 650~850μs 之间。

首先从截获参数出发,阐述两部不同雷达的截获如何关联至同一跟踪。第一部雷达的频率为 3048MHz,固定 PRI 为 720μs。计算得到该雷达截获的 DOA 为 117°,分布范围为 5°。第二部雷达的频率为 3049MHz,参差 PRI 为 700μs、720μs 和 740μs,脉冲的平均 DOA 为 117.5°,分布范围为 5°。常规 ESM 系统几乎不可能识别出这两组脉冲来自不同的雷达,并为它们创建和维持两个不同的跟踪。

在 ESM 系统中,如果对跟踪的重新识别发生在截获与跟踪的关联之后,过度合并的跟踪被标记为模糊或未知。这是由于没有正确地确定跟踪参数,得到的跟踪参数是根据不同雷达的截获参数计算得出的。

## 9.4 识别对 ESM 跟踪的影响

当 ESM 系统根据一组脉冲构造出一个截获后,ESM 处理器可以做如下工作。

(1) 根据自身的数据库对截获进行分类,并将识别后的截获与具有相同识别结果的现有跟踪进行关联或创建新跟踪。

(2) 不对截获进行识别,而是利用参数将截获与现有跟踪进行关联,并可能会基于截获的参数更改跟踪的标识。

在第(1)种情况下,雷达识别结果被用作关联参数,一旦识别错误,则意味着来自同一部雷达但识别结果不同的后续截获将不可能与现有跟踪进行关联,从而导致一部雷达同时存在多个跟踪。

在第(2)种情况下,ESM 不断变换现有跟踪的标识,并可能在跟踪变为被认定的威胁时发出警报。

如果 ESM 雷达库中有多个条目具有重叠的参数,并且 ESM 在截获与跟踪关联过程中使用了识别结果作为关联参数,则单部雷达将存在多个跟踪,如图 9.13 所示。图 9.13 中为一部雷达创建了 6 个跟踪。ESM 系统为每个跟踪分配一个不同的标识,并在识别出与该跟踪匹配的截获时对该跟踪进行更新。

如果 ESM 系统根据新的截获数据而改变跟踪标识,则将产生许多"混淆"的跟踪,如图 9.14 所示。图 9.14 中只有少数跟踪的标识一直不变,而图中灰色跟踪的标识不断发生变化。

在图 9.14 中,有 3 部雷达的标识一直保持不变,其他很多雷达的标识在截获与跟踪关联后发生变化。图 9.14 中的事例不会像使用标识作为关联参数时那样产生多个跟踪,但跟踪标识的不断变换会给操作员带来混淆。

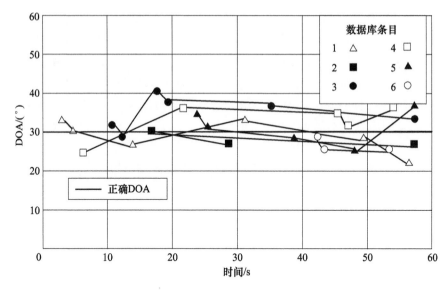

图 9.13 单部雷达的多个跟踪,每个跟踪具有不同的标识

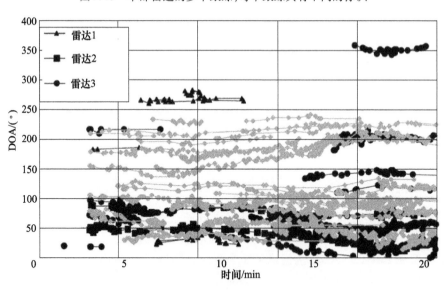

图 9.14 ESM 跟踪在跟踪期间不断变换标识

## 9.5 识别模糊

由于难以正确的对跟踪进行识别,导致了 ESM 在识别过程经常得出这样的结

论:某个跟踪存在多个可能的身份。在这种情况下,跟踪识别是模糊的。由于识别的这种不确定性,几乎所有的 ESM 系统都具备为每个现有跟踪同时保留几个不同标识的能力。每个跟踪允许存在的歧义标识的数目通常为 4 个或 5 个,也有些 ESM 系统可以为每个跟踪保留 20 个可能标识。ESM 系统向操作员显示的标识应该是威胁级别最高的雷达类型。在某个跟踪所有可能标识的威胁级别相同的情况下,通常选定一个受到偏爱的标识,该标识也许是任务所处射频环境中可能存在的某型雷达。

有时,在一次任务期间可能会遇到各种模糊标识,有经验的 ESM 操作员可以大概判断出 ESM 是否做出了正确识别。ESM 系统将记录所有可能的标识,以用于任务后分析和更新 ESM 数据库。

## 9.6 跟踪过度合并的解决方法

过度合并是 ESM 系统实际运用中面临的一个难题,但是可以采取一些措施来改善此问题。首先是在截获与跟踪的关联过程中引入参数离散度和容差。参数离散度是生成截获所涉及的脉冲参数值的分布范围的度量,取参数平均值作为截获值。参数容差是指截获和某跟踪进行关联时,两者的参数所允许的差值(见 9.1 节)。

举例说明如何利用参数离散度来确定两个截获是否有关联。假设一个截获的平均 PRI 为 700μs 且 PRI 离散度 2μs;另一个截获也具有 700μs 的平均 PRI,但 PRI 离散度为 200μs。由于这些截获之间的 PRI 离散度不同,可以推断出这两个截获可能不是源自同一雷达。参数离散度也可用于雷达识别过程,并且可以作为雷达数据的一部分添加到 ESM 数据库中(见第 10 章)。

使用较小的参数容差也有助于防止过度合并,但必须注意,避免因频率和 PRI 等参数的容差设定的太小而导致单部雷达出现多个跟踪。

防止过度合并的另一种方法是使用辐射源个体识别(SEI)技术,例如通过雷达时钟周期估计的方法限制截获与现有跟踪合并(见第 10 章)。

讨论该话题的文献较少。Trunk 和 Wilson[1]公开发表了一种用于截获与跟踪关联的统计技术。该算法将贝叶斯和奈曼-皮尔逊程序与时间排序相结合,以最大限度地利用数据。计算出截获与每个跟踪关联的后验概率,然后决策规则选择具有最大概率的关联。通过设置不同的阈值以适应真实场景,实现对跟踪的不断创建、更新和丢弃。该算法有两个缺点:首先,它需要对未按时间排序的测量进行预测或内插;其次,该算法需要使用蒙特卡罗模拟来定义不同的阈值设置。

很多讨论截获与跟踪关联的文献都谈到了神经网络。例如,Granger E 等[2]利用 What – and – Where 融合策略,根据输入脉冲流的特定位置参数,使用初始聚类算法来分离来自不同雷达的脉冲。然后神经网络根据雷达类型,利用功能参数对脉冲流进行分类。

Petrov 等[3]研究了神经网络在如何及时可靠地识别雷达信号方面的另一种可能应用。特别是,利用截获的通用雷达信号样本的大量数据集,研究和评估了几种神经网络拓扑结构、训练参数、输入/输出编码和机器学习数据转换。文献中讨论了 3 个案例。在前两种情况下,基于脉冲训练的特征将雷达信号分为民用和军事应用两大类。在第三种情况下,训练算法来区分几个更具体的雷达功能。经过神经网络的训练,在测试数据集上获得了大约 82%、84% 和 67% 的结果。

## 参考文献

[1] Trunk, G. V., and J. D. Wilson, "Association of DF Bearing Measurements with Radar Tracks," *IEEE Transactions on Aerospace and Electronic Systems*, Vol. AES – 18, No. 4, 1987.

[2] Granger, E., et al., "A What – and – Where Fusion Neural Network for Recognition and Tracking of Multiple Radar Emitters," *Neural Networks*, Vol. 14, No. 3, 2001.

[3] Petrov, N., I. Jordanov, and J. Roe, "Radar Emitter Signals Recognition and Classification with Feedforward Networks," *Proc. 17th Int. Conference in Knowledge Based and Intelligent Information and Engineering Systems*, 2013.

# 第 10 章

# 雷达识别和 ESM 数据库

雷达识别是 ESM 系统的一项关键功能，无法正确地识别雷达是导致 ESM 系统性能不佳的主要原因之一。雷达识别过程依赖于对雷达参数的正确测量，虽然频率的测量精度通常足够高，但由于各种原因脉宽和 PRI 等参数的测量或计算会存在误差（见第 14 章）。

除此以外，现有的雷达有数千种不同类型，其中许多雷达的参数范围相互重叠。正如第 2 章所述，大多数的雷达工作在少数几个射频范围。由于船舶导航雷达种类繁多，因此工作在 3.04~3.08GHz 和 9.2~9.45GHz 频段范围内的雷达类型最多。由于在很窄的频率范围内有这么多雷达类型，因此构建包含任务中所有感兴趣雷达的清晰数据库的可能性非常小。

通常情况下，当窄频带内存在多部雷达时，ESM 系统会生成很多跟踪，只有少量跟踪纯粹由单一雷达的截获构成。ESM 要么为单部雷达生成多个跟踪（见第 14 章），要么将多部雷达的脉冲合并（见第 9 章）。ESM 生成的射频环境图像中通常混杂着碎片化的跟踪和过度合并的跟踪，无法很好描述真实的射频环境。

因此，创建能够高效运行的雷达数据库一直是 ESM 系统处理功能的难点。当前 ESM 数据库，有时也称为辐射源编程数据库（EPL）或飞行前文电（PFM），其雷达参数模式行的容量有限。在 ESM 运行的环境中，可能有数百种潜在的雷达类型，从而需要数千条参数模式行。但是，当前的 ESM 库的容量严重不足。当前最大的 ESM 数据库可以容纳大约 10000 个模式行，但这种容量的 ESM 数据库很少见，大多数 ESM 数据库的容量仅为大约 1000 个模式行。

## 10.1 ESM 数据库中的雷达参数

几乎所有雷达都具备多种工作模式。即便小艇使用的简单固定频率雷达，在不同工作带宽下的 PRI 和脉宽组合也不同。对 ESM 数据库而言，每种 PRI 和脉宽组合都是一种单独的模式，应该在数据库中对其进行区分。定义一种工作模式至少需要记录最高频率、最低频率、最大 PRI、最小 PRI、最大脉宽和最小脉宽,可能还会包括扫描周期、3dB 波束宽度、ERP 等描述参数。

脉宽参数可以用于雷达识别,但须注意,多径效应可能会改变 ESM 接收到的脉宽或导致脉冲轮廓发生调制,从而对脉宽测量带来问题(见第 14 章)。

使用扫描周期作为标识符会给 ESM 系统带来问题,因为 ESM 系统无法在其工作频段内对所有频率一直保持宽开,可能丢失某些雷达的峰值。

如第 2 章所述,有些雷达能够使用多种类型的 PRI 参差值,因此 ESM 数据库无法对其进行精确识别。然而,有些雷达的 PRI 类型相对较少,ESM 数据库可以较好地对其进行识别。可以根据雷达的安装平台(飞机、船舶、陆基)和使用国家等信息判断雷达识别结果的置信度。时钟周期和 PRI 稳定性是识别雷达非常有用的参数,但是这些参数值信息也并不都容易获取。

## 10.2　ESM 数据库的数据记录

在描述每型雷达时,ESM 数据库会给出该雷达的一系列工作模式,每种工作模式下包含了每项参数的预期最大值和最小值,有时候模式中还包含了参数的离散度。对于同一部雷达的不同模式,ESM 数据库中的模式行格式不一定相同。ESM 数据库在描述某型雷达时,使用的模式行几乎总是多于该雷达实际工作模式的种类。

表 10.1 给出了典型空管雷达的 ESM 数据库模式示例。该雷达具有固定的频率和脉冲宽度,有固定和参差两种 PRI 模式。ESM 数据库使用了 6 条模式行来定义该雷达。

表 10.1　典型空管雷达模式行示例

| 模式 | 频率最小值/MHz | 频率最大值/MHz | 频率类型 | PRI 最小值/μs | PRI 最大值/μs | PRI 类型 | 脉宽/μs |
|---|---|---|---|---|---|---|---|
| 1 | 2750 | 2900 | F | 800 | 900 | F | 2.0 |
| 2 | 2750 | 2900 | F | 1100 | 1200 | F | 2.0 |
| 3 | 2750 | 2900 | F | 1400 | 1500 | F | 2.0 |
| 4 | 2750 | 2900 | F | 800 | 900 | S | 2.0 |
| 5 | 2750 | 2900 | F | 1100 | 1200 | S | 2.0 |
| 6 | 2750 | 2900 | F | 1400 | 1500 | S | 2.0 |

表 10.1 中只是列举了十分简单的示例。现实中,ESM 数据库描述一型雷达时可能需要更多的模式(见 10.7.2 节)。

## 10.3 使用参数加权的数据库匹配

这种数据库匹配方法为雷达模式的每个参数设置了权重值,权重值的设置遵从以下原则。

(1) 数值范围宽泛、不属于特定类型雷达的参数的权重值最小;

(2) 数值范围较窄,但不能据此断定雷达类型的参数的权重介于最小值和最大值之间;

(3) 可以断定雷达类型的参数的权重值最大。

频段内存在的雷达类型数目越多,则频率参数的权重值就较小,反之亦然。雷达的 PRI 并不固定,因为大多数雷达具备一种以上的 PRI。有些雷达具有独特的脉宽,这些脉宽通常很长(大于 $10\mu s$),且雷达脉冲采取线性调频。这类雷达的脉宽参数权重值相对会更高。但使用脉宽作为匹配参数时必须小心,因为啁啾脉冲容易受到多径干扰(见第 14 章)。

表 10.2 给出了 3 部雷达模式的示例,其中模式行中包含了参数权重。该表中还给出了截获数据,以便演示数据库的匹配过程。

表 10.2 基于参数权重的雷达模式示例

| 雷达名称 | AAAA | BBBB | CCCC | 截获 |
|---|---|---|---|---|
| 频率范围/MHz | 3010~3120 | 2910~2950 | 2900~3100 | 3080 |
| 频率权重(1~100) | 35 | 45 | 65 | — |
| PRI 范围/μs | 200~3000 | 1500~1800 | 1780~1820 | 1795 |
| PRI 权重(1~100) | 10 | 25 | 75 | — |
| 脉宽范围/μs | 0.04~1.25 | 0.8~2.0 | 14.0~15.0 | 13 |
| 脉宽权重(1~50) | 10 | 20 | 50 | — |
| 扫描范围/s | 1~3.5 | 3.6~4.6 | 3.0~5.8 | 3.5 |
| 扫描权重(1~50) | 10 | 20 | 40 | — |
| 权重总分 | 65 | 110 | 230 | — |

数据库在进行匹配时,会选择权重总分数最高的截获或跟踪作为匹配结果。例如,一个截获的频率为 3080MHz,与数据库中的两个条目相吻合,但这两个条目中频率的权重值不同。截获的 PRI 为 $1795\mu s$,与数据库中的 3 个条目相吻合。脉宽为 $13\mu s$,数据库中只有一个条目(CCCC)与之吻合,由于该脉宽是射频环境中该雷达类型所特有的,所以此条目中脉宽的权重值高达 50。计算针对该截获数据库每个条目的权重和,结果表明截获来源于 CCCC 类型的雷达。由于频率和 PRI 在识别过程中比脉宽和扫描周期更重要,所以频率和 PRI 的权重值范围(1~100)大

于脉宽和扫描周期的权重值范围(1~50)。

## 10.4 利用参数评分进行数据库匹配

这种数据库匹配方法十分简单。将截获与 ESM 数据库中的所有模式行进行比较并计算得分。按照分值的高低对雷达类型进行排序,取得分最高的雷达类型作为截获类型。

图 10.1 给出了参数评分过程。在本例中,雷达的测量频率和脉宽范围完全位于 ESM 数据库中某型雷达的范围内,但计算出的 PRI 仅部分位于给定范围内。因此,该雷达与数据库该模式行的 PRI 匹配评分将低于最高分 5 分。

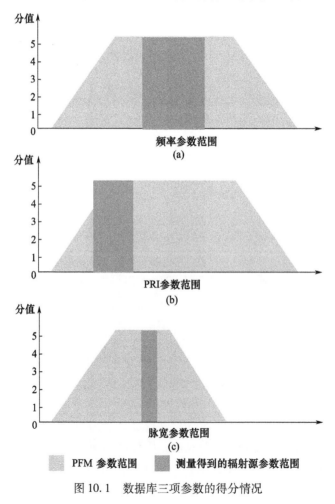

图 10.1 数据库三项参数的得分情况

## 10.5 使用参数容差进行数据库匹配

有些 ESM 系统采用了一种更复杂的数据库匹配技术,该技术使用了参数的容差。为了将标识信息作为截获与跟踪关联过程中的参数,ESM 系统需要为每型雷达设置一个容差值,或者为所有雷达类型设定一个通用值(如频率容差值为 5MHz,RPI 容差值为 50μs,脉宽容差值为 1μs)。

匹配过程中通过判断跟踪参数是否在截获的容差范围内,确定可能与截获关联的跟踪列表。表 10.3 给出了使用标识信息作为关联参数的情况示例。截获被标识为 AAAA,尝试将其与所有具有 AAAA 标识的跟踪进行关联。表 10.3 中有 4 条 AAAA 跟踪。

表 10.3 使用标识信息进行截获与跟踪关联的示例

|  | 标识信息 | 频率/MHz | PRI/μs | 脉宽/μs | DOA/(°) | 跟踪序号 |
| --- | --- | --- | --- | --- | --- | --- |
| 截获 | AAAA | 2940 | 2000 | 1.0(0%) | 30 | — |
| 跟踪1 | AAAA | 2942(40%) | 2000(0%) | 1.0(0%) | 31(20%) | 2 |
| 跟踪2 | AAAA | 2940(0%) | 2005(25%) | 1.0(0%) | 30(0%) | 1 |
| 跟踪3 | AAAA | 2944(80%) | 2050(>100%) | 1.0(0%) | 30(0%) | 4 |
| 跟踪4 | AAAA | 2942(40%) | 1995(50%) | 1.0(0%) | 29(20%) | 3 |

参数的容差分别为:频率容差为 5MHz;PRI 容差为 20μs;脉宽容差为 0.1μs;DOA 容差为 5°。截获和跟踪的参数差值占容差的百分比显示在跟踪参数旁边。例如,表 10.3 中的跟踪 2 与截获的频率差值为 2MHz,是频率容差的 40%。

在计算每个跟踪与截获的差值占容差百分比之后,在设定的容差条件下,表 10.3 中的跟踪 2 与截获的整体差异最小,因此认定截获与该跟踪相关联。

如果截获的标识具备多种可能(通常是这种情况),则将具有截获标识的所有跟踪作为候选关联对象进行比较。同样的,跟踪也可能具备多种标识(可能多达 5 个),因此在可能标识中包含截获标识的所有跟踪都将参与关联过程。

表 10.4 给出了关联过程不用标识作为参数的示例,表 10.4 与表 10.3 的参数值相同。当标识不作为关联过程参数时,由于跟踪 3 的 PRI 不在容差范围内,故不考虑。跟踪 2 是首选关联跟踪。由于标识不作为关联过程的参数,因此跟踪标识的可选范围更大。在 ESM 系统中,有时每个跟踪有多达 20 个可能的标识。所有这些数据都可以提供给经验丰富的 ESM 操作人员,以帮助其理解 ESM 提供的信息。

表 10.4 截获与跟踪关联过程中不使用标识信息的示例

|  | 标识信息 | 频率/MHz | PRI/μs | 脉宽/μs | DOA/(°) | 跟踪序号 |
|---|---|---|---|---|---|---|
| 截获 |  | 2940 | 2000 | 1.0(0) | 30 | — |
| 跟踪 1 | AAAA | 2942(40%) | 2000(0) | 1.0(0) | 31(20%) | 2 |
| 跟踪 2 | AAAA | 2940(0) | 2005(25%) | 1.0(0) | 30(0) | 1 |
| 跟踪 3 | BBBB | 2944(80%) | 2050(>100%) | 1.0(0) | 30(0) | 不考虑 |
| 跟踪 4 | CCCC | 2942(40%) | 1995(50%) | 1.0(0) | 29(20%) | 3 |

应当注意,这些示例是截获与跟踪关联过程的简化版本。当前大多数的 ESM 系统在关联过程中还会考虑其他因素,尤其是 PRI 类型、频率类型以及参数离散度。

## 10.6 ESM 数据库的重编程用户接口

由于数据库匹配的难度很大,因此有必要尽可能频繁地对 ESM 数据库进行更新。一方面,ESM 数据库的存储容量有限,限定了数据库模式行的总数量;另一方面,ESM 系统需要根据任务使用不同的数据库版本,不同版本之间包含的雷达类型不同。更新 ESM 数据库的过程通常称为重编程,为了便于重编程需要合适的用户界面。

图 10.2 给出了 ESM 数据库编辑模式行的简单用户界面示例,该 ESM 系统在关联过程中使用了参数加权。

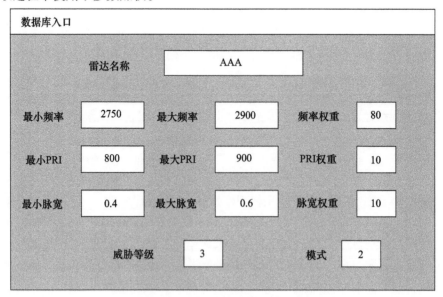

图 10.2 ESM 数据库重编程的简单用户界面

在图 10.2 的用户界面中,仅包含每种雷达模式各个参数的最大值、最小值,以及该参数的权重。图 10.3 给出了一个更为复杂的用户界面示例,该示例是对 ESM 数据库中的一型雷达条目进行编辑。

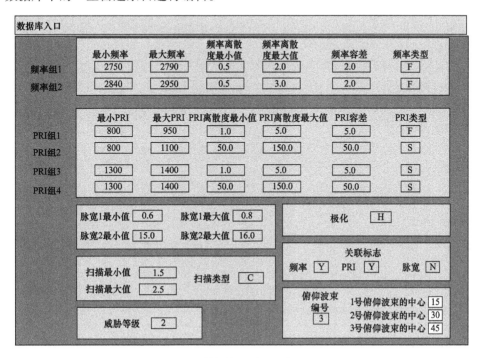

图 10.3　ESM 数据库重编程的复杂用户界面

图 10.3 所示的用户界面允许为雷达指定参数离散度和其他额外参数,如雷达的扫描周期、极化、雷达的频率类型和 PRI 类型,并且可以设置在关联过程中使用(或不使用)某些参数。例如,如果设定关联处理中不使用 PRI 参数,则具有复杂 PRI 的截获可以与其他参数匹配但 PRI 不匹配的跟踪进行关联处理。然而,如果截获的 PRI 并不复杂,则 PRI 相关标记不影响截获与跟踪的关联过程。

## 10.7　数据库匹配的优化方法

本节讨论改进雷达识别的技术,需要注意,识别有源相控阵(AESA)和多输入多输出(MIMO)等先进雷达需要使用新的雷达指纹识别技术。

传统数据库匹配方法的性能有限,优化雷达识别的思路如下:

(1) 对非特别关注的雷达类型使用通用标识(如船舶导航雷达或气象雷达);

(2) 分析各类 ESM 系统的工作方式,并有针对性的构建数据库条目;
(3) 通过多层次的方式来处理类型相似的雷达,并充分利用先前的经验知识;
(4) 利用附加参数,如参数离散度、容差和时钟周期估计。

### 10.7.1 采用通用数据库条目来描述某些雷达

第 9 章中曾讨论过参数重叠的问题。很多型号不同但功能相同的雷达具有非常相似的参数范围,以至于 ESM 系统无法有效将它们进行区分。为了节省 ESM 数据库的空间,并防止在使用雷达标识作为关联参数的情况下产生多重跟踪,应当使用通用数据库条目。

图 10.4 给出了 10 型 I 频段雷达的 PRI 和脉宽示例,示例中给出 10 型参数相互重叠的船舶 I 频段雷达。

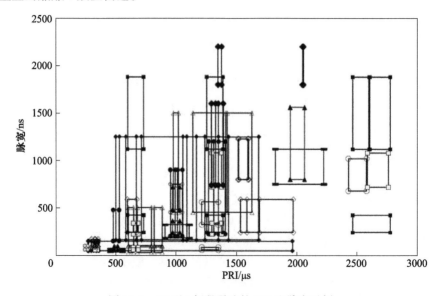

图 10.4　10 型 I 频段雷达的 PRI 和脉宽示例

如果对这 10 型雷达按照 PRI 和脉宽范围进行分类,ESM 数据库中将增加 100 多条模式行。由于这些模式行相互间的参数存在大量重叠,无论在何种情况下 ESM 系统都很难对这些雷达做出正确识别。

在 ESM 数据库中定义一种能够涵盖大多数船舶雷达的雷达类型,不仅能够避免 ESM 系统不断改变对某型雷达的识别结果,还可以节省数据库的存储空间。设置的通用船舶导航雷达应包含重叠部分的参数。图 10.5 显示了这种新的 PRI/脉宽模式如何涵盖 10 型 I 频段船舶雷达。

在图 10.4 的示例中,存在一些模式特殊的雷达,ESM 数据库可以为这些较为

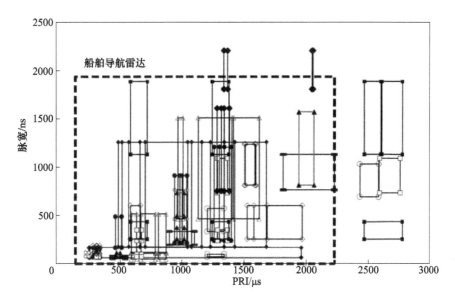

图 10.5　通用船舶导航雷达的 PRI 和脉宽示例

特殊的雷达单独设置模式行。事实上，I 频段船舶雷达的类型多达百种，因此与数据库中单独列出每型雷达相比，将相似雷达进行合并能够极大缓解跟踪识别模糊的问题。

类似的通用雷达可用于其他非威胁雷达类型，例如，通常工作在 2~3GHz 的空管雷达，工作在 5GHz 附近的气象雷达。

## 10.7.2　按照 ESM 系统的工作方式进行数据库匹配

传统上，ESM 数据库按照雷达制造商提供的说明书进行编程，ESM 数据库中包含所有的模式行，甚至是那些很少使用的模式行。一种更好的定义雷达的方法是使用 ESM 系统来观察特征已知的雷达，通过截获数据的分析过程来了解该 ESM 系统如何识别雷达。例如，对于具有复杂 PRI 序列的雷达，ESM 系统通常很难检测到足够的雷达脉冲，无法正确确定雷达的 PRI。此外，脉组重复间隔通常比 PRI 更容易确定。因为大多数雷达（即使是那些具有简单 PRI 序列的雷达）的脉冲序列通常都会遗漏脉冲，所以应将 PRI 谐波合并到 ESM 数据库中。

假设 $X$ 型雷达的参数范围如下：脉宽为 $0.3 \sim 0.6 \mu s$，PRI 为 $700 \sim 1100 \mu s$。图 10.6 显示了 ESM 系统如何在 400 条雷达跟踪中发现 $X$ 型雷达，以此来模拟 ESM 系统在执行任务时的工作状态。

尽管 ESM 制造商定义的脉宽范围为 300~600ns，但当 ESM 数据库对某型雷

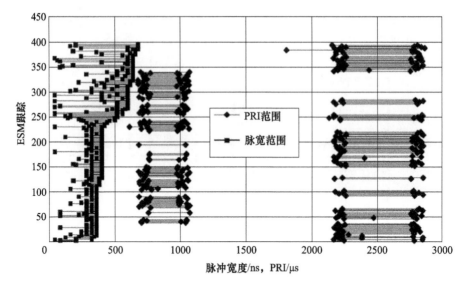

图 10.6　ESM 跟踪参数模拟示例 1

达进行定义时,应将脉宽范围(图 10.6 上的左侧条目)扩展至包含实际中看到的脉宽数据。ESM 数据库还应扩展 PRI 的范围,以看到 2200～2800μs(PRI 谐波)范围内的跟踪。

另一个示例中,$Y$ 型雷达的参数范围如下:脉宽为 0.1～0.2μs;PRI 为 500～700μs。图 10.7 显示了 ESM 系统如何发现该雷达。

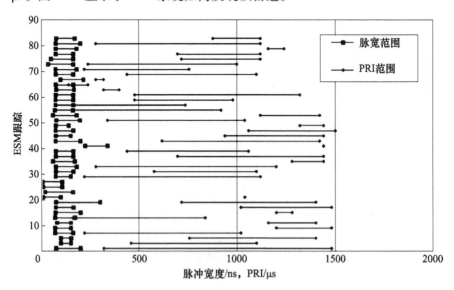

图 10.7　ESM 跟踪参数模拟示例 2

第 10 章 雷达识别和 ESM 数据库

在此情况下，ESM 数据库中的脉宽范围合适，但 PRI 范围应该显著增加，否则 ESM 很难确定 Y 型雷达的 PRI。

某些截获的 PRI 计算值为真实 PRI 的谐波，这些截获是导致生成额外跟踪的主要原因。当接收到的雷达脉冲流中缺失部分脉冲时，就会产生 PRI 谐波（见 14.5 节）。因此，ESM 数据库中存储的模式行应该考虑谐波问题。ESM 系统有时很难对具备多元素 PRI 序列雷达的每个 PRI 元素进行识别，因此 ESM 数据库的模式行中还应该包含脉组重复间隔信息。表 10.1 给出了一个简单的雷达类型描述示例。如果考虑谐波和脉组重复间隔，该雷达在 ESM 数据库中的条目将增加，如表 10.5 所列。可以发现，简单描述雷达时 ESM 数据库使用了 6 条模式行，当考虑谐波和脉组重复间隔模式时，ESM 数据库需要使用 15 条模式行来定义该雷达。

表 10.5　包含了谐波和脉组重复间隔信息的典型空管雷达的数据库模式行

| 模式 | 最小频率/MHz | 最大频率/MHz | 频率类型 | PRI 最小值/μs | PRI 最大值/μs | PRI 类型 | 脉宽/μs | 备注 |
|---|---|---|---|---|---|---|---|---|
| 1 | 2750 | 2900 | 固定 | 800 | 900 | 固定 | 2.0 | |
| 2 | 2750 | 2900 | 固定 | 1100 | 1200 | 固定 | 2.0 | |
| 3 | 2750 | 2900 | 固定 | 1400 | 1500 | 固定 | 2.0 | |
| 4 | 2750 | 2900 | 固定 | 800 | 900 | 参差 | 2.0 | |
| 5 | 2750 | 2900 | 固定 | 1100 | 1200 | 参差 | 2.0 | |
| 6 | 2750 | 2900 | 固定 | 1400 | 1500 | 参差 | 2.0 | |
| 7 | 2750 | 2900 | 固定 | 1600 | 1800 | 固定 | 2.0 | 谐波 |
| 8 | 2750 | 2900 | 固定 | 2200 | 2400 | 固定 | 2.0 | 谐波 |
| 9 | 2750 | 2900 | 固定 | 2800 | 3000 | 固定 | 2.0 | 谐波 |
| 10 | 2750 | 2900 | 固定 | 1600 | 1800 | 参差 | 2.0 | 谐波 |
| 11 | 2750 | 2900 | 固定 | 2200 | 2400 | 参差 | 2.0 | 谐波 |
| 12 | 2750 | 2900 | 固定 | 2800 | 3000 | 参差 | 2.0 | 谐波 |
| 13 | 2750 | 2900 | 固定 | 8000 | 9000 | 参差 | 2.0 | 脉组重复间隔 |
| 14 | 2750 | 2900 | 固定 | 11000 | 12000 | 参差 | 2.0 | 脉组重复间隔 |
| 15 | 2750 | 2900 | 固定 | 14000 | 15000 | 参差 | 2.0 | 脉组重复间隔 |

### 10.7.3 分层级的识别方法

在 ESM 数据库中为雷达分配优先级。将最常见雷达类型的优先级设为最低，而参数范围重叠但参数较为特殊的雷达类型被赋予较高优先级。ESM 系统会优先对优先级高的雷达进行识别。

例如，假设某射频环境中存在 30 部 X 型雷达和 2 部 Y 型雷达。这两型雷达具有相同的频率范围、脉宽范围和固定 PRI 范围(1.5～2.3ms)。已知这两部 Y 型雷达的 PRI 分别为 1.85ms 和 2.15ms。当截获的 PRI 为这两个值时，先粗略判断其属于 X 型雷达或 Y 型雷达。如果属于 Y 型雷达则优先进行识别。具有相同频率和脉宽，但 PRI 不是 1.85ms 和 2.15ms 的其他截获都可以认定属于为 X 型雷达。

### 10.7.4 利用测量参数的离散度

对于 ESM 系统中不同类型雷达的截获，其脉冲频率和 PRI 等参数的离散度可能会存在很大差异，当然造成这种情况的原因也可能是因为该 ESM 系统的处理能力有限。表 10.6 给出了一些典型截获的频率和 PRI 离散度示例。部分截获的离散度很小。例如，截获 3 的频率离散度为 0.2MHz，截获 2 的 PRI 离散度仅为 0.004μs。这些精确的离散度数值可以应用到截获与跟踪的关联过程或识别过程中。

PRI 离散度为数十或数百微秒通常是由于 PRI 计算错误或 PRI 分类错误。例如，没有正确对抖动 PRI 进行分类，或者没有在分选过程中正确提取参差 PRI 的元素。由于 ESM 系统总是使用同样的方式来处理这些雷达截获，所以虽然这些数值的离散度偏大，但在关联和识别过程中仍然可以使用。

表 10.6 典型频率和 PRI 离散度示例

| 截获 | 频率/MHz | 频率离散度/MHz | PRI/μs | PRI 离散度/μs |
| --- | --- | --- | --- | --- |
| 1 | 2893.6 | 2.3 | 1870 | 120.1 |
| 2 | 2897.3 | 2.9 | 1880 | 0.004 |
| 3 | 2894.5 | 0.2 | 1890 | 40.5 |
| 4 | 2893.1 | 2.4 | 1920 | 119.5 |
| 5 | 2899.2 | 2.9 | 1880 | 0.004 |
| 6 | 2893.2 | 0.2 | 1875 | 39.2 |

使用真实参数离散度对 ESM 库进行编程：首先要获得该类型雷达的数据，并利用这些数据初次计算参数离散度；然后 ESM 系统可以根据后续过程中获得的更

多数据对数据库中的离散度不断进行优化。

（1）给出了两个使用截获数据计算 PRI 离散度的示例,这两部雷达的截获数据如表10.7所列。由于雷达1具有参差的 PRI,因此容差较大。由于雷达2具有固定的 PRI,因此离散度很小。雷达1的离散度为28.231μs,而雷达2的离散度小得多,仅为0.001μs。这两型雷达的参数范围相似,因此使用离散度作为匹配参数很容易对它们进行区分。

表10.7　来自两个独立雷达的截获的 PRI 离散度

| 雷达1的截获 | PRI/μs | 雷达2的截获 | PRI/μs |
|---|---|---|---|
| 1 | 1400.123 | 1 | 1400.001 |
| 2 | 1426.243 | 2 | 1400.000 |
| 3 | 1433.345 | 3 | 1400.003 |
| 4 | 1475.03 | 4 | 1400.000 |
| 5 | 1410.567 | 5 | 1400.001 |
| 6 | 1457.334 | 6 | 1400.001 |

通常使用以下公式计算标准差,计算时包含尽可能多的雷达截获,以估算参数离散度：

$$\sigma = \sqrt{\left[\sum_{i=1}^{n}(x_i - m)^2/(n-1)\right]} \tag{10.1}$$

式中：$x_i$ 为截获 PRI 值；$m$ 为 PRI 平均值；$n$ 为截获的序号。

（2）在截获与跟踪的关联过程中,可以使用离散度和容差值来限定参数值。例如,截获的 PRI 为1400μs,离散度为20μs,PRI 容差为50μs。在其他参数也在正确范围内的情况下,该截获能够与 PRI 从1330～1470μs 的跟踪匹配。

## 10.7.5　在关联和数据库匹配中使用合理的容差

通用容差值(尤其是 PRI 匹配)会导致对某些雷达类型而言容差过大。虽然参数容差值严格来说并不属于识别方面的问题,但由于 ESM 数据库是唯一可以为雷达设置容差的地方,因此在本节讨论参数容差问题。对于使用标识作为关联参数的 ESM 系统,根据雷达类型改变容差值有助于截获与跟踪的关联过程。

图10.8 给出3部雷达的截获,并在截获与跟踪关联过程中运用了 PRI 容差。

图10.8 中的3部雷达很容易用肉眼分开,但是由于它们的 PRI 值(约732μs)彼此相距1μs 之内,因此 ESM 很难将它们分开。

假设它们的频率也非常相似,如果 ESM 库中设置 PRI 容差为±1μs,ESM 跟踪

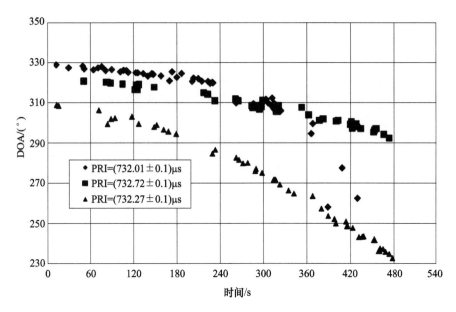

图 10.8　PRI 相似的 3 部雷达的截获

会在雷达之间跳跃,如图 10.9 所示。

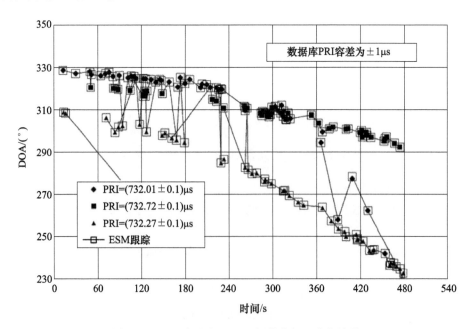

图 10.9　PRI 容差为 ±1μs 时,截获与跟踪的关联

当PRI容差设置为±0.2μs时,各部雷达的截获将形成各自的跟踪,如图10.10所示。

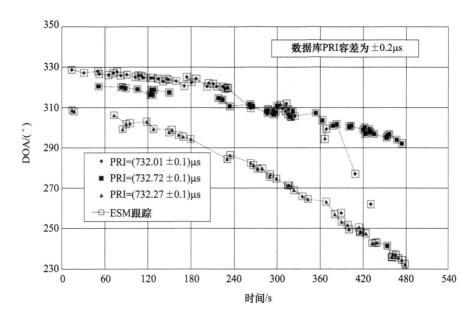

图10.10　PRI容差为±0.2μs时,截获与跟踪的关联

### 10.7.6　利用先验信息

由于ESM数据库中的模式行数目有限,所以ESM系统在新的地区执行任务之前必须对数据库进行再编程。数据库中应该包含该地区的雷达类型及其特征参数(如果知道)。ESM数据库中还可以包含雷达的位置数据。部分ESM系统已经使用位置数据对雷达识别结果进行确认。ESM系统还使用位置信息来剔除出现错误DOA的跟踪,减少多重跟踪,或者对雷达的错误位置进行修正。

### 10.7.7　利用辐射源个体识别数据

一种辐射源个体识别(SEI)方法是确定雷达的时钟周期。确定雷达时钟周期有多种方法。但是这些技术是保密的,因此本书不做具体描述。图10.11给出了提示,通过估计雷达时钟周期来实现SEI。该方法得出的最小时钟周期误差,对该雷达的所有脉冲集都是可以复验的。

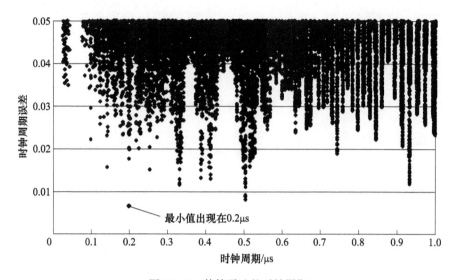

图 10.11　估算雷达的时钟周期

# 第 11 章 估算雷达的位置

很多 ESM 系统尝试对接收到的雷达信号(脉冲或连续波)进行定位。对于单个 ESM 平台而言,脉冲雷达的位置信息全部来源于对截获脉冲的 DOA 测量,连续波雷达的 DOA 信息可以在创建方位线(LOB)时得到。DOA 提供了从 ESM 系统至雷达的方位线,方位线将帮助 ESM 系统估计雷达的位置(图 11.1)。

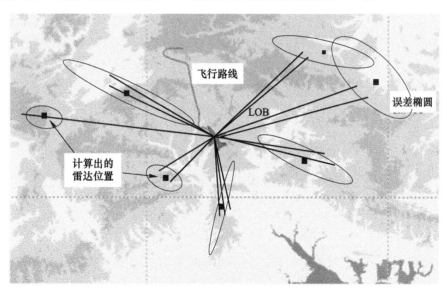

图 11.1　ESM 平台到雷达的方位线示例

## 11.1　位置计算

计算雷达位置的常规方法是在 ESM 平台移动的过程中记录几次方位线。图 11.2 给出一个简单示例的几何图形,其中 3 条方位线形成两个三角形,雷达位置在 3 条方位线的交点处。

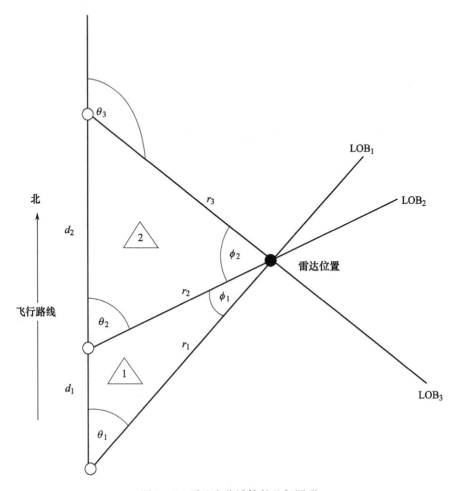

图 11.2　雷达定位计算的几何图形

在图 11.2 中，ESM 平台（飞机）向正北方向移动，因此截获数据中记录的 DOA 和 AOA（相对于飞机机头）是相同的。如果飞机的航向不是向北，则必须根据航向计算图 11.2 中的 AOA（$\theta_1, \theta_2, \theta_3$）。根据飞机的导航数据，可以得到方位线之间的距离 $d_1$ 和 $d_2$。在记录每条方位线时，飞机到雷达的距离（$r_1, r_2, r_3$）是未知量，通过求解这些未知量来获得雷达位置。

根据正弦定理，$(\sin A)/a = (\sin B)/b = (\sin C)/c$。因此，对三角形 1 而言，有

$$(\sin\theta_1)/r_2 = [\sin(180° - \theta_2)]/r_1 = (\sin\phi_1)/d_1 \tag{11.1}$$

式中

$$\phi_1 = 180° - \theta_1 - (180° - \theta_2) = \theta_2 - \theta_1 \tag{11.2}$$

则

$$(\sin\theta_1)/r_2 = [\sin(180° - \theta_2)]/r_1 = [\sin(\theta_2 - \theta_1)]/d_1 \quad (11.3)$$

$$r_1 = d_1[\sin(180° - \theta_2)]/[\sin(\theta_2 - \theta_1)] \quad (11.4)$$

$$r_2 = d_1(\sin\theta_1)/[\sin(\theta_2 - \theta_1)] \quad (11.5)$$

同理,利用三角形 2 可得

$$(\sin\theta_2)/r_3 = [\sin(180° - \theta_3)]/r_2 = (\sin\phi_2)/d_2 \quad (11.6)$$

$$r_3 = d_2(\sin\theta_2)/(\sin\phi_2) \quad (11.7)$$

一旦确定了飞机到雷达的距离,就可以利用 DOA 和飞机位置信息确定雷达的位置。

坐标 $x_{radar\_rel}$ 和 $y_{radar\_rel}$ 是指在计算时刻雷达相对于 ESM 平台的位置,单位用 m 或 km 表示,则

$$x_{radar\_rel} = r_1\cos(90° - DOA_1) = r_1\sin(DOA_1) \quad (11.8)$$

$$y_{radar\_rel} = r_1\sin(90° - DOA_1) = r_1\cos(DOA_1) \quad (11.9)$$

用经/纬度表示雷达位置,可使用下列方程式:

$$Lat_{radar} = Lat_{ESM} + y_{radar\_rel}/degs\_lat \quad (11.10)$$

$$Lon_{radar} = Lon_{ESM} + x_{radar\_rel}/degs\_lon \quad (11.11)$$

式中:$degs\_lat$ 和 $degs\_lon$ 分别是纬度和经度的 1°所对应的距离,单位为 m 或 km。则

$$degs\_lat = 111120m \text{ 或 } 111.2km \quad (11.12)$$

$$degs\_lon = 111120\cos(lat)m \text{ 或 } 111.2\cos(lat)km \quad (11.13)$$

所有经度线都是大圆,但纬度线(除赤道外)不是。式(11.13)显示了必须对特定纬度上单位经度所对应的距离(以 km 表示)进行的修正。

在上面的示例中,由于 ESM 平台向正北移动,所以方位线对应的角度 $\theta_1$、$\theta_2$、$\theta_3$ 就是 DOA 值。图 11.3 给出了在方位线数据收集过程中飞机机动的几何图形。

仍根据正弦定理来计算距离,但角度的计算更为复杂。在三角形 1 中,有

$$\sin\theta_1/r_2 = \sin a/r_1 = \sin\phi_1/d_1 \quad (11.14)$$

在三角形 2 中,有

$$\sin\theta_2/r_3 = \sin b/r_2 = \sin\phi_2/d_2 \quad (11.15)$$

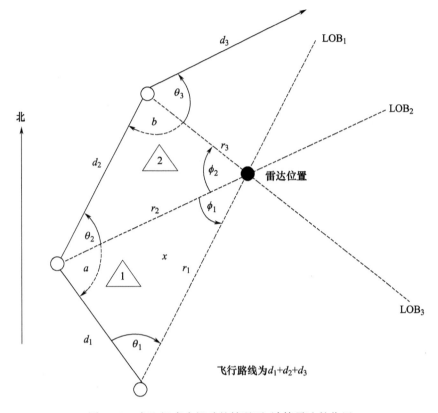

图 11.3　在飞机多次机动的情况下,计算雷达的位置

式中:$\theta_1$ 和 $\theta_2$ 是 $LOB_1$ 和 $LOB_2$ 的 AOA。通过以下算法来计算 AOA:如果(DOA > 航向),则 AOA = DOA - 航向;否则,AOA = 360 - 航向 + DOA。

根据图 11.4 所示的几何图形来求解角度 $a$ 和 $b$。$h_1$、$h_2$ 和 $h_3$ 是指记录 $LOB_1$、$LOB_2$ 和 $LOB_3$ 时刻飞机的航向。

角 $a$ 和角 $b$(以(°)为单位)通过角 $c$ 求出:

$$c = 360° - h_1 \tag{11.16}$$

$$a = 180° - h_2 - c - \theta_2 \tag{11.17}$$

$$b = 180° - h_3 - \theta_3 + h_2 \tag{11.18}$$

根据式(11.14),可得

$$r_1 = d_1 \sin a / \sin\phi_1 \tag{11.19}$$

其中

$$\phi_1 = 180° - a - \theta_1 \tag{11.20}$$

第 11 章 估算雷达的位置

$x_{radar\_rel}$、$y_{radar\_rel}$、$Lat_{radar}$ 和 $Lon_{radar}$ 可以由式(11.8)~式(11.11)计算得出。

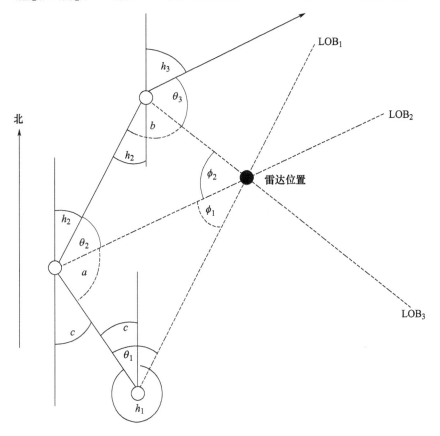

图 11.4 计算雷达位置所需的角度

在理想情况下,只需两条方位线就可以确定雷达的位置。但实际情况中,DOA 测量存在误差,因此需要使用多条方位线来确定雷达位置,并且方位线之间需要具备合理的夹角和距离。图 11.5 给出了方位线夹角和距离的示意图。

当前的 ESM 系统通常使用至少 6 条方位线和 12°的方位线夹角来计算雷达位置。有时,还会指定 ESM 平台的飞行距离。通常,飞行距离至少为 10km。如果需要计算某特定威胁的位置,飞机应该规划飞行路线,以优化对该雷达的截获(即飞机飞行时波束能够侦收到雷达信号)。如果飞机径向抵近或远离雷达,则无法进行位置估计,因为所有方位线的 DOA 是相同的。

理想情况下,估计雷达位置的几何图形如图 11.6 所示。图中给出 6 条方位线,雷达位于所有 6 条方位线的交叉点。

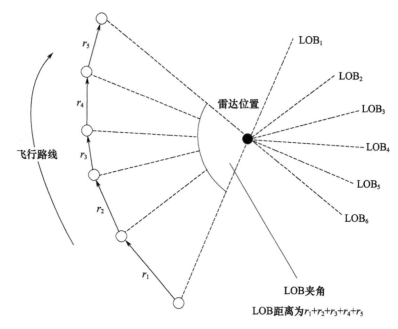

图 11.5　方位线夹角和距离的示意图

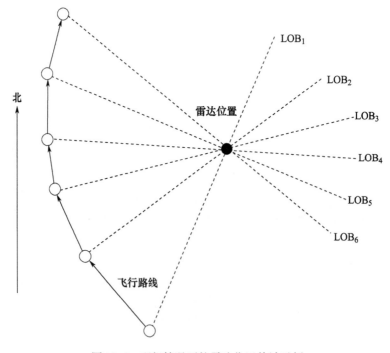

图 11.6　理想情况下的雷达位置估计示例

现实中，DOA 必然存在误差，所以雷达位置估计会如图 11.7 所示。在图 11.7 中，方位线的交点有 9 个，相当于对雷达位置做出了 9 个估计，这些估计值都是有误差的。

对图 11.7 中的各个位置取平均值可以得出雷达位置的估计值，还可以计算出误差椭圆以显示置信度。

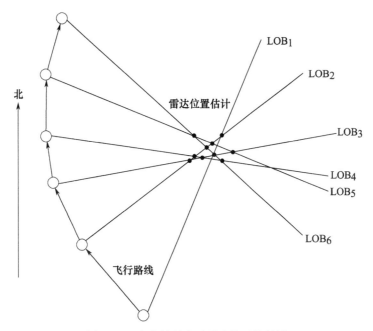

图 11.7　真实情况中对雷达位置的估计

## 11.2　定位误差椭圆

雷达定位算法得到多个可能的雷达位置。因此，需要构造一个误差椭圆以包含所有可能的结果。图 11.8 显示了包含图 11.7 所示的雷达位置的误差椭圆。

绘制误差椭圆需要的参数包括：椭圆的长轴、椭圆的短轴、椭圆的方向以及雷达位置的置信度。根据雷达位置的置信度可以确定椭圆的长轴和短轴。图 11.9 给出了椭圆的几何形状。

在图 11.10 的示例中，画出了一组二维正态分布样本数据的 99% 置信度误差椭圆。按照高斯分布的样本数据，其 99% 数据都位于该误差椭圆内。由于在计算雷达位置时引入了 DOA 误差和 DOA 分辨率，所以雷达的经度和纬度估算值有可能并不服从正态分布。即便如此，这里介绍的方法与 ESM 系统计算雷达位置误差椭圆的方法非常近似。

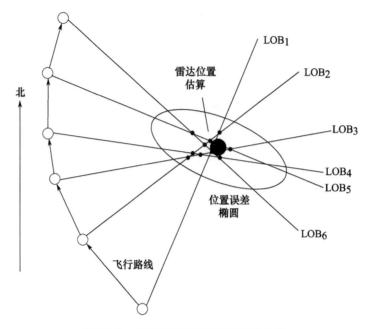

图 11.8　带有误差椭圆的雷达位置估计

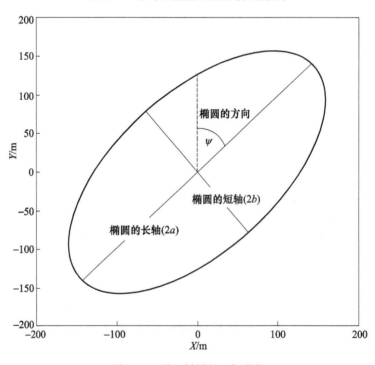

图 11.9　误差椭圆的几何形状

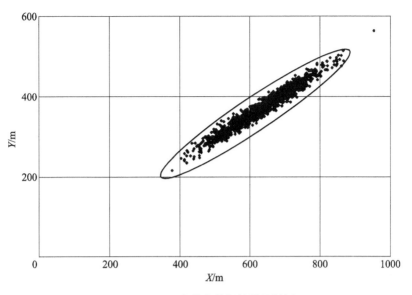

图 11.10　正态分布数据的误差椭圆

以原点为椭圆中心,长轴为 $2a$,短轴为 $2b$ 的椭圆方程为

$$(x/a)^2 + (y/b)^2 = 1 \qquad (11.21)$$

设 $\sigma_x$ 为数据 $x$ 的标准差,$\sigma_y$ 为数据 $y$ 的标准差。椭圆的长轴和短轴由 $\sigma_x$ 和 $\sigma_y$ 确定。

$n$ 个数据 $(x_1, x_2, x_3, \cdots, x_n)$ 的标准差由以下公式得出,即

$$\sigma_x = \sqrt{\left[\sum_{i=1}^{n}(x_i - x_{\text{mean}})^2/(n-1)\right]} \qquad (11.22)$$

式(11.21)变为

$$(x/\sigma_x)^2 + (y/\sigma_y)^2 = A \qquad (11.23)$$

通过选择 $A$ 的数值可以改变椭圆的大小,从而满足不同置信度的需求。例如,当 $A = 5.991$ 时,椭圆的置信度为 95%。如果置信度已确定,则可以通过查表得出 $A$ 值。表 11.1 截取了部分雷达位置误差椭圆置信度表。从表 11.1[1] 可以看出,表中包含了两个自由度,不同置信度对应不同的 $A$ 值。

表 11.1　椭圆置信度表

| 置信度/% | $A$ |
| --- | --- |
| 90 | 4.605 |
| 95 | 5.991 |
| 99 | 11.210 |

99%置信度对应 $A=11.210$,此时99%的数据点位于椭圆内。椭圆公式为

$$(x/\sigma_x)^2 + (y/\sigma_y)^2 = 11.21 \tag{11.24}$$

如图11.9所示,用 $x$ 表示纬度, $y$ 表示经度,误差椭圆的方向角 $\psi$ 的计算公式为

$$\tan 2\psi = 2\sigma_{xy}/(\sigma_x^2 - \sigma_y^2) \tag{11.25}$$

式中: $\sigma_x$ 为 $x$ 值的标准差; $\sigma_y$ 为 $y$ 值的标准差; $\sigma_{xy}$ 为两个数据集的协方差,可表示为

$$\sigma_{xy} = \left[ \sum_{i=1}^{n} (x_i - x_{\text{mean}})(y_i - y_{\text{mean}}) \right]/(n-1) \tag{11.26}$$

## 11.3 绘制误差椭圆

ESM跟踪对应的雷达位置信息包括:雷达位置的经度和纬度,误差椭圆的长轴、短轴以及椭圆方向。

为了对ESM的性能进行分析,需要根据ESM的跟踪数据来绘制误差椭圆。计算 $x$ 和 $y$ 以绘制椭圆。计算方法如下:

```
For n = 1 to 360
x' = asin(n)
y' = bcos(n)
x = (x'cos(ψ) - y'sin(ψ))degs_lon + Lon_radar
y = (x'sin(ψ) - y'cos(ψ))degs_lat + Lat_radar
Next n
```

式中: $\text{degs}_{\text{lat}}$ 和 $\text{degs}_{\text{lon}}$ 由式(11.12)和式(11.13)得出; $\text{Lon}_{\text{radar}}$ 和 $\text{Lat}_{\text{radar}}$ 是雷达经度和纬度的估算值。

## 11.4 实际的雷达位置

首次对雷达进行定位,误差可能达到几千米。但随着使用的方位线数据不断增多,位置误差不断减小。图11.11给出典型的雷达位置修正过程,在修正开始时误差为20km,经过12次的位置修正后,误差缩减至200m。

当有新的可用截获时,ESM系统通常会对雷达位置和误差椭圆重新进行评估。当可用方位线达到一定数量后(通常为20~50个),ESM会将此前认为最不

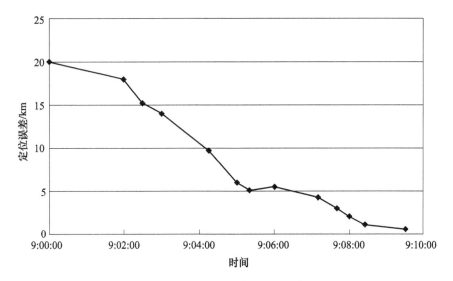

图 11.11　减小定位误差的示例

准确的方位线剔除。

在完成对雷达位置的修正后，一些 ESM 系统就会改变截获与跟踪的关联过程，穿过误差椭圆的方位线可以与 ESM 跟踪进行关联。在误差椭圆较大的情况下，这种关联可能导致跟踪的过度合并（见 11.5.4 节）。

## 11.5　雷达定位中存在的问题

雷达定位过程中存在多种误差来源。DOA 误差的大小、椭圆相对于飞机的初始方向、确定雷达位置后截获与跟踪的关联过程，以及存在其他参数类似的雷达，都会导致雷达位置的计算出现问题。

### 11.5.1　DOA 误差的大小

DOA 精度是影响雷达定位精度的主要因素。图 11.12 的示例中有两个正确的方位线，第一个 DOA 为 30°，第二个 DOA 为 45°。两条方位线之间的距离为 10km，计算得出正确的雷达位置并绘制在图 11.12 中。将其中一条方位线的 DOA 改变 1°会导致 1.9km 的位置误差，如图 11.12 所示。

图 11.13 表明，$LOB_1$ 误差的大小直接影响到雷达定位误差。可以看出，当 $LOB_1$ 误差为 5°时，雷达定位的误差百分比陡增至 14%。定位误差的百分比不会因为 $LOB_1$ 和 $LOB_2$ 记录点的位置变化而改变。

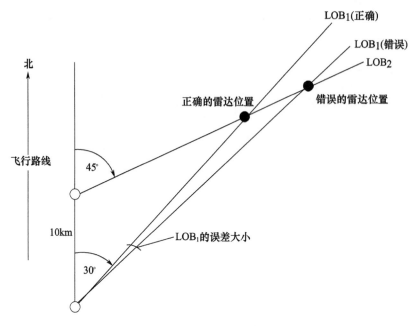

图 11.12　DOA 误差对定位的影响

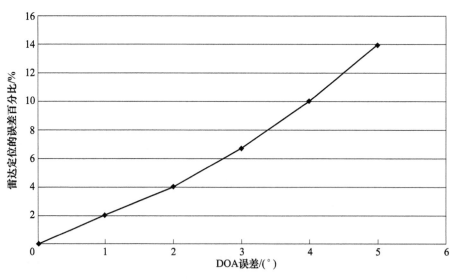

图 11.13　雷达定位的误差百分比与方位线误差的关系

## 11.5.2　截获与跟踪的关联

一旦确定了与跟踪对应的雷达的位置,有些 ESM 系统就会改变截获与跟踪的关联规则。这通常会导致关联中的 DOA 容差发生变化,有时容差变化太大将导致很大 DOA 范围内的截获被关联至跟踪。图 11.14 给出了一个示例。

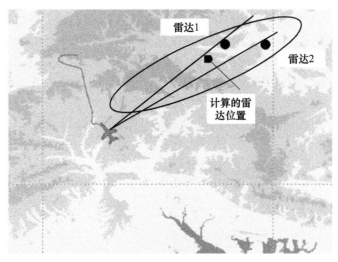

图 11.14　与误差椭圆的关联中的错误

这种过度关联可能会导致射频环境图像出现重大错误,因此,强烈建议一旦确定了位置,就不要更改 DOA 关联标准。如 11.5.4 节所述,由于数据相对分散,导致误差椭圆非常大,这种情况下过度关联的问题尤为突出。

与误差椭圆大导致方位线过度关联相反,狭长椭圆存在着雷达的真实方位线可能与椭圆无法关联的问题。这种情况下,单部雷达可能会产生多个跟踪,甚至得出额外的雷达位置和误差椭圆,如图 11.15 所示。

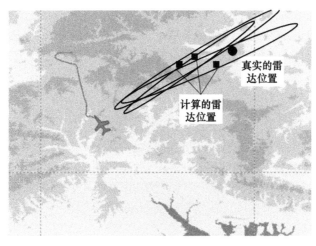

图 11.15　狭长误差椭圆导致出现额外的雷达位置

### 11.5.3 误差椭圆的方向

实际上,误差椭圆的几何形状取决于初次计算雷达位置时,飞机相对于雷达的方位。算法决定了椭圆的大小,而方位线与椭圆的关联标准导致缺少足够的新跟踪,所以短时期内椭圆的方向不会发生大的变化。因此,在飞机与雷达的相对方位发生变化后,这些初始椭圆可能会持续存在。图 11.16 显示了飞机在其航线上的 3 个不同点,以及在每个航线点上产生的误差椭圆。

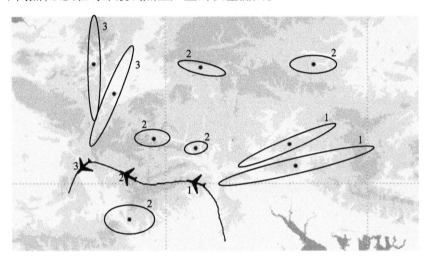

图 11.16　误差椭圆取决于飞机相对于雷达的方位

当飞机在位置 1 和位置 3 时,确定的雷达位置和误差椭圆位于飞机的尾部,因此椭圆形状狭长(椭圆长轴和短轴之比很大)。对于这种形状的误差椭圆,来自目标雷达的新截获很容易无法与跟踪关联。当飞机在位置 2 时,误差椭圆位于飞机的侧向(AOA 近似为 90°或 270°),此时椭圆短轴与长轴之比较大,来自目标雷达的新截获容易与跟踪关联。

### 11.5.4　稀疏数据集

误差椭圆的大小受到用于估算的数据量的影响。当数据点很多(超过 1000 个)时,误差椭圆通常能准确地描述 95%(或 99%,取决于置信度的选择)的数据点所在的区域。但是,当数据量很少时,计算得到的误差椭圆可能会很大,以确保它可以包含所有的位置估计。使用很少的数据点(少于 10 个)会计算得到一个巨大的误差椭圆,如图 11.17 所示。

在实际操作过程中,应采取措施人为地限制椭圆的大小。尤其是在确定雷达

第 11 章 估算雷达的位置

图 11.17　不同数量的数据点得到的误差椭圆示例

位置后,跟踪与截获的关联过程会发生变化的情况下。否则,几乎可以确定将会发生截获与跟踪过度合并的问题。

### 11.5.5　多部同类型雷达

当存在多部具有相同或相近参数的同类型的雷达时,如果截获到跟踪的关联算法放宽了 DOA 的关联标准,则会将来自多部雷达的截获关联到单个位置。图 11.18 中雷达的类型和参数相同,但各雷达的 DOA 差异很大,则计算得出的雷达位置和误差椭圆如图 11.18 所示。

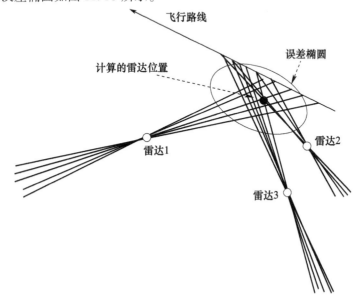

图 11.18　多部同类型雷达对雷达定位的影响

在图 11.18 中,接收到的方位线来自 3 部几乎相同的雷达。所有方位线都经过同一雷达位置误差椭圆,该椭圆并不靠近任何一部雷达。方位线能够与椭圆关联,是因为雷达位置确定后,忽略了截获与跟踪关联时的 DOA 容差。

## 11.6　利用多平台时差法对雷达进行定位

确定雷达位置的另一种方法是利用 TDOA[2]。该方法从三个相互分离的空间位置测量单个脉冲的 TOA 差,如图 11.19 所示。

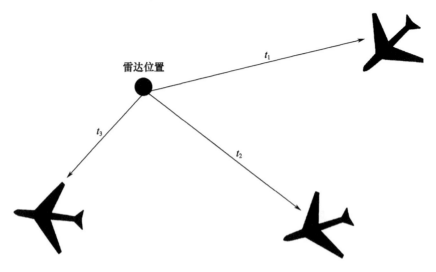

图 11.19　3 个独立平台通过 TDOA 来计算雷达的位置

为了获得良好的雷达定位精度,需要足够的传感器间距和高精度的时钟源。由于精确知道了每个平台的位置,因此可以计算出雷达位置。

由于各传感器需要同时进行测量,不太可能所有传感器都接收到雷达的主瓣,部分传感器接收的是雷达旁瓣,因此各传感器接收到的信号强弱不同。当接收的脉冲功率接近接收机的阈值时,此时的 TOA 误差相比主瓣强信号的误差更大(见第 6 章)。多径干扰也会造成时间测量误差,尤其是当脉冲的幅度相对较小时。由多径引起的时间测量延迟的典型值为 50ns(见第 15 章),相当于 15m 的距离误差。

两个机载平台通过 TDOA 测量生成一个锥面,锥面与地表相交形成一条包含雷达位置的双曲线。第三个机载平台和前两个平台中任意一个生成另外一条双曲线,可通过两条双曲线的交点确定雷达位置。这种方法需要知道飞机平台间的准确距离,并且需要精确的系统时钟来对 TDOA 测量进行同步。全球定位系统(GPS)

# 第11章 估算雷达的位置

能够精确地定位平台,而铯钟通常用于提供高时间精度。原则上,与使用单个平台的方法相比,配备 GPS 的多平台辐射源定位技术可以显著提高定位精度。

使用无人飞行器(UAV)作为 ESM 平台变得越来越普遍[3]。对于间隔几千米远的无人机,通过配备 GPS 接收机和高度同步的时钟,定位精度可优于 10m。但是,多径效应可能导致脉冲时序不准确,从而降低定位精度。

## 11.7 利用 FDOA 测量方法确定雷达位置

由于 ESM 平台与雷达之间存在相对运动,因此 ESM 接收机接收到的信号在频率上会产生漂移(多普勒频移)。确定雷达位置的另一种方法是,让两个 ESM 平台相对于雷达以不同的径向速度行进,利用两个 ESM 平台多普勒频移的差异来确定雷达位置。该方法被称为频率到达方向(FDOA)[4]。两个平台的频率为

$$f_1 = f_0 - [(r_{11} - r_{12})/\lambda T] \tag{11.27}$$

和

$$f_2 = f_0 - [(r_{21} - r_{22})/\lambda T] \tag{11.28}$$

式中:$r_{ij}$ 表示在 $t_j$ 时刻,ESM 接收机 $i$ 到雷达的距离;$T = t_1 - t_2$;$\lambda$ 为雷达的波长。FDOA 由下式定义:

$$\Delta f = f_1 - f_2 (r_{22} - r_{21} - r_{12} + r_{11})/\lambda T \tag{11.29}$$

式(11.29)定义了三维空间中的曲面。如果雷达位于地球表面,则两个表面的交点在地球上形成一条曲线。如果进行两次 FDOA 测量,则可以获得两条曲线,利用两条曲线的交点可以确定雷达位置。FDOA 适用于固定式雷达,而 TDOA 对于固定式和移动式雷达均有效。

## 11.8 通过脉冲幅度确定雷达位置

ESM 接收到的雷达脉冲幅度 $P_r$ 和雷达距离 $R$ 之间的关系为

$$R^2 = (P_t \lambda^2)/(16\pi^2 P_r) \tag{11.30}$$

理论上,如果已知雷达的 ERP,则可以通过测量脉冲幅度(特别是主瓣峰值处的脉冲幅度)来估计雷达距离。但是,由于多径的影响,测量的脉冲幅度参数并不可靠(见第 15 章),因此只能用作对雷达距离的粗略估计。

图 11.20 显示了多径对连续扫描情况下雷达幅度的影响,该雷达的工作频率为 3GHz,ERP 为 76dBW。ESM 系统距离该雷达 25km,如果没有多径效应,ESM 接

收到的信号强度应为 −24dBmi，如图 11.20 中的扫描 1 所示。但如果采用扫描 2 中的脉冲峰值(峰值为 −30dBmi)，则计算出雷达距离为 50km。扫描 3 和扫描 4 计算出的雷达距离为 16km 和 40km。

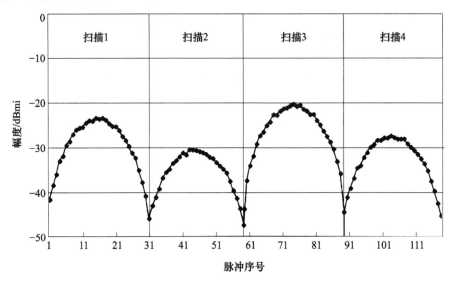

图 11.20　连续扫描时的幅度差异

图 11.21 给出了两部不同功率雷达因信号幅度变化导致计算出的雷达距离的变化，两部雷达工作在 3GHz，功率分别为 76dBW 和 80dBW。

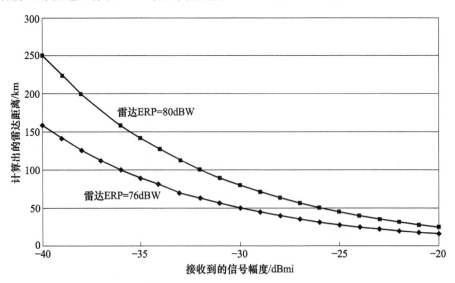

图 11.21　雷达功率分别为 76dBW 和 80dBW 时，计算得到的雷达距离

对于图 11.21 所示的两部雷达,随着 ESM 接收的脉冲幅度不断降低,ESM 计算得到的雷达距离变化值不断增大。例如,对于 ERP 为 80dBW 的雷达,脉冲幅度从 −25dBmi 减小为 −26dBmi 时,雷达距离增大 2.5km,而脉冲幅度从 −35dBmi 减小为 −36dBmi 时,雷达距离增大 11km。

图 11.21 中,两部雷达的工作频率相同(为 3GHz)而 ERP 不同。图 11.22 中,两部雷达的 ERP 相同而工作频率不同,两部雷达的 ERP 均为 80dBW,一部雷达的工作频率为 3GHz,另一部雷达的工作频率为 9GHz,图 11.22 中给出脉冲幅度与雷达距离的变化曲线。

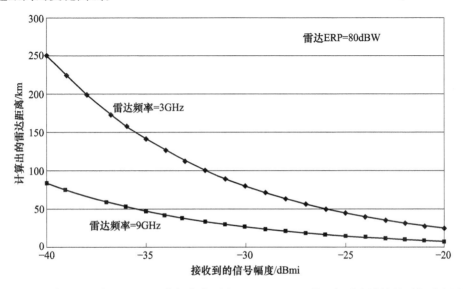

图 11.22　对于 ERP 为 80dBW,工作频率分别为 3GHz 和 9GHz 的两部雷达计算得到的雷达距离

对于相同的脉冲幅度,工作频率为 9GHz 的雷达距离总是小于工作频率为 3GHz 的雷达,随着 ESM 接收的脉冲幅度不断降低,雷达距离将变化得越快。

## 11.9　卡尔曼滤波器在测距中的应用

真实的 DOA 测量结果可能是一系列测量值围绕在真值附件,测量值与真值的差值呈现随机分布。优秀的无源测距系统既利用自己的观测数据,也使用先验目标信息以更好地估计雷达距离。卡尔曼滤波器允许先验信息与测量信息一起使用,提高距离计算的精度,并评估先验信息的准确度。

在 ESM 系统中,用于二维角度辐射源定位的扩展卡尔曼滤波[5]采用了一个结合了先验概率密度函数信息和后验概率密度函数信息单次测量的初始化过程,比传统卡尔曼滤波更高效。

## 参考文献

[1] https://people. richland. edu/james/lecture/m170/tbl – chi. html.

[2] O'Neill, S., *Electronic Warfare and Radar Systems Engineering Handbook*, U. S. Naval Air Warfare Center Weapons Division, 2013.

[3] Du, H. – J., and J. Lee, "Radar Emitter Localization Using TDOA Measurements from UAVs and Shipborne/Land – Based Platforms," *Proc. of the RTO SCI Symposium on Multi – Platform Integration of Sensors and Weapons Systems for Maritime Applications*, 2002.

[4] Okello, N., *Emitter Geolocation with Multiple UAVs*, Melbourne Systems Laboratory, Department of Electrical and Electronic Engineering, http://fusion. isif. org/proceedings/fusion06CD/Papers/137. pdf.

[5] Guerci, J. R., R. A. Goetz, and J. Dimodica, "A Method for Improving Extended Kalman Filter Performance for Angle – Only Passive Ranging," *Proc. IEEE Transactions on Aerospace and Electronic Systems*, Vol. 30, No. 4, 1994, pp. 1090 – 1093.

# 第 12 章

# ESM 性能分析

为了确定 ESM 系统能够创建良好的射频环境图,需要对系统的性能进行全面测试。通过 ESM 性能分析,可以得出 ESM 计算雷达 DOA 及其位置的准确性,以及 ESM 创建跟踪的及时性,从而建立对 ESM 系统的信心。

## 12.1 数据记录和所需的数据容量

为了对 ESM 系统性能进行任务后分析,必须记录几组数据。有些数据集,如跟踪和脉冲数据,是来自 ESM 系统的,有些数据则来自任务系统的其他部分。平台导航数据是必需记录的,如果有固定和移动雷达目标的位置数据(自动识别系统(AIS)数据),也应该进行记录。ESM 性能分析所需的基本数据集包括:

①ESM 脉冲数据;②ESM 截获数据;③ESM 跟踪数据;④ESM 状态、自检和报警数据;⑤平台导航数据(GPS 和罗盘);⑥固定雷达的真实位置数据;⑦提供船舶雷达实况的 AIS 数据;⑧ESM 雷达库。

在考虑将 ESM 数据与其他传感器的数据融合时,其他数据集(如雷达航迹、声纳探测数据和磁异探测器数据等)也很有用。

### 12.1.1 ESM 脉冲数据

每个脉冲描述字(PDW)至少包含以下数据字段:TOA、频率、脉宽、幅度和到达角。表 12.1 显示了典型的 PDW 中每个数据字段的存储需求。

表 12.1 PDW 的数据字段和存储需求

| 参数 | 分辨率和范围 | 存储需求/bit |
| --- | --- | --- |
| 脉冲编号/字头 | 1(1~10 亿) | 32 |
| 频率 | 1MHz(1MHz~32GHz) | 16 |
| 到达时间 | 1μs(0~24h) | 38 |

(续)

| 参数 | 分辨率和范围 | 存储需求/bit |
|---|---|---|
| 脉宽 | 50ns(0~30ms) | 17 |
| 幅度 | 0.5dB(-60~10dB) | 9 |
| DOA | 0.25°(0°~360°) | 12 |
| DTOA[①] | 1ns(0~512ns) | 10 |
| 状态位 | 测量质量、脉冲调制等 | 12 |

①仅适用于 TDOA 系统。

对于典型的 ESM 系统,单个 PDW 的总存储需求是 146bit,四舍五入为 20 字节。在第 3 章中,讨论了雷达脉冲密度,得出的结论是,在高脉冲密度(非威胁)环境中,ESM 每秒可能检测到多达 2000 个脉冲。由此可以计算出每小时需要存储约 150MB 的脉冲数据。

## 12.1.2 ESM 截获数据

表 12.2 显示了截获数据所需的数据字段。这类数据的存储需求远远低于脉冲数据,因为通常平均每秒只创建几个截获。

表 12.2 截获数据的字段

| 参数 | 分辨率和范围 | 说明 |
|---|---|---|
| 截获号 | 1(1~10000000) | 在 6h 的任务中,平均每秒钟可以创建 5 条截获 |
| 到达时间 | 1μs(0~24h) | |
| 频率 | 1MHz(1MHz~32GHz) | |
| 频率偏差 | 0.001MHz(0.001~100MHz) | 该字段可以替换为最大和最小电平 |
| 射频类型 | | 固定、捷变、跳变 |
| 频率捷变程度 | 0.001MHz(0.001~500MHz) | |
| 跳变档位 | | 可达 20 档 |
| PRI | 1μs(1μs~300ms) | |
| PRI 离散度 | 0.01~100μs | |
| PRI 档位 | | 可达 30 档 |
| PRI 类型 | | 固定、参差、抖动、组变 |
| 脉宽 | 50ns(0~30ms) | |
| 幅度 | 0.5dB(-60~10dB) | 取脉冲的峰值幅度 |

# 第12章 ESM性能分析

(续)

| 参数 | 分辨率和范围 | 说明 |
| --- | --- | --- |
| DOA | 0.25°(0°~360°) | |
| DOA 离散度 | 0.25°(0°~7.5°) | |
| 脉冲数 | 1(1~4000) | 大多数 ESM 的缓存区有容量限制 |
| 状态标志 | | 测量质量 |

## 12.1.3 ESM 跟踪数据

表12.3 显示了 ESM 跟踪数据中常见的数据字段。在创建跟踪时，ESM 没有足够的信息来生成雷达的位置，经度、纬度和误差椭圆的数据字段会留空，直到有足够的方位线数据可用于估计雷达位置为止（见第11章）。在此基间，DOA 是可用的。有时，一旦确定了位置，跟踪的 DOA 就不再更新，因为从截获到跟踪的关联过程利用截获的方位线来跟踪位置，不对截获的 DOA 和跟踪进行相关。

表12.3 跟踪数据的字段

| 参数 | 分辨率和范围 | 说 明 |
| --- | --- | --- |
| 跟踪号 | 1(1~20000) | 在约6h的任务中，这允许每秒创建一个跟踪 |
| 创建时间 | 1ms(0~24h) | 通常以 hh:mm:ss.000 的格式报告 |
| 身份标识 | | 可能有多个(多达20)备选标识,列表中的第一个标识具有最高的可能性 |
| 频率 | 1MHz(1MHz~32GHz) | |
| PRI | 1μs(1μs~300ms) | |
| 脉宽 | 50ns(0~30ms) | |
| DOA | 0.35°(0°~360°) | |
| 纬度 | 0°~北纬90°或南纬90° | 度、分、秒((°)、(′)、(″))，也可以用备用格式表示 |
| 经度 | 0°~东经180°或西经180°(见12.1.5 节) | |
| 误差椭圆长轴 | 1m(1m~100km) | |
| 误差椭圆短轴 | 1m(1m~100km) | |
| 误差椭圆方向 | 0.35°(0°~360°) | |
| 定位质量 | 未定位、低质量、中等质量、高质量 | |
| 截获数量 | 理论上没有限制 | |

### 12.1.4 ESM 状态、自检和报警数据

该数据包含 ESM 启动时间和复位时间的记录,还包含自检过程的数据。系统警报数据(如 ESM 跟踪表填满时发出的警报)也会记录在 ESM 状态数据集中。

### 12.1.5 平台导航数据

平台导航系统应及时记录平台的位置、高度和航向信息。这些数据每秒记录一次就能很好地支持 ESM 分析。表 12.4 列出了每个参数的格式和记录的存储需求。

表 12.4 平台导航数据的存储需求

| 参数 | 分辨率和范围 | 存储需求 |
| --- | --- | --- |
| 时间 | 1s(0~24h) | 18bit |
| 纬度① | 10m(0°~北纬90°或南纬90°) | 22bit+1bit 符号位 |
| 经度① | 0°~东经180°或西经180° | 22bit+1bit 符号位 |
| 高度 | 1ft②(1~40000ft) | 17bit |
| 航向 | 0.25°(0°~360°) | 12bit |
| 俯仰 | 0.5°(-90°~90°) | 9bit+1bit 符号位 |
| 滚动 | 0.5°(-90°~90°) | 9bit+1bit 符号位 |

① 计算时假设纬度和经度的分辨率为 0.0001°。纬度和经度可以用下述的替代格式表示。
② 英尺(ft),1ft≈0.305m。

纬度和经度可以采用的格式包括:十进制度(dd.xxxx N,ddd.xxxx E)、度和十进制分(dd:mm.xx N,ddd:mm.xx E)、度分秒(dd:mm:ss N,ddd:mm:ss E)。当使用十进制度时,南纬(S)和西经(W)记为负数形式。分辨率因格式而异,但本书中的分辨率都用 m 来表示。经度线都是大圆,而纬度线则不是。这意味着纬度和经度具有不同的分辨率,因为纬度离赤道越远,每度经度所对应的距离越短。在特定的纬度上,纬度的余弦可以很好地近似每度经度对应距离的下降因子。

除了记录导航数据之外,在执行任务期间还必须为 ESM 提供平台姿态信息。计算 DOA 需要平台航向数据。理想情况下,ESM 系统还应使用俯仰和横滚数据,以便可以更准确地计算 DOA。但在实践中,DOA 的误差来源太多,使用俯仰和滚转进行额外的处理并不会显著改善 DOA 的精度。但是,航向对于 DOA 的计算至关重要,每秒至少应该提供一次航向数据给 ESM 系统。

## 第 12 章  ESM 性能分析

### 12.1.6  雷达的真实数据

分析工作所需的雷达真实数据不仅包括雷达站点名称、纬度、经度、高度和雷达类型,还需要已知的参数信息,如频率、PRI、脉宽、等效辐射功率、波束形状、扫描类型以及极化等。这些雷达数据有可能存储在 ESM 系统中,以便进行雷达识别。

### 12.1.7  AIS 数据

在世界范围内接入 AIS 数据意味着可以轻松地确定船舶的真实情况。AIS 数据包含了身份信息、位置、航向、速度和导航状态。AIS 发射机分为两类:A 类用于商船和渔船;B 类用于游艇。

A 类管制船只在航行过程中以 2～10s 的间隔发送 AIS 数据,在停泊时以 3min 的间隔发送 AIS 数据。B 类非管制船只在航速大于 2kn 的情况下每隔约 30s 发射一次 AIS 数据,在停泊时每隔 3min 发射一次 AIS 数据。

### 12.1.8  ESM 雷达库

ESM 雷达库在每次执行任务之前加载到 ESM 系统中,并在任务完成后删除,以确保机密数据(这类数据通常是机密的)不会保留在飞机上。ESM 库通常采用多条模式行的形式来描述具有一定参数范围的雷达类型。每条模式行代表雷达的频率范围、PRI 范围和脉宽范围的特定组合。当前典型的 ESM 库仅包含 1000 条模式行。实际上,这不足以充分涵盖任务中可能检测到的雷达的所有模式,因此这是 ESM 系统的主要不足之一。关于 ESM 库和 ESM 库中使用的典型格式的更多信息,见第 10 章。

## 12.2  ESM 性能可视化

ESM 性能可视化的第一步是在合适的绘图工具上重放记录的跟踪数据,如图 12.1 所示。

图 12.1 所示的基本可视化内容包括地图背景、雷达目标和飞机航线。飞机沿着航线的运动可以加速播放,这样可以更快地进行可视化。重放最终呈现出的是 ESM 跟踪、ESM 定位和误差椭圆(如果这些信息由 ESM 计算)。

图 12.1 中,所有跟踪都是以飞机的中心为原点(跟踪的原点会随着飞机的移动而改变)。图 12.2 采用了另一种原点来创建和更新跟踪。这种格式便于查看那

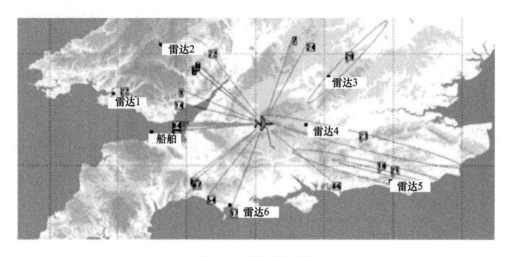

图 12.1　ESM 重放示例

些频繁更新的跟踪,而那些未更新的跟踪会随着飞机沿航线的移动被留在飞机符号的后面。

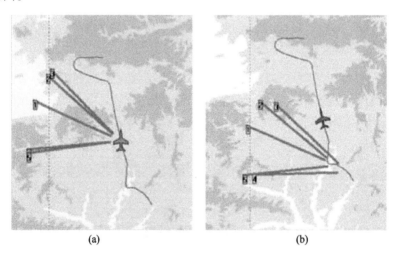

图 12.2　使用不同的跟踪原点进行重放

第二种地图/跟踪格式更好地显示了 ESM 系统已经获得的实际射频图像,并且与飞机上的 ESM 操作员使用的图像更加一致。不足之处是,显示比较混乱。理想情况下,绘图工具将支持两种显示跟踪的方式,以便分析人员可以选择他们喜欢的方式。

绘图工具应该具备一些过滤功能,以便分析人员可以根据参数或跟踪标识来选择要显示的跟踪。跟踪表可以显示跟踪参数,是对地图本身的有益补充。

## 12.3 DOA 性能评估

ESM 系统的 DOA 性能取决于 ESM 跟踪 DOA 与雷达真实 DOA 的接近程度。跟踪 DOA 更新的基础是单个脉冲的 DOA。对该数据的分析对于确定 ESM 的 DOA 性能以及诊断分析中出现的问题非常重要。

DOA 分析的第一步是确定雷达的正确 DOA 分布。雷达位置是已知的,加上来自平台的 GPS 数据记录就可以计算正确的 DOA 分布。

DOA 的计算分为两步,公式如下:

$$\cos D = (\sin(\text{lat}_1)\sin(\text{lat}_2)) + (\cos(\text{lat}_1)\cos(\text{lat}_2)\cos\Delta L) \quad (12.1)$$

$$\cos C = (\sin(\text{lat}_2) - \sin(\text{lat}_1))\cos D/(\cos(\text{lat}_1)\sin D) \quad (12.2)$$

式中:$\text{lat}_1$ 为 ESM 平台纬度,$\text{lat}_2$ 为雷达纬度,单位都是(°);$\Delta L$ = 雷达经度 - 平台经度;$D$ 是 ESM 和雷达相对于地心张开的弧度;$C$ 为雷达方位,需作如下修正:

$$\text{DOA} = C, \sin\Delta L > 0 \quad (12.3)$$

$$\text{DOA} = 360° - C, \sin\Delta L < 0 \quad (12.4)$$

必须为平台导航数据中记录的每个纬度和经度计算 DOA。图 12.3 给出了正确的雷达 DOA 分布示例。对关注时间段(本例中,从 14:00:00 开始,到 14:10:00 结束)计算并绘制 DOA。本例中绘制的时间跨度为 10min,$x$ 轴的单位为 h:min:s,但如果绘制较短的时间段,则可以使用秒或毫秒为单位。

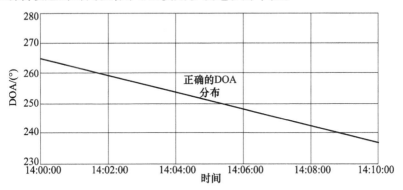

图 12.3　正确的雷达 DOA 分布示例

## 12.4 ESM 跟踪分析

一旦确定了正确的雷达 DOA,就可以在正确的 DOA 旁边绘制出每个截获的 DOA,这些截获进而可以形成跟踪。跟踪的显示方式有以下 3 种。

(1) 那些已创建但从未更新的跟踪将在 DOA – 时间图上显示为一条直线,其长度表示跟踪的存在时间。

(2) 那些很少更新的跟踪将在 DOA 上显示为一组离散的跳变。

(3) 那些经常更新的跟踪将分布在正确的 DOA 的周围。

图 12.4 给出了跟踪数据的 3 种表现形式的示例。

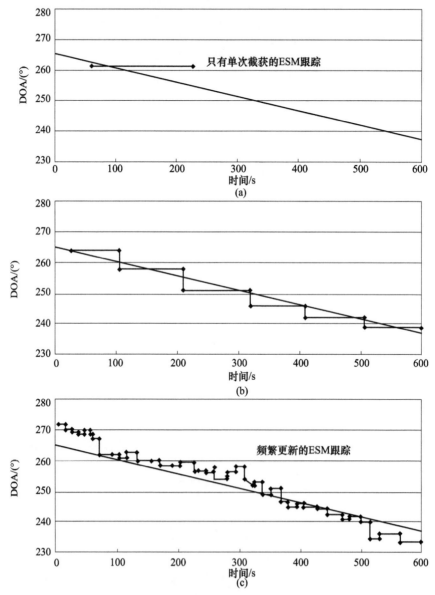

图 12.4  ESM 跟踪数据示例

在图 12.4 上,更新的跟踪表现为 DOA 的离散跳变(即在产生新的截获之前,跟踪一直保持最近一次截获的 DOA 上)。虽然这是真实的表示,但需要一些额外的处理才能可视化跟踪-时间图。因此,直接从记录的数据中绘制 DOA-时间图更为容易,如图 12.5 所示。图 12.5(a)已插入了额外的数据点,以便形成真实的 DOA 分布。图 12.5(b)是相同的跟踪,但数据直接取自记录的 ESM 跟踪数据。

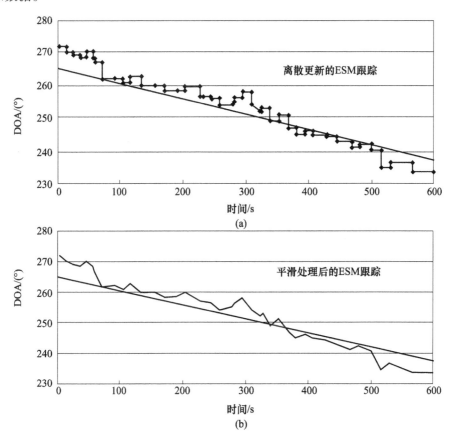

图 12.5 离散更新的 ESM 跟踪和平滑处理后的 ESM 跟踪

跟踪 DOA 会作为 ESM 的输出显示给操作人员,可用于融合来自其他传感器的数据,以提供整体战术画面。因此,能够确定该数据的总体准确性是非常有用的。这通常表示为均方根误差,定义如下:

$$\text{rms}_{\_\text{intercept\_DOA\_error}} = \sqrt{((x_1^2 + x_2^2 + x_3^2 + \cdots + x_n^2)/n)} \quad (12.5)$$

式中:$x_1, x_2, x_3, \cdots, x_n$ 为单个截获的 DOA 误差;$n$ 为截获的数量。

除了绘制雷达的正确 DOA 和跟踪 DOA,还可以通过绘制表示 DOA 精度要求的线来直观地检查 DOA 性能。例如,在图 12.6 中,DOA 精度要求为 5°。在这种情况下,以正确的 DOA ±5°绘制出上下两条边界线,可以看出跟踪 DOA 在大部分时间都位于所要求的精度范围内。

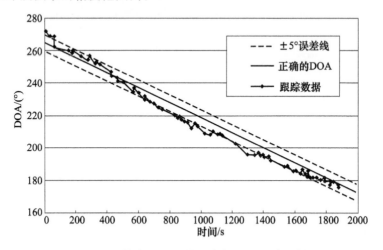

图 12.6　符合 DOA 性能要求的 ESM 跟踪示例

图 12.7 给出一个不符合 DOA 精度要求的跟踪示例。在这种情况下,正确 DOA 的变化表明雷达离 ESM 平台较近,并且当 ESM 平台显著改变航向时,ESM 难以保证跟踪的 DOA 精度。

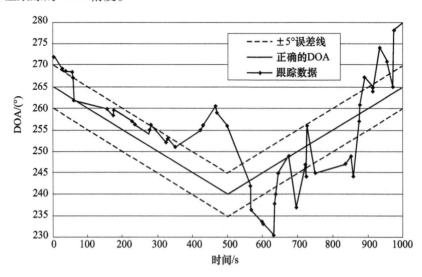

图 12.7　不符合 DOA 性能要求的 ESM 跟踪示例

第 12 章　ESM 性能分析

除了确认 ESM 系统的 DOA 性能外,以这种方式绘制跟踪的 DOA 还有两方面的用途。第一个用途是,如果看到许多跟踪的 DOA 性能不佳,则可以采取措施来改善 DOA。第 14 章给出了一些有关如何改善 DOA 的想法。第二个用途是可以管理操作员的期望,因为 ESM 系统测得的 DOA 很少能像其制造商说明书中所述的那样精确。

## 12.5　脉冲数据分析

确定 ESM 性能的最有效方法是分析雷达脉冲数据。为此,有必要从 ESM 平台上记录脉冲数据的介质中提取数据,并将其传输到数据库或电子表格中。表 12.5 所列为包含连续 PDW 的电子表格示例。

表 12.5　包含雷达脉冲数据的电子表格示例

| 频率/MHz | TOA | 脉宽/μs | 幅度/dB | DOA/(°) |
| --- | --- | --- | --- | --- |
| 2939 | 9:43:24.00000 | 0.64 | −33.5 | 352.75 |
| 9370 | 9:43:24.00103 | 0.32 | −38.5 | 60.25 |
| 2750 | 9:43:24.00107 | 0.85 | −24.5 | 183.50 |
| 2939 | 9:43:24.00128 | 0.64 | −33.5 | 352.75 |
| 9370 | 9:43:24.00206 | 0.32 | −37.5 | 60.50 |
| 2750 | 9:43:24.00207 | 0.85 | −24.0 | 183.50 |
| 2938 | 9:43:24.00264 | 0.64 | −33.0 | 352.50 |
| 2750 | 9:43:24.00307 | 0.86 | −235 | 183.50 |
| 9371 | 9:43:24.00309 | 0.32 | −35.5 | 60.50 |
| 2939 | 9:43:24.00387 | 0.60 | −32.5 | 352.75 |
| 2750 | 9:43:24.00407 | 0.85 | −23.0 | 183.75 |
| 9370 | 9:43:24.00412 | 0.32 | −32.5 | 61.00 |
| 2750 | 9:43:24.00507 | 0.85 | −22.5 | 183.25 |
| 9370 | 9:43:24.00515 | 0.32 | −35.5 | 60.75 |
| 2939 | 9:43:24.00518 | 0.60 | −32.5 | 351.50 |
| 2750 | 9:43:24.00607 | 0.85 | −21.5 | 183.50 |
| 9370 | 9:43:24.00621 | 0.32 | −37.5 | 61.25 |
| 2939 | 9:43:24.00643 | 0.64 | −32.0 | 354.25 |
| 2750 | 9:43:24.00707 | 0.86 | −20.0 | 183.50 |
| 9371 | 9:43:24.00724 | 0.32 | −38.0 | 61.50 |
| 2938 | 9:43:24.00770 | 0.64 | −33.0 | 352.00 |

在进行雷达脉冲数据分析时,希望从单部雷达中提取脉冲,以便详细检查其特征,例如 DOA、幅度曲线以及 PRI 序列。

要从特定雷达中选择脉冲,必须先通过频率对脉冲数据集进行滤波。应该知道感兴趣的雷达的频率,并在已知频率的两侧选择几兆赫的范围,以便选择所有可能来自该雷达的脉冲。表 12.6 给出了经过频率滤波的脉冲数据集示例。

表 12.6　经过频率滤波的脉冲数据集示例

| 频率/MHz | TOA | 脉宽/μs | 幅度/dB | DOA/(°) | TSLP/μs |
| --- | --- | --- | --- | --- | --- |
| 2939 | 9:43:24.000000 | 0.64 | -33.5 | 352.25 | |
| 2939 | 9:43:24.001275 | 0.64 | -33.5 | 352.25 | 1275 |
| 2938 | 9:43:24.002640 | 0.64 | -33.0 | 352.25 | 1365 |
| 2939 | 9:43:24.003870 | 0.64 | -32.5 | 352.75 | 1230 |
| 2939 | 9:43:24.005175 | 0.64 | -32.5 | 351.50 | 1305 |
| 2939 | 9:43:24.006425 | 0.64 | -32.0 | 354.50 | 1250 |
| 2938 | 9:43:24.007700 | 0.64 | -33.0 | 352.75 | 1275 |
| 2938 | 9:43:24.009065 | 0.64 | -34.0 | 352.75 | 1365 |
| 2938 | 9:43:24.010295 | 0.64 | -33.5 | 357.25 | 1230 |
| 2938 | 9:43:24.911600 | 0.64 | -34.0 | 357.25 | 1305 |
| 2939 | 9:43:24.012850 | 0.64 | -35.5 | 352.75 | 1250 |
| 2938 | 9:43:24.014125 | 0.64 | -34.5 | 352.75 | 1275 |
| 2938 | 9:43:24.014490 | 0.60 | -34.0 | 352.00 | 1365 |

一旦获得了经过频率滤波的脉冲数据集,就可以使用 PDW 中的时间信息做进一步分析。在表 12.6 的右边侧入一列,以便可以使用以下公式为每个脉冲 $n$ 计算距离上个脉冲的时间 TSLP:

$$\text{TSLP} = (\text{TOA}_n - \text{TOA}_{n-1})M \tag{12.6}$$

式中:$M$ 用于将 TSLP 缩放为微秒。这是表示 TSLP 的最有用的单位,因为它给出了足够的时间清晰度,既可以区分不同雷达的 PRI,又不会显示太大的数字,以至于人眼无法轻易辨识。

如果在这个滤波后的数据集中只有单部雷达的脉冲,则 TSLP 序列与雷达的 PRI 序列相同。但是,如果有来自多部雷达的脉冲,则 TSLP 序列中会出现与目标雷达的 PRI 序列不匹配的额外数值。

可以使用与跟踪数据类似的标绘方法为脉冲数据画出 DOA(使用已知的雷达位置和飞机导航数据绘制雷达的正确 DOA)。每个脉冲都有一个与之相关的 DOA,或者对于 TDOA 系统,每个天线都有一组 TOA 差。6.1 节中给出了 TDOA 与

DOA 的关系公式。由于正确的 DOA 可能位于两个天线形成的基线的任意一侧,因此从 TDOA 计算出的每个 DOA 都会存在一个模糊值。使用第二条基线可以解模糊。

图 12.8 显示了 3 部雷达的正确 DOA 和脉冲 DOA。在特定的频率范围内,脉冲数据中通常有多部雷达,因此在测试 DOA 性能时,只要能将雷达在 DOA 上分开,就没有必要将所有脉冲分成单独的数据集。

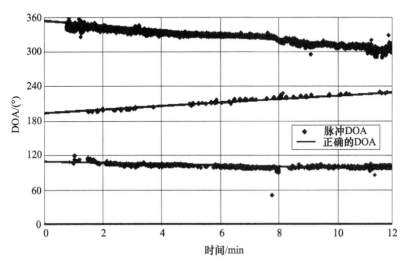

图 12.8 精确的脉冲 DOA

在图 12.8 中,除了几个异常值之外,很容易看到来自 3 部雷达中每部雷达的脉冲。如果有必要,可以单独检查此图上的 DOA 异常值,以查看它们属于哪部雷达。

从雷达的单次扫描中可进一步了解 ESM 性能。图 12.9 显示了雷达单次扫描的脉冲幅度和 DOA 分布。图中已经计算了正确的脉冲 DOA,并且幅度分布符合对雷达距离的预期。但是,在雷达位置未知的情况下,幅度不能作为雷达距离的度量。多径效应几乎总是会改变脉冲的接收幅度(见第 11 章和第 15 章)。

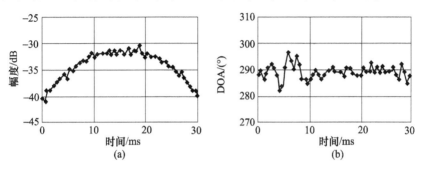

图 12.9 雷达单次扫描的幅度和 DOA 分布

脉冲的 DOA 分布显示出特定雷达的 DOA 性能是否足够好，或者系统运行方式中是否存在必须解决的问题。

上述的查看 DOA 性能的图形方法通常足以确定 ESM 是否具有足够的 DOA 精度。但是，为了对 DOA 性能进行定量评估，应该找出每个脉冲的 DOA 误差，并计算出所有脉冲的均方根（rms）误差。

定期（通常为每秒一次）使用平台导航数据和雷达位置计算出正确的 DOA 可以形成一个数据集。脉冲数据集必须与此正确的 DOA 数据对齐，以便可以为每个脉冲计算 DOA 误差。执行这一操作的困难在于正确的 DOA 脉冲数据以固定的间隔出现，而脉冲数据具有可变的时间间隔，具体取决于 PRI 序列和雷达扫描周期。

以下算法可用于对齐这两个数据集：

```
nav_dataset = 0
For pulse = 1 To n_pulses(do this for each pulse)
    read pulse_time and pulse_DOA
    100 nav_dataset = nav_dataset + 1(do this for each nav data set) read nav_time
    If(pulse_time ≤ nav_time)Then
        Read correct_DOA at nav_time
        Calculate DOA_Error = Abs(pulse_DOA - correct_DOA)
        Goto 200(Next pulse)
    Else
        Goto 100(nav_dataset = nav_dataset + 1)
    End If
200 Next pulse
```

然后可以计算出每个脉冲的 DOA 误差：

$$\text{DOA}_{\_error} = \text{correct}_{\_DOA} - \text{pulse}_{\_DOA} \tag{12.7}$$

均方根 DOA 误差可通过以下公式计算：

$$\text{rms}_{\_DOA\_error} = \sqrt{((x_1^2 + x_2^2 + x_3^2 \cdots x_n^2)/n)} \tag{12.8}$$

式中：$n$ 为脉冲数；$x_n$ 为第 $n$ 个脉冲的 DOA 误差。

## 12.6 AOA 分析

DOA 分析表明，ESM 系统在确定雷达相对于正北的方位角方面表现出色。但是，DOA 的性能可能会根据平台相对于雷达的方位而变化。该方位被定义为波达角（AOA）。图 12.10 给出了 DOA 和 AOA 的定义。

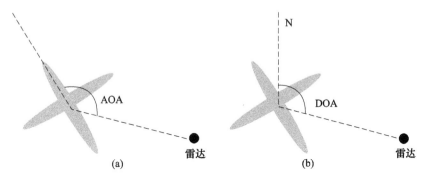

图 12.10　DOA 和 AOA 的定义

进行 AOA 分析的目的是得出如图 12.11 所示的均方根角度误差曲线图。该图中，数据仅来自一部雷达，因此只有 120°扇区内的数据可用于计算均方根误差。

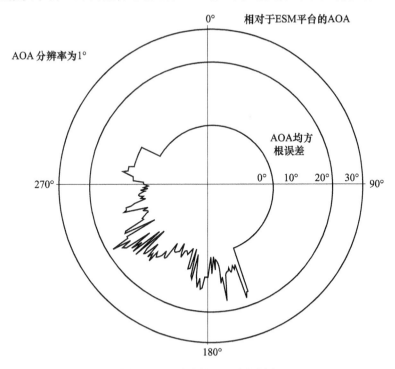

图 12.11　雷达的 AOA 图示例

为了得出图 12.11，首先从脉冲的 DOA 开始着手，因为 DOA 记录在 PDW 中。使用12.5节所述的方法计算DOA误差;然后使用类似于DOA误差计算中使用的算法来对齐PDW和航向数据(记录在导航数据集中)。使用以下算法计算每个脉冲的AOA:

```
If( DOA > heading) Then
    AOA = DOA - heading
Else
    AOA = 360 - heading + DOA
Endif
```

每个脉冲的数据应该如表12.7所列。表中所有条目的飞机航向均为90°。

表12.7 脉冲数据AOA和DOA误差示例

| 脉冲 | DOA/(°) | DOA误差/(°) | AOA/(°) |
|---|---|---|---|
| 1 | 120 | 5 | 30 |
| 2 | 120 | 6 | 30 |
| 3 | 121 | 2 | 31 |
| 4 | 121 | 1 | 31 |
| 5 | 122 | 4 | 32 |
| 6 | 122 | 2 | 32 |
| 7 | 122 | 3 | 32 |
| 8 | 123 | 1 | 33 |
| 9 | 123 | 6 | 33 |
| 10 | 123 | 3 | 33 |

可以根据所需的AOA分辨率来计算误差数据表。分辨率为1°时,表格需要包含360个条目;分辨率为5°时,表格需要包含72个条目。

使用表12.7中的数据构建1°分辨率的误差数据表,应该有360个条目。表12.8显示了部分条目。

表12.8 AOA对应的DOA均方根误差数据表子集

| AOA/(°) | 相关脉冲 | DOA误差/(°) | 均方根误差/(°) |
|---|---|---|---|
| 30 | 1,2 | 5,6 | 5.5 |
| 31 | 3,4 | 2,1 | 1.6 |
| 32 | 5,6,7 | 4,2,3 | 3.1 |
| 33 | 8,9,10 | 1,6,3 | 3.9 |

对于每个AOA,可以使用以下公式计算均方根误差:

$$\text{rms}_{\_\text{AOA\_error}} = \sqrt{((x_1^2 + x_2^2 + x_3^2, \cdots, x_n^2)/n)} \tag{12.9}$$

式中：$n$ 为在 AOA 角度范围(此处为 1°)内的脉冲数；$x_n$ 为第 $n$ 个脉冲的 DOA 误差。

AOA 数据的唯一用途是计算 ESM 平台引起的均方根误差。如只绘制原始的 AOA 数据，就很难理解 ESM 在方位精度方面的表现如何，如图 12.12 所示，显示了 AOA 和 DOA 的时间图。

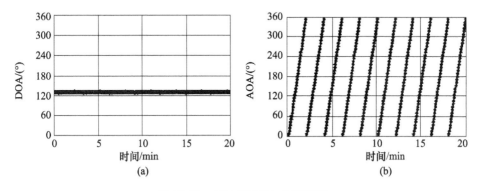

图 12.12　AOA 和 DOA 的时间图

生成 AOA 误差图非常耗时，因此并不是在每次任务后的数据分析中都需要这样做。但是，这些图确实表明了与平台有关的 DOA 误差来源。由于截获数据量通常远远小于脉冲数据量，可以为任务中的几部甚至所有雷达的截获生成 AOA 误差图。

## 12.7　TDOA 直方图

TDOA ESM 系统记录每个天线的 TOA。DOA 在系统的每条基线上都表示为 TDOA(见第 6 章)。为了体现 DOA 的精度，有必要为脉冲缓存器中占据脉冲数量最多的单部雷达生成 TDOA 直方图。如果脉冲数据中没有 DOA 误差，则 TDOA 直方图如图 12.13 所示。

但实际上，很少能看到没有任何扩散的 TDOA 直方图。通常所见的 TDOA 直方图如图 12.14 所示。

在图 12.14(a)图中，TDOA 的扩展为 10ns。这相当于 DOA 扩展了 3°。右图中 TDOA 的扩展更大，为 25ns，导致这组脉冲的 DOA 扩展超过 8°。如果基线上大多数脉冲的 DOA 受到多径的影响，则 TDOA 直方图的峰值可能偏离正确的 DOA。通过查看 TDOA 直方图并不能立即看出这种情况，但如果在 TDOA 中存在较大的扩散，这表明用于计算直方图的脉冲可能存在 DOA 误差。

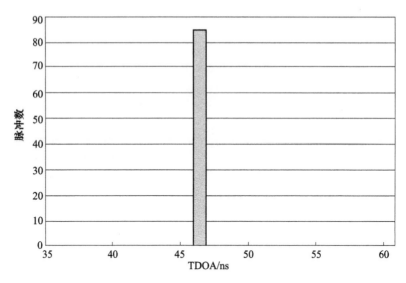

图 12.13　具有理想脉冲数据的 TDOA 直方图示例

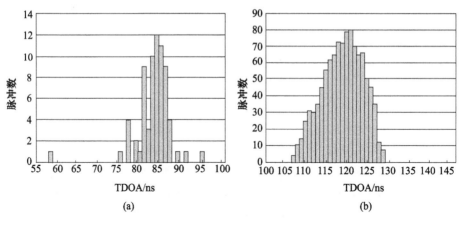

图 12.14　TDOA 扩散的直方图

## 12.8　参数直方图

可以为脉冲数据或特定雷达的 ESM 跟踪更新创建参数直方图。对于脉冲数据,必须按照第 12.5 节所述的方法对脉冲数据进行滤波,以确保使用单部雷达的脉冲来构建直方图。直方图最常用的参数是频率和脉宽,因此可以获得参数测量精度的指标。

如果直方图是使用跟踪数据构建的,那么 ESM 已经决定了将哪些截获关联到跟踪中,因此分析人员无需进行任何过滤。

图 12.15 显示了两个典型的频率直方图,一个是来自单部雷达的一组脉冲,另一个是来自构成 ESM 跟踪的截获。

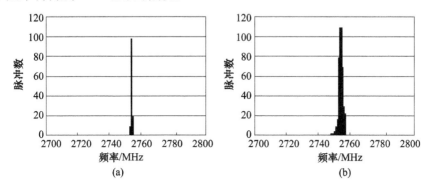

图 12.15 频率直方图示例

## 12.9 定位精度

如果目标雷达的位置已知,则可以确定 ESM 位置估计的准确性。通过比较 ESM 定位算法计算出的雷达经纬度坐标和正确的雷达位置,就可以得出定位精度。图 12.16 给出了雷达 ESM 位置计算过程的一个示例。

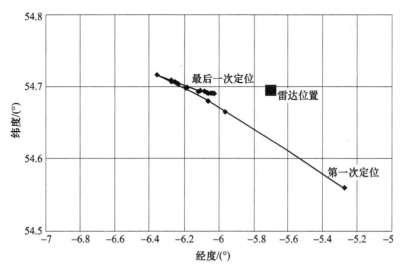

图 12.16 正确的雷达位置和 ESM 估计的位置

图 12.17 显示了正确位置和 ESM 计算的位置之间的差值,这比图 12.16 更为有用。这个差值 $R$ 可用以下公式计算:

$$R = r \arccos[\cos(\text{lat}_1)\cos(\text{lat}_2)\cos(\Delta L) + \sin(\text{lat}_1)\sin(\text{lat}_2)] \quad (\text{km})$$

(12.10)

式中: $r$ 为地球的平均半径,单位为 km(6371km); $\text{lat}_1$ 和 $\text{lon}_1$ 是由 ESM 计算出的雷达位置的纬度和经度; $\text{lat}_2$ 和 $\text{lon}_2$ 是雷达位置的正确纬度和经度,则

$$\Delta L = \text{lon}_1 - \text{lon}_2$$

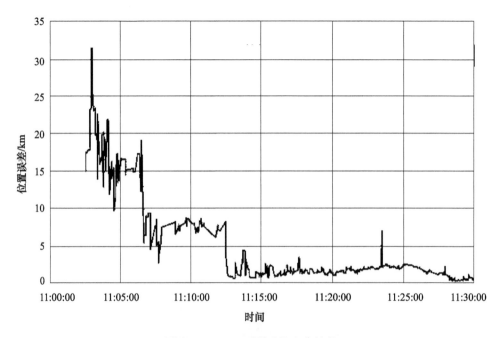

图 12.17　ESM 对雷达的定位性能

在图 12.17 所示的例子中,雷达位置的误差从 30 多千米迅速下降到略大于 2km 的稳定误差,然后进一步下降到 1km 以下。

ESM 的地理定位过程还需要计算误差椭圆(见第 11 章)。误差椭圆由长轴 $x$,短轴 $y$ 和方向 $\Psi$ 的值确定,如图 12.18 所示。

将雷达位置和误差椭圆相结合,可以得出如图 12.19 所示的图形。图中在位置线的一侧画出了位置误差曲线和椭圆的长轴,还示出了正确的雷达位置,从而可以看到正确的雷达位置是否在 ESM 计算的误差椭圆内。

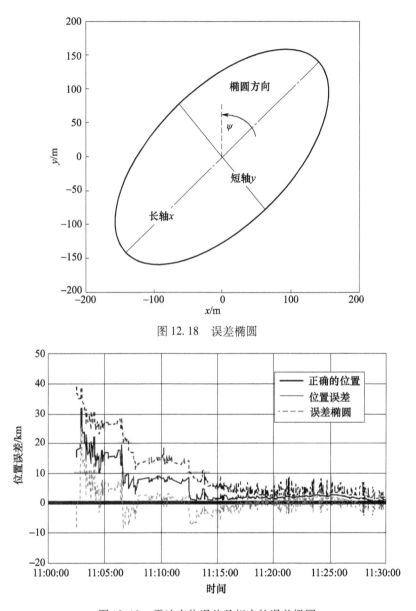

图 12.18 误差椭圆

图 12.19 雷达定位误差及相应的误差椭圆

## 12.10 截获概率

对于宽开的 ESM 系统(即可以同时检测较宽的频率范围),对视距内所有雷达的截获概率应为100%(见第3章)。为了确定ESM对雷达的最大探测距离,应使用雷达的ERP和ESM系统的灵敏度按以下的简化公式计算:

$$R = \sqrt{(P_t \lambda^2 / 16\pi P_r)} \qquad (12.11)$$

式中:R为雷达的距离;$P_t$为雷达的功率(单位为W),可由ERP和以下公式计算:

$$P_t = 10^{(ERP/10)} \qquad (12.12)$$

$P_r$为ESM的灵敏度(单位为W),可由以dBmi表示的灵敏度转化而来,即

$$P_r = 10^{(dBmi-30)/10} \qquad (12.13)$$

λ为雷达的波长(单位为m)。

例如,ERP为80dBW的雷达可以在超过800km的距离上被灵敏度为-60dBmi的ESM系统探测到。对于任何合理的平台高度,该距离都远远大于雷达的视距。因此对于很多雷达,ESM对雷达的探测距离可以直接取为雷达的视距。

但是,式(12.11)所计算的距离是ESM系统检测到雷达波束峰值脉冲的距离。如第3章所述,考虑到形成截获所需的脉冲数,对雷达的探测距离应该进行调整。对于方位波束较窄的雷达,该因素可能会显著影响ESM的探测距离。附录A详细介绍了考虑雷达波束形状的情况下如何计算探测距离。

根据雷达位置、平台导航数据和雷达视距,可以计算出每部雷达进入ESM视野的距离。

雷达到平台的距离为

$$R = r \arccos^{-1}[\cos(lat_1)\cos(lat_2)\cos(\Delta L) + \sin(lat_1)\sin(lat_2)] \quad (km) \qquad (12.14)$$

式中:r为地球的平均半径(单位为km(r=6371km);$lat_1$和$lon_1$是ESM平台的纬度和经度;$lat_2$和$lon_2$是雷达位置的纬度和经度,且$\Delta L = lon_1 - lon_2$。

对于感兴趣的雷达,可以得出如图12.20所示的距离。每部雷达的距离在图中用一条单独的线标出,但仅适用于ESM可以检测到雷达的时间范围。在此示例中,整个任务期间可以看到雷达3、雷达4和雷达5。雷达1和雷达2仅在部分时间位于探测距离内。

如果ESM系统安装在飞机上,则需要飞行高度曲线来确定飞行各阶段的雷达视距。如果ESM系统安装在船上或地面上,那么雷达视距不会随着任务的进行而改变。

截获概率还取决于频率扫描策略(见第4章)。当雷达进入ESM的探测距离时,如果ESM未扫描到雷达所在的频段,则还是不能发现雷达。直到ESM扫描到合适的频段,才能发现雷达。

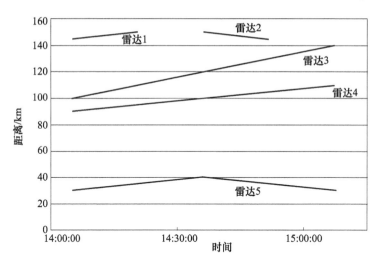

图 12.20　雷达视距内的雷达距离

## 12.11　跟踪分裂

实际中几乎总是为一部雷达创建多个跟踪。在最好的情况下,可以对特定的雷达只形成一条跟踪。但在整个任务期间,一部雷达不可能只保持一条跟踪。在某个时刻,跟踪将停止更新并从跟踪列表中删除。雷达的新截获将会产生新的跟踪。一部雷达同时存在几条跟踪的情况十分常见,如图 12.21 所示。

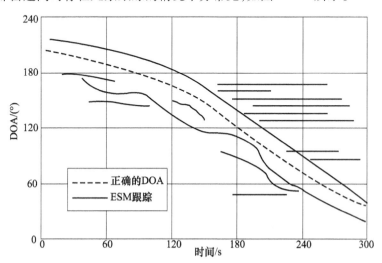

图 12.21　对单部雷达形成多条跟踪的示例

要查看单部雷达是否有多个跟踪,必须从 ESM 跟踪数据集中提取这些跟踪。在雷达频率附近几兆赫的范围内进行滤波,可以得出分析所需的跟踪。检查每个跟踪的 PRI,可以看出该跟踪是否是由目标雷达的脉冲创建的。例如,表 12.9 中的跟踪是由 $(2740\pm 5)$ MHz 的滤波器得出的,这里有 8 条跟踪,其中几条具有多个更新,有 2 条是单截获的跟踪。

表 12.9 提取单部雷达的 ESM 跟踪示例

| 跟踪号 | 频率/MHz | PRI/ms | 脉宽/ms | DOA/(°) | 更新次数 |
| --- | --- | --- | --- | --- | --- |
| 1 | 2942 | 1020 | 0.9 | 135 | 1 |
| 2 | 2941 | 1000 | 0.7 | 142 | 20 |
| 3 | 2940 | 2040 | 0.9 | 143 | 5 |
| 4 | 2940 | 1020 | 0.7 | 133 | 10 |
| 5 | 2940 | 1020 | 0.8 | 135 | 1 |
| 6 | 2940 | 2000 | 0.9 | 139 | 5 |
| 7 | 2939 | 1000 | 0.7 | 141 | 10 |
| 8 | 2941 | 1021 | 0.8 | 140 | 4 |

跟踪的 PRI 值表明,表 12.9 中的 5 个跟踪很可能来自一部雷达(跟踪号为 1、3、4、5、8),其他 3 个跟踪(跟踪号为 2、6 和 7)可能来自另一部雷达。但是,两部雷达的参数相似,ESM 很难区分它们。在此示例中,对两部雷达形成多条跟踪的原因是 DOA 的差异,并且每部雷达都存在一个 PRI 为正确 PRI 两倍的跟踪(跟踪号为 3 和 6)。

为了进行多重跟踪分析,需要对任务数据中看到的特定雷达的参数有充分的了解。了解特定的 ESM 系统如何看待雷达需要花费大量的时间,因此通常对多重跟踪的分析仅限于分析人员非常了解其位置和参数的雷达。在评估 ESM 的多重跟踪时,只考虑众所周知的雷达并不一定是件坏事。这意味着比较容易确定正在发生多重跟踪,进而可以采取措施来减轻这种影响。

## 12.12 识别准确度/模糊度

ESM 的识别准确度很难评估。唯一的方法是使用身份和参数为众所周知的雷达,以查看 ESM 是否可以准确地识别它们。

第 9 章讨论了根据身份对截获和跟踪进行关联,或者在仅基于参数进行关联后更新跟踪的身份。

在多部雷达参数严重重叠的情况下,ESM 在很多时候都没有足够的信息来做出正确地识别,只能将跟踪标记为模糊的身份。但是,第 10 章给出了一些改进 ESM 雷达库指定方式的想法。

## 12.13 ESM 分析的自动化

本章中描述的所有 ESM 分析技术都是劳动密集型的,需要花费大量时间检查试验记录的数据。但是,有些任务可以通过开发软件工具来自动化执行。正确的 DOA 和雷达距离的计算可以自动进行,跟踪和脉冲数据的过滤也可自动进行。应该经常手动检查这些过程,因为总是有可能选择错误的跟踪或脉冲数据进行分析。必须始终通过直接查看脉冲数据来对单次扫描的脉冲进行详细分析。这种分析没有捷径可走。

基于已知的雷达位置和参数,软件工具还可以模拟射频环境。根据 ESM 平台的预定路线可以产生雷达脉冲数据的精确模拟,可以预期 ESM 在实际飞行试验中会检测到这些脉冲(详见 13.6.2 节)。

# 第 13 章

# ESM 测试和试验

为了确保 ESM 系统能够很好地反映射频环境,有必要对系统进行测试。测试中必须记录数据,以便对 ESM 系统进行详细分析,进而排除系统中的故障。在 ESM 测试过程中,识别和解决问题通常是一个迭代过程,因为问题的来源可能是硬件、软件、系统设置、无意干扰、背景效应或上述所有因素的综合作用。某些性能可以在实验室进行评估,但在将 ESM 设备投入使用之前,应在真实环境、专用试验靶场或典型的雷达场景下进行测试。在 ESM 系统的整个生命周期中,运行测试和评估(OT&E)应当持续进行,以确保性能水平的稳定。

## 13.1 实验室测试

ESM 设备测试的第一阶段通常在实验室环境中进行。为了测试 ESM 系统的全部功能,需要系统集成实验室。这种实验室可以提供硬件在环路的测试环境,具有组件、连接设备以及先进动态射频模拟器(ADRS),如图 13.1 所示。

频率发生器在每个 ESM 天线上产生射频脉冲信号。这些信号通过中频(IF)模块传输到 ESM 接收机。ESM 接收机的输出是一组 PDW,这些 PDW 送入 ESM 处理器,在处理器中进行分选,并将截获与跟踪进行相关处理。

这样即可以生成合理逼真的威胁情景,并对多径效应等现实存在的因素进行仿真。这种测试的优势在于,这些场景是可重复的,并且可以根据需要配置尽可能多或尽可能少的威胁雷达,以解决 ESM 系统的特定问题。

在开发阶段,如果在实验室中对 ESM 系统进行测试,则意味着可以在早期阶段识别并解决问题,这可以避免在系统平台集成阶段耗费过多的精力。尽管这种试验室设施的成本很高,但比起实际的测试和试飞,仍可节省大量成本。

在系统集成实验室中测试 ESM 系统的优势在于可以快速重播场景,以测试和优化 ESM 雷达库。在系统集成实验室测试期间,可以充分研究系统的处理功能,例如迫使系统产生大量的跟踪,以摸清跟踪能力的极限。

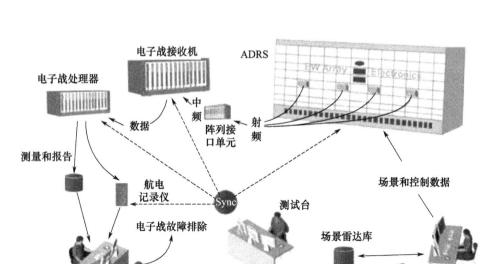

图 13.1　系统集成实验室的组件[1]

实验室测试还包括在暗室中进行的测试[2]。暗室中可以对系统进行多方面的测试,例如建立天线方向图。有一些设施可以容纳整架飞机在暗室中进行测试[3]。

## 13.2　专用测试靶场

测试 ESM 系统安装性能的第一阶段通常在室外测试或试验靶场内进行。这通常位于非常干净的射频环境中,以便 ESM 可以接收来自测试雷达的信号,并且可以根据已知的雷达参数和地面真实情况来评估 ESM 的性能。

测试靶场通常可以提供真实威胁雷达的示例,以及威胁的模拟或仿真,作为试验的基本条件。雷达模拟器可以生成接近实际或运行状态的测试条件。模拟器通常是没有关联接收机的发射机(称为"哑发射机"),但可以精确模仿威胁雷达系统,并可以根据电子战系统的响应来修改其辐射信号[4]。

著名的专用测试靶场有美国的中国湖靶场(China Lake)、英国的斯帕克达姆靶场(Spadeadam)和南澳大利亚的伍默拉靶场(Woomera)。

## 13.3　ESM 实际测试的必要性

虽然在实验室环境中对 ESM 系统的测试可以给出系统性能的有用指标,但仍需要在真实世界中进行实测,以确定系统在真实射频环境中的表现,并帮助优化系统。

来自 ESM 平台表面和地面物体的多径反射等因素会影响系统的性能(见第 15 章~第 17 章)。飞机上 ESM 安装的特征(如天线的位置)也会影响系统性能,而实际测试有助于识别异常问题。

ESM 系统的常见问题,如对单部雷达的多重跟踪、参数测量不准和测向误差等,都可以通过在运行环境中的飞行测试来识别和纠正。

## 13.4　规划 ESM 测试或试验

在设置 ESM 测试或试验时,需要考虑以下因素:必须确定试验目标,并选择合适的试验区域;必须根据试验中用作机会目标的雷达位置来确定 ESM 平台的路线和高度;理想情况下,应该对 ESM 预期检测的雷达脉冲分布进行仿真,从而为性能评估提供基准。

在本章的剩余部分,我们假设 ESM 试验平台是一架飞机。尽管开展试验的步骤对于其他平台(如船舶和陆基 ESM)是相同的,但飞机是最快速和最灵活的平台,因此需要更多地考虑诸如试验位置和飞行路线等问题。

### 13.4.1　设定测试/试验目标

规划试验的第一步是设定试验目标。试验的典型目标包括找到 ESM 的 DOA 精度、测试分选器、检查 ESM 系统是否存在多重跟踪等。试验的目标将影响试验区域的选择,并确定是否需要特殊的目标雷达,或者是否可以使用环境中已经存在的雷达作为目标雷达。

### 13.4.2　试验区域的选择

地理区域内预期的雷达脉冲密度将影响该环境是否适用于 ESM 测试。建议避免采用高脉冲密度的环境,除非试验的目的是发现 ESM 系统处理的极限。高密度射频环境的一个案例是马六甲海峡,这是世界上最繁忙的航运区域之一。如第 3 章所述,在这种环境下,ESM 的探测距离内可能存在 200 部船用雷达。

更适合 ESM 试验的环境是东马来西亚和文莱的沿海区域,如图 13.2 所示,图中只有 14 部陆基雷达和低密度的船用雷达。

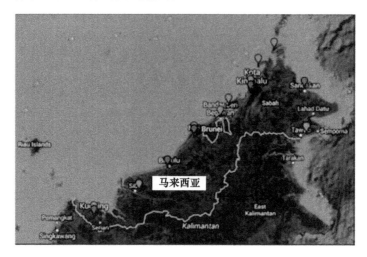

图 13.2　合适的 ESM 测试环境示例

### 13.4.3　飞机航线

试验中最好选择可以重复飞行的航线，如圆形、跑道形和箱形航线，如图 13.3 所示。

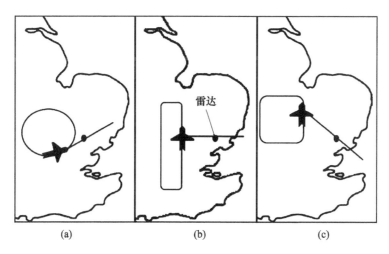

图 13.3　圆形、跑道形和箱形的飞行路线

在一条航线的每条直边上飞行的距离取决于飞机的速度。理想情况下，飞机应在直线航道上飞行约 10min 以后再转弯，这样可以使 ESM 有充足的时间获得稳

定的图像或者在重置系统后建立新的图像。

表 13.1 列出了在不同速度的飞机上,飞机在航线的每个航段上应该飞行的距离。

对于圆形试验航线,转弯速率对应的转弯时间如表 13.2 所列。

表 13.1 不同飞行速度下对直线航段长度的要求

| 飞机速度/kn[①] | 距离/km |
|---|---|
| 80 | 25 |
| 120 | 40 |
| 200 | 60 |
| 300 | 90 |
| 500 | 150 |
| 1000 | 300 |

表 13.2 转弯速率

| 转弯速率 | (°)/s | 360°所需的转弯时间 |
|---|---|---|
| 速率 1 | 3 | 2min |
| 速率 2 | 6 | 1min |
| 速率 3 | 9 | 40s |
| 速率 4 | 12 | 30s |

### 13.4.4 飞行高度

如 3.2 节所述,试验飞行的高度将决定 ESM 可以看到的距离。例如,如果不是因为地球曲率,则 ESM 可以在 3600n mile 的距离上看到作用距离为 60n mile 的雷达。雷达视距随着高度的增加而增加,这是真正决定 ESM 对雷达的探测距离的因素。表 13.3 列出了不同飞机高度对应的雷达视距。

表 13.3 雷达视距

| 飞机高度/ft | 雷达视距/km |
|---|---|
| 200 | 32 |
| 1000 | 72 |
| 2000 | 102 |
| 5000 | 162 |
| 10000 | 230 |
| 20000 | 320 |

## 13.4.5 雷达真实数据的确定

选定了测试区域后,需要雷达的准确位置信息(纬度和经度)来提供真实数据,并帮助确定 ESM 平台的最佳航线。如第 3.2 节所讨论的,ESM 系统对大多数雷达类型(除了波束非常窄的雷达)的探测距离只取决于雷达的视距。当规划飞机的确切航线时,设置好可重复飞行路线的起点和终点,以使 ESM 平台在飞行过程中能够既能看到附近的已知雷达,又能看到远处的其他可用雷达。这样就可以在同一次试验中测试 ESM 性能的多个方面(如截获概率和分选能力)。在设计试验时,也可以把移动雷达(如船上的雷达)的预期密度考虑进来。虽然船只的确切位置和身份事先还不知道,但这种雷达的密度对试验的影响是可以评估的。AIS 数据可以在试验过程中记录下来,以提供船舶雷达的真实数据。

## 13.4.6 试验前所需的数据和模拟

一旦确定了试验区域并收集了有关机会雷达目标的信息,就可以对 ESM 在试验中应接收的雷达脉冲进行模拟。必须实施以下步骤才能生成逼真的模拟,在飞行后的分析中可以与记录的脉冲数据进行比较。

可使用预测的纬度和经度以 1s 的间隔生成飞机的航线,并使用以下算法模拟脉冲数据:

```
For each radar    //  对每部雷达
    For each radar scan   //  对每次雷达扫描
        Calculate the range using the known radar location and the aircraft
 position  //  使用已知的雷达位置和飞机位置计算距离
        Generate a scan of pulses using the known radar parameters   //  使用已知的雷达参数生成扫描脉冲
    Next radar scan time  //  下一次雷达扫描
Next radar  //  下一部雷达
```

附录 A 中给出了在考虑雷达参数(例如 3dB 波束宽度,第一旁瓣电平和 ERP)的情况下模拟雷达波束形状的方法。单部雷达的模拟结果是每次扫描时的一组脉冲,如图 13.4 所示。绘制这些脉冲的幅度是可视化雷达单次扫描的最佳方法。图 13.4(a)显示了脉冲的幅度与时间的关系,图 13.4(b)显示了脉冲的幅度与脉冲序号的关系,这样就可以看到每次扫描中脉冲幅度分布的形状。两种绘制数据的方法都可以用于模拟真实数据,并在试验后分析中与记录的数据进行比较。

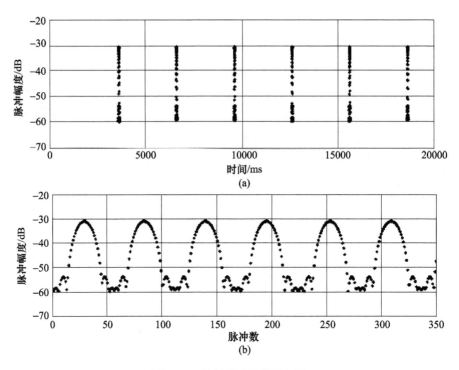

图 13.4　单部雷达的模拟扫描

## 13.5　ESM 测试/试验准备示例

下面对机载 ESM 测试或试验的设计和分析进行举例,包括确定试验目标、确定雷达真实数据、设置飞机飞行参数并模拟雷达脉冲数据。

### 13.5.1　试验目标

本示例的试验目标如下:
(1) 检查雷达进入视距后的截获创建情况(截获概率);
(2) 使用两个相同类型的海岸监视雷达测试分选器;
(3) 检查多重跟踪的程度;
(4) 测试测向或 DOA 性能。

### 13.5.2　ESM 平台参数

在这次试验中,ESM 平台飞机以下列参数运行:飞机速度 200kn,最大高度

20000ft。航线为跑道形,每条长边上的飞行时间均为10min,对应的距离为60km($200kn \approx 100m/s$,距离=$100m/s \times 600s = 60km$)。ESM的灵敏度是$-60dBmi$。

## 13.6 飞行前准备

设置试验的首要任务是选择合适的试验地点。选择图13.5所示的区域是因为该区域的雷达脉冲密度相对较低。

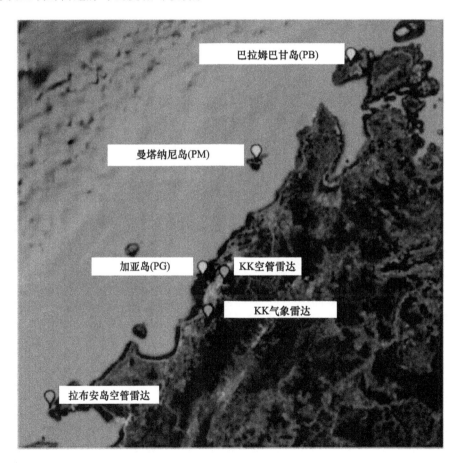

图13.5 适于开展试验的低密度雷达环境

图13.5中给出了试验区域附近固定雷达站的位置。总共有6部雷达:2部空管雷达、1部气象雷达和3部海岸监视雷达。虽然试验区域内有6部陆基雷达,但感兴趣的是3部海岸监视雷达,因为针对它们的ESM性能分析将能实现规定的试验目标。

### 13.6.1 飞机航线选择

该试验的目标之一是测试 ESM 系统在雷达视距上是否能够探测到雷达。飞机航线和高度的选择必须考虑到这一点。将雷达视距环画在将要进行试验的地区的地图上,可以确定飞机的航线以及飞行的高度。图 13.6 显示了不同高度对应的视距线,从 1000ft 高度对应的 72km 到 20000ft 高度对应的 323km。

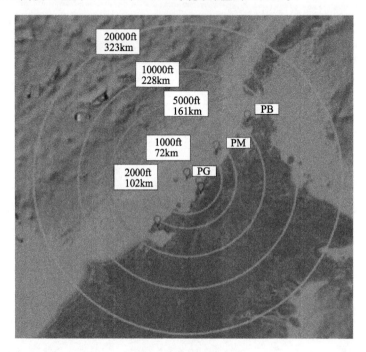

图 13.6　雷达视距线

如果飞机是在东马来西亚西海岸 5000ft 的高度上以可重复的跑道形航线飞行的,那么随着飞机的行进,巴拉姆巴甘岛(PB)的雷达将进入和离开 ESM 的探测范围。这可以测试试验的第一个目标,即及时创建对雷达的 ESM 跟踪。试验航线的设置应使曼塔纳尼岛和加亚岛的两部雷达在一些航段上的 DOA 比较接近,这样就可以测试 ESM 的分选过程,从而实现试验的第二个目标。对于另外两个试验目标(测试多重跟踪和测向能力),飞机航线的位置并不重要。建议的跑道形航线如图 13.7 所示,两条长边的航程均为 10n mile(18.52km)。飞机先向东北方向飞一条长边,然后折返向西南方向飞另一条长边。

现在可以在飞机路线的每一端(最南端或最北端)计算 3 部感兴趣的雷达的距离。表 13.4 显示了这 3 部雷达的距离。

# 第13章 ESM测试和试验

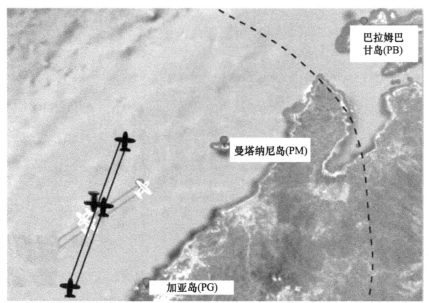

------ 航线南端5000ft的高度对应的雷达视距

图13.7 标有目标雷达位置的试验航线

表13.4 航线两端对应的3部雷达的距离

| 雷达站名 | 航线起点的距离/km | 航线终点的距离/km |
| --- | --- | --- |
| 加亚岛(PG) | 60 | 53 |
| 曼塔纳尼岛(PM) | 115 | 44 |
| 巴拉姆巴甘岛(PB) | 205 | 134 |

## 13.6.2 射频环境仿真

图13.8显示了试验区域附近6部陆基雷达的脉冲模拟。这是飞行的前半段即东北向航段上每部雷达的脉冲时间线图。图上的每个斑点表示每次雷达扫描应该检测到脉冲的持续时间。气象雷达的脉冲持续时间最长,每次扫描持续350ms,而空管雷达扫描的最长时间为100ms。每次扫描的检测时间取决于雷达的距离。ESM应当只能检测到雷达视距内的扫描,如图13.8所示。

该试验中的飞机将以5000ft的高度飞行,对应的雷达视距只有160km。其中一部空管雷达只能在东北向航段的部分航段上被检测到,还有一部海岸监视雷达只有在该航段的后半段才能被检测到。

准备试验的下一步是模拟试验中预期检测到的脉冲幅度分布。图13.9显示

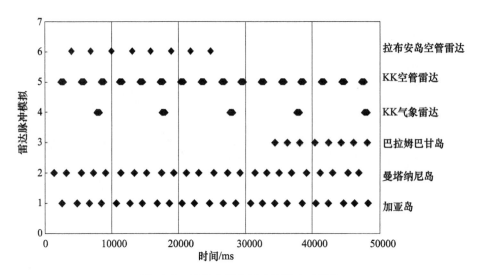

图 13.8 试验中所有雷达的脉冲时间线

了 50s 的飞行中所有 6 部雷达的幅度分布。根据模拟结果,在一分钟的飞行中,从 6 部雷达总共接收到大约 4000 个脉冲。

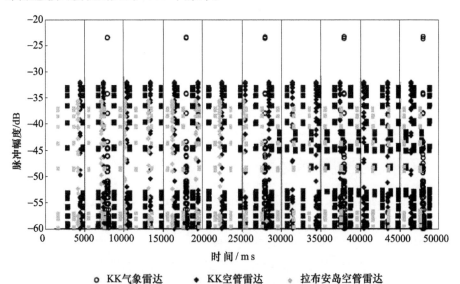

图 13.9 对所有雷达幅度分布的预测

图 13.10 显示了幅度分布的更多细节,其中气象雷达有一个扫描峰,空管雷达有一个扫描峰,两个海岸监视雷达有两个很窄的扫描峰。

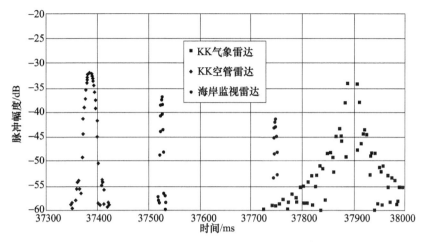

图 13.10　对幅度分布细节的预测

## 13.7　飞行后数据分析

### 13.7.1　操作员界面的可视化/记录数据的回放

飞行后数据分析的第一步是回放飞行过程中在操作员的屏幕上记录的数据。图 13.11 显示了在飞机航线的不同位置上看到的 ESM 跟踪。在这种情况下，每部雷达只有一条跟踪。

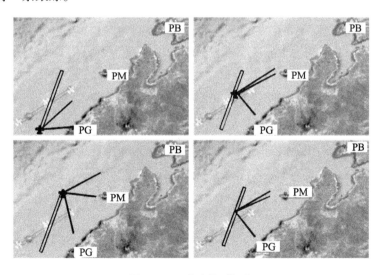

图 13.11　试验的可视化

### 13.7.2 雷达真实数据的计算

计算每部雷达的正确 DOA 和距离(包括它们何时进入和离开 ESM 的探测范围),可以得到如图 13.12 所示的 DOA 和距离曲线。计算正确的 DOA 和雷达距离的方法见 12.3 节和 12.10 节。图 13.12 显示了在一个完整的东北向航段上(飞机需要飞行 10min)DOA 和距离是如何变化的。

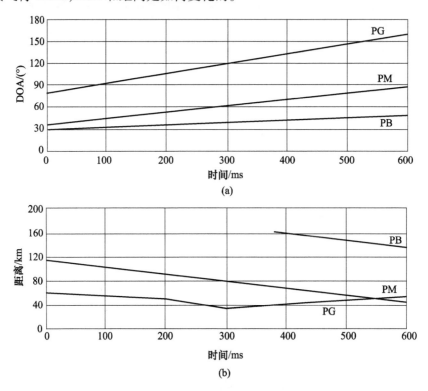

图 13.12 试验中雷达的 DOA 和距离曲线

在整个试验过程中,有两部雷达始终处于 ESM 的探测范围内。当飞机在东北向的航段上飞行时,有一部雷达(PB)直到飞过半程以后才能被 ESM 看到。因此,直到东北向的航段开始后 300s,该雷达的距离曲线才起始。

### 13.7.3 ESM 跟踪数据分析

飞行后数据分析的下一阶段是根据雷达的正确 DOA 绘制 ESM 跟踪数据的 DOA,如图 13.13 所示。

PB 雷达只有一条 ESM 跟踪。该雷达距离飞机较远,仅在东北向航路的后半

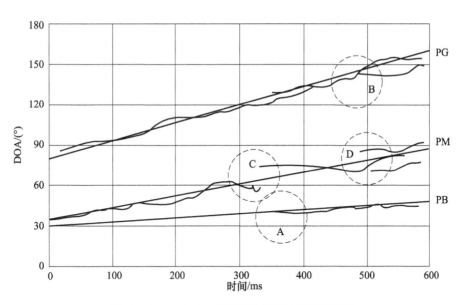

图 13.13　ESM 对三部海岸监视雷达的跟踪数据

程才进入 ESM 系统的探测范围。当飞机进入雷达视距后,将在预期的时间创建一条跟踪,如图 13.13 中的圆圈 A 所示。这条跟踪的建立已经实现了试验的第一个目标,即测试当雷达进入 ESM 探测范围时是否能及时创建跟踪。

该试验的第二个目标是通过在试验环境中设置两部具有相似 DOA 的同型雷达来测试分选器。通过肉眼就有可能看出图 13.13 中为每部雷达所创建的跟踪,但为了确保来自多部雷达的脉冲不会对单条跟踪产生影响,仍有必要对脉冲数据进行分析。

该试验的第三个目标是检查多重跟踪的程度。在该示例中,跟踪数据中有两个多重跟踪。图 13.13 的圆圈 B 显示了 PG 雷达同时存在的两条跟踪。对于大多数航段,PM 雷达都只有一条跟踪。但在航段的末端,当 PM 雷达的距离减小时,为该雷达创建了两条额外的跟踪,如圆圈 D 所示。需要使用记录的脉冲数据进一步研究多重跟踪问题。

除了圆圈 C 所示的 PM 雷达发生了 DOA 的跳变,其他三部雷达的跟踪的 DOA 都相当接近于正确的 DOA。

因此,需要对记录的脉冲数据做进一步分析,以确定 DOA 性能,这是该试验的第四个目标。

### 13.7.4　ESM 脉冲数据分析

图 13.14 中,绘制了 3 部海岸监视雷达的正确 DOA 以及记录的脉冲数据,由

此可以看出 ESM 系统的基本 DOA 性能。PG 和 PM 雷达的脉冲在整个 10min 的航段内都接收到，而 PB 雷达由于距离较远，只能在部分航段上收到其脉冲。

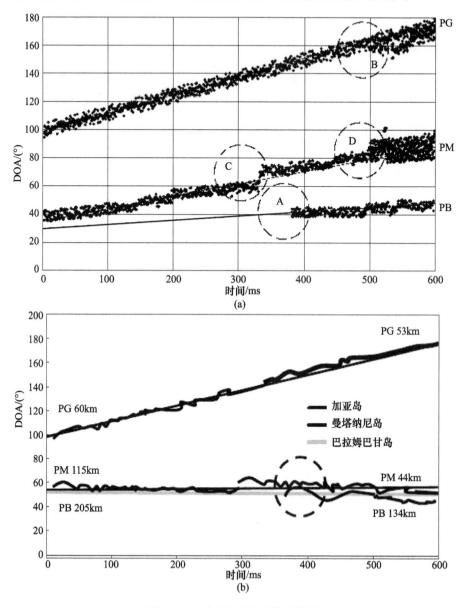

图 13.14　试验中的雷达脉冲数据

图 13.15 更详细地显示了航段最后 100s 的脉冲数据。PB 雷达在 DOA 上的扩展最小，因为它距 ESM 平台比较远。PB 雷达仅创建了一条跟踪，且始终位于正

确 DOA 的 5°范围之内,因此该雷达的 DOA 性能是令人满意的。PG 雷达和 PM 雷达在单独扫描中具有更大的 DOA 扩展,因为它们距离飞机更近。

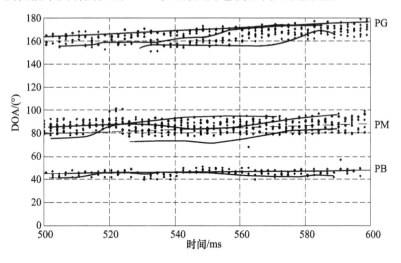

图 13.15　记录的雷达脉冲数据的细节

对于不在雷达扫描峰值附近的脉冲以及从雷达旁瓣检测到的脉冲,脉冲 DOA 误差可能更大(见第 5 章和第 15 章)。因此,对 PM 雷达和 PB 雷达的多重跟踪很可能是 DOA 误差导致的。对单次雷达扫描的分析证实,在单次扫描中可以看到 DOA 的扩展,而且不同扫描之间的平均 DOA 是不同的,对于距离飞机较近的雷达,这是合乎预期的(见第 16 章)。图 13.16 显示了在航路段末端附近,即飞机和雷达的距离最小时所记录的 PM 雷达连续扫描的 DOA 分布。在这种情况下,DOA 在扫描之间的变化导致为该雷达创建和维护了两条单独的跟踪。

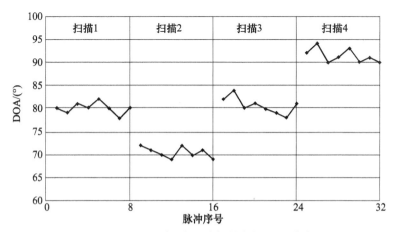

图 13.16　PM 雷达在连续扫描中的 DOA 分布

脉冲数据分析的最后一项任务是将单次扫描的幅度曲线与使用雷达波束形状模拟生成的同幅度曲线进行比较。图 13.17 是将理论扫描峰值与记录的扫描峰值进行比较的示例。在该例中,两个图之间有很好的一致性。但是,通常需要以这种方式检查记录的脉冲数据,以诊断和解决 ESM 系统的问题。

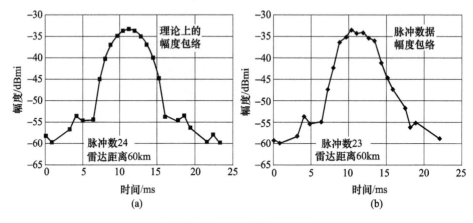

图 13.17　单部雷达的扫描比较

参考文献

[1] Midgely – Davies,M.,http://tangentlink.com/wp – content/uploads/2014/07/2. – Electronic – Warfare – Test – Evaluation – Mitch – Midgley – Davies.pdf,*Proc. EW Asia Conference*,Kuala Lumpur,2014.

[2] Dash,G.,http://glendash.com/Dash_of_EMC/Anechoic_Chambers/Anechoic_Chambers.pdf,2005.

[3] Hehs,E.,http://www.codeonemagazine.com/article.html? item_id = 57,October 2010.

[4] Davies,W.,http://tangentlink.com/wp – content/uploads/2014/03/6. – Integrated – Air – Electronic – Warfare – Ranges – Wynne – Davies.pdf,*Proc. EW Asia Conference*,Kuala Lumpur 2014.

# 第 14 章

# 多重跟踪

多重跟踪是 ESM 系统中最常见的不利问题之一。在射频环境中,为每部雷达创建和更新多于 1 个的跟踪是困扰 ESM 系统操作员的主要原因。尽管经验丰富的 ESM 系统操作员能够认识到多重跟踪的存在,并利用他们的专业知识来解决多重跟踪,但查看多重跟踪的一些原因并探索一些降低影响的措施还是很有用的。

减少多重跟踪还有另一个重要原因,因为大多数 ESM 系统在任何时候对跟踪数量都有限制。一旦达到此限制,将无法创建新的跟踪,除非一些现有的跟踪由于缺少更新导致超时而被删除掉。这意味着一旦达到 ESM 系统的跟踪极限,出现在 ESM 系统探测范围内的新雷达就不会被看到或记录。如果 ESM 系统对新的威胁雷达视而不见,那么它就不能作为防御辅助手段。

相反地,将来自多部雷达的脉冲过度融合为单个截获或将来自多部雷达的截获合并成单个 ESM 跟踪的问题也是需要解决的,以确保 ESM 系统能够产生射频环境的可靠图像。这在第 9 章中进行了深入讨论。

## 14.1 多重跟踪的起因

多重跟踪的原因有很多,主要是雷达参数测量和计算错误,本章将对此进行讨论。然而,应该注意的是,截获和跟踪之间的错误关联也可能导致多重跟踪。这些问题在第 9 章中已经进行了讨论。基于参数的多重跟踪起因如下:

(1) 天线分裂引起的 DOA 误差;
(2) 多径干扰引起的 DOA 误差;
(3) PRI 计算错误;
(4) 脉冲丢失导致的 PRI 误差;
(5) 复杂 PRI 序列导致的 PRI 误差;
(6) 脉宽测量误差引起的 PRI 误差;
(7) 脉宽测量误差;

(8) 频率捷变。

图 14.1 显示了为单部雷达创建多个跟踪时，ESM 系统操作员屏幕上显示的跟踪示例。图 14.1 中有 4 条跟踪：其中 1 条为正确的 DOA，3 条为错误的 DOA。在这种情况下，所有额外的跟踪都是由于 DOA 测量不正确造成的。实际上，可能存在与这些跟踪重叠的其他跟踪，这些跟踪具有相同的 DOA，但由于其他参数（如 PRI）的误算而创建了这些跟踪。

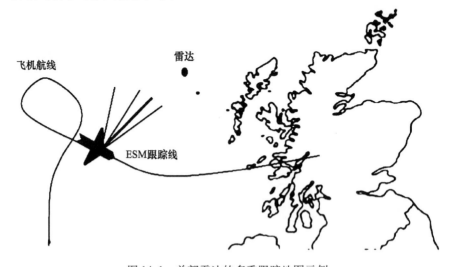

图 14.1 单部雷达的多重跟踪地图示例

## 14.2 天线分离引起的 DOA 误差

在有多个分离天线的 ESM 系统中，由于每个天线接收的脉冲幅度不同而存在 DOA 测量误差。这种效应出现在 100km 范围内，是一种常见现象（见第 5 章）。天线分离的主要影响体现为扫描雷达主波束的 DOA 斜率，如图 14.2 所示。该图中所示的 DOA 的扩展导致产生了至少两个单独的截获：一个约位于 60°；另一个位于雷达扫描峰值附近的 43°。这两个截获要么与已有的跟踪关联起来，要么产生对此雷达的额外跟踪。

## 14.3 多径干扰引起的 DOA 误差

多径对输入脉冲幅度的影响引起了扫描内 DOA 分布的变化。在短距离内，从一个脉冲到另一个脉冲的 DOA 可以有很大变化（见第 16 章），在记录的脉冲数据中通常存在几类 DOA 分布(见第 17 章)。图 14.3 显示了受多径效应影响的雷达脉冲单次扫描的 DOA 分布示例。

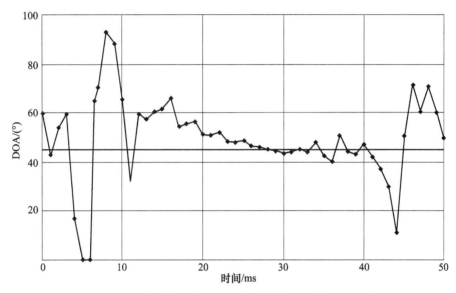

图 14.2　具有分离天线的 ESM 接收的雷达扫描的 DOA 图

图 14.3 是一个典型的 DOA 分布图,由于多径效应,在雷达扫描过程中开始产生误差。此次扫描的脉冲有两个截获:一个是扫描起始阶段具有正确 DOA 的脉冲形成的截获;另一个是 DOA 误差接近 20°的脉冲形成的截获。

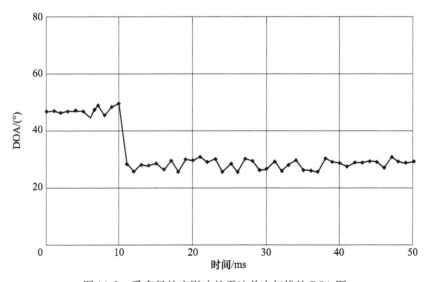

图 14.3　受多径效应影响的雷达单次扫描的 DOA 图

## 14.4 DOA 误差引起的 PRI 计算误差

PRI 是 ESM 库的条目中最重要的参数。在 ESM 系统的设计中,通常假设从每部雷达接收到一整套完整的脉冲,因此能够正确地计算出 PRI。

如第 8 章所述,分选处理的第一部分是将每部雷达的脉冲分成脉冲链(截获)。分选器通常根据频率和 DOA 或 DTOA(对于时差体制的 ESM 系统)对雷达脉冲进行聚类。在理想的情况下,为每部雷达创建一个聚类。在图 14.4 所示的示例中,在频率/DOA 图上有来自 3 部雷达的脉冲。

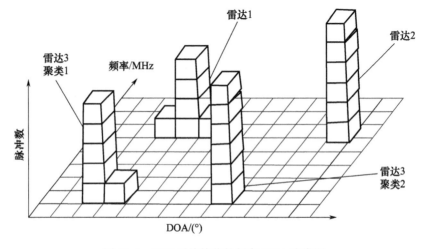

图 14.4 ESM 系统接收的频率/DOA 聚类图

除了来自 3 部具有正确 DOA 的雷达的脉冲聚类之外,对于雷达 3,还有第二个频率/DOA 脉冲聚类,但其 DOA 是错误的。在此处理阶段,ESM 无法识别出额外的脉冲聚类属于雷达 3。这个额外的脉冲聚类的存在将导致雷达 3 在正确 DOA 上的脉冲序列出现间隙,从而导致 PRI 的计算错误。

DOA 误差有许多原因,包括从天线阵列的配置(见第 5 章)到多径效应(见第 15 章)。为了说明 DOA 误差对 PRI 计算的影响,图 14.5 显示了一种雷达的 DOA 的分布,其 PRI 为 1ms,但有些脉冲存在错误的 DOA。

在图 14.5 中,有 16 个 DOA 约为 20°的脉冲,有 14 个 DOA 约为 30°的脉冲,因此形成了两个频率/DOA 聚类。

如果所有脉冲都在同一个频率/DOA 聚类中,则在单个到达时间差直方图中可以正确计算出 PRI,如图 14.6 所示。这显示了如果只有一个频率/DOA 脉冲聚

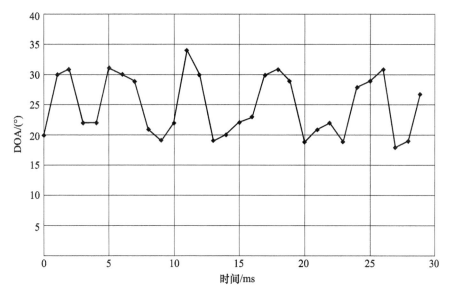

图 14.5　从单次雷达扫描接收的脉冲 DOA

类时,直方图中存在第一峰值为 1ms、第二峰值(一阶谐波)为 2ms 的两个峰。2ms 的峰值的脉冲数至少是 1ms 的峰值脉冲数的 1/2,从而形成正确的 PRI 计算。

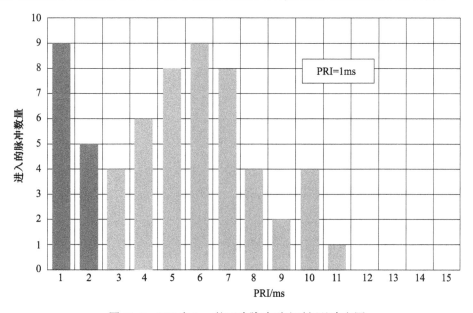

图 14.6　PRI 为 1ms 的正确脉冲到达时间差直方图

我们回到具有两个独立 DOA 聚类的脉冲 DOA 分布图,20° 和 30° 的脉冲聚类如图 14.7 所示。

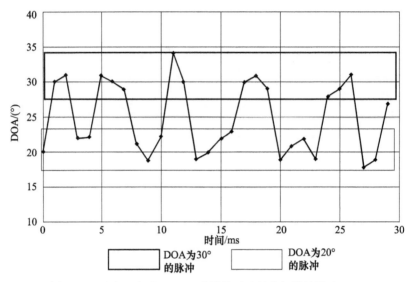

图 14.7　具有两个独立 DOA 聚类的雷达单次扫描的脉冲 DOA

两个 DOA 脉冲聚类形成了两个到达时间差直方图，如图 14.8 所示。图 14.8 显示了具有 1ms PRI（正确）的到达时间差直方图，但是同一组脉冲又形成了具有 5ms PRI（错误）的第二个到达时间差直方图。因此，对于来自单部雷达的脉冲形成了两个截获。

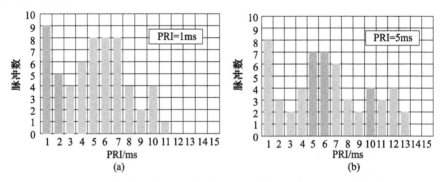

图 14.8　同一部雷达的两个独立 DOA 聚类的到达时间差直方图

## 14.5　脉冲丢失引起的 PRI 误差

ESM 系统接收的雷达脉冲序列几乎总是有漏脉冲的现象。要测量 DOA，ESM

系统必须有多个天线收到同一个脉冲。如果一个脉冲只出现在一个天线上，那么它将被丢弃，导致脉冲序列中出现一个间隙。来自雷达主波束峰值附近的所有脉冲都应该被所有 ESM 天线接收到，但是在主波束边缘和旁瓣处，ESM 系统能够接收某个脉冲的天线数量可能不足，或者由于脉冲幅度低于其中一个天线的检测门限而可能被丢掉。

雷达波束的形状决定了丢失脉冲的数量。图 14.9 显示了距离 ESM 系统 25km 的典型空管雷达的波束，ESM 系统的检测门限为 -50dBmi。

接收到的该雷达脉冲中有 40 个高于 ESM 系统的门限。这些脉冲来自主波束和第一旁瓣。然而，脉冲序列中缺少 7 个脉冲，因为它们的幅度低于 ESM 系统的门限。缺少脉冲的事实意味着 PRI 可能计算错误。在实践中，ESM 系统应该采用应对脉冲丢失的措施来计算 PRI，但通常这种措施只有在雷达具有固定的 PRI 或非常简单的参差序列时才有效（见第 8 章）。

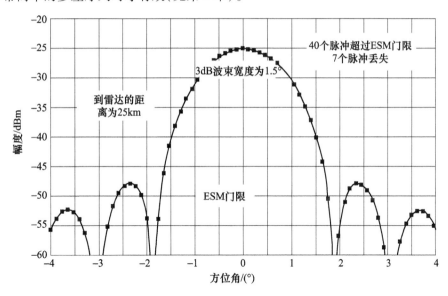

图 14.9　典型空管雷达单次扫描中脉冲的幅度分布图

图 14.10 显示了另一个更有可能丢失脉冲的雷达的示例。图中显示了 3dB 波束宽度非常窄的港口监视雷达的波束。

这个示例中，有 9 个脉冲高于 ESM 系统的门限，3 个脉冲丢失。主波束以及第一和第二旁瓣的脉冲可以被看到，但主波束和第一旁瓣之间以及第一和第二旁瓣之间波谷的脉冲不能被看到。由于有 25% 的脉冲丢失，并且从该雷达检测到的脉冲很少，因此 PRI 的计算受到了严重破坏。

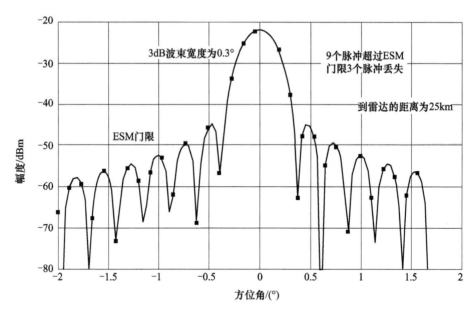

图 14.10　典型港口监视雷达单次扫描脉冲的幅度分布图

## 14.6　由复杂 PRI 序列引起的 PRI 误差

大多数 ESM 系统难以探测发射序列中含有多个 PRI 的雷达。具有复杂 PRI 序列的雷达包括一些空管雷达和具有目标捕获和搜索功能的军用雷达。表 14.1 给出了空管雷达典型 PRI 序列的一个示例。在这个序列中有 6 种 PRI,但是这些 PRI 的顺序是变化的,从而形成了 12 参差的 PRI 序列。

表 14.1　复杂 PRI 序列的示例

| 脉冲号 | PRI/μs | 脉冲号 | PRI/μs | 脉冲号 | PRI/μs |
|---|---|---|---|---|---|
| 1 | 980 | 5 | 910 | 9 | 950 |
| 2 | 930 | 6 | 890 | 10 | 810 |
| 3 | 950 | 7 | 980 | 11 | 930 |
| 4 | 870 | 8 | 870 | 12 | 890 |

如果除了表 14.1 中的雷达之外,没有其他雷达参与到达时间差直方图的统计,那么只要脉冲序列中有足够的脉冲可用,就可以提取所有的 PRI 取值。然而,只要有一部其他雷达的脉冲混进来,ESM 系统就无法计算出序列中的每个 PRI,甚至不能计算出脉组的重复间隔。

到达时间差直方图算法的设计通常假设接收的雷达脉冲数满足算法的需求（通常至少是 PRI 序列中脉冲数的 2 倍）。这是不现实的，因为雷达波束的形状意味着，接收到的脉冲太少，无法满足验证到达时间差直方图峰值的标准，除非雷达在近距离上。

为了解决到达时间差直方图可用脉冲太少的问题，针对典型空管雷达（ERP 为 80dBW，3dB 波束宽度为 1.5°）和港口监视雷达（ERP 为 73dBW，3dB 波束宽度为 0.3°），给出了灵敏度为 −55dBmi 的 ESM 系统在不同距离上接收到的脉冲数，如表 14.2 所列。

接收到的空管雷达的脉冲数较多，在 300km 的距离上，每次扫描接收到 22 个脉冲。相比之下，接收到的港口监视雷达的脉冲要少得多。在相对较近的 30km 距离上，对港口监视雷达的每次扫描，只能检测到 8 个脉冲。当距离雷达为 75km 时，ESM 系统只能看到港口监视雷达的 4 个脉冲，不足以形成截获。

表 14.2 不同距离上看到的空管和港口监视雷达的脉冲数

| 距离/km | 空管雷达脉冲数 | 港口监视雷达脉冲数 |
| --- | --- | --- |
| 15 | 180 | 16 |
| 30 | 120 | 8 |
| 75 | 44 | 4 |
| 150 | 30 | 4 |
| 300 | 22 | 3 |

如果在特定的频率和 DOA 上有足够的脉冲，并且脉冲聚类的 PRI 值无法确定，则大多数 ESM 系统会创建标记为复杂 PRI 的截获。在实践中，创建复杂截获要求的脉冲数比较多，典型的标准是 30 个脉冲。使用标记为复杂 PRI 的截获会给 ESM 系统的识别过程带来困难，并且不可避免地会导致多重跟踪。某些关联过程无法将复杂 PRI 的截获与现有的已识别的跟踪匹配，从而导致为复杂 PRI 的截获创建额外的跟踪。

## 14.7 脉宽测量误差引起的 PRI 误差

由于脉冲的有意或无意调制，脉宽测量中存在误差，因此可能会出现 PRI 误差。未经有意调制的脉冲也可能会因为多径而改变幅度和相位分布，如图 14.11 所示。

在图 14.11 所示的示例中，由于 ESM 认为脉冲已经由于幅度下降而结束，则测量的脉宽变短。如果脉宽不作为分选的参数，那么脉冲的缩短不会导致产生额外的跟踪。然而，对于有意调制的脉冲（如线性调频脉冲），情况大不相同。这些

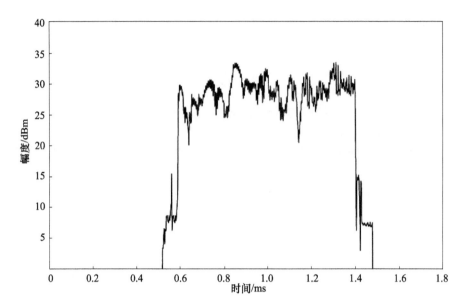

图 14.11　受多径(无意调制)影响的脉冲幅度分布图

脉冲的宽度通常相对较长,宽度至少为 $10\mu s$,当存在多径反射时,它们容易受到不利影响。多径反射对线性调频雷达脉冲的影响是引起脉冲幅度的振荡。这会导致将一个脉冲测量为几个较短的脉冲。图 14.12 显示了受多径效应影响的线性调频脉冲的幅度分布。

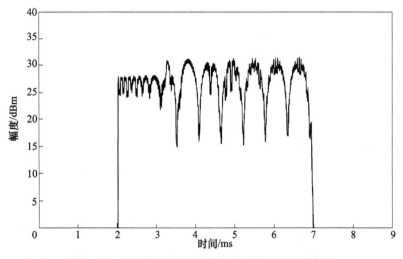

图 14.12　多径效应影响下线性调频脉冲的幅度分布

为了说明脉冲分裂导致产生额外的截获,以表 14.3 所列的脉冲序列为例。该脉冲序列来自一部具有 100μs 的 PRI 的雷达，但脉宽相对较长，为 10μs。最初，所有脉冲都被正确测量，只有一个由正确的 PRI 和脉宽形成的截获。

表 14.3　脉宽测量没有误差的完美脉冲序列

| 脉冲 | TOA/ms | PRI/μs | 脉宽/μs |
| --- | --- | --- | --- |
| 1 | 0.1 | 100 | 10 |
| 2 | 0.2 | 100 | 10 |
| 3 | 0.3 | 100 | 10 |
| 4 | 0.4 | 100 | 10 |
| 5 | 0.5 | 100 | 10 |
| 6 | 0.6 | 100 | 10 |
| 7 | 0.7 | 100 | 10 |
| 8 | 0.8 | 100 | 10 |

然而，如果同样的脉冲受到多径效应的影响，则脉冲序列如表 14.4 所列。表 14.3 中精确测量的脉冲被分成几个较短的脉冲，因此现在来自该雷达的脉冲似乎有 24 个。

PRI 序列发生了显著变化，现在为雷达创建了两个截获，一个重复间隔为 93μs，接近正确值，另一个仅为 3μs。两个截获的脉宽都不正确，为 2μs。

PRI 短至 3μs 的截获可能会使 ESM 系统的识别出现严重问题，因为这种截获可能会被误认为威胁雷达，如使用脉冲位置调制的导弹制导信号，这种信号的 PRI 通常为几微秒。

表 14.4　受多径效应影响的脉冲序列

| 脉冲 | TOA/ms | PRI/μs | 脉宽/μs | 脉冲 | TOA/ms | PRI/μs | 脉宽/μs |
| --- | --- | --- | --- | --- | --- | --- | --- |
| 1 | 0.100 | 100 | 1 | 13 | 0.405 | 3 | 3 |
| 2 | 0.102 | 2 | 2 | 14 | 0.500 | 95 | 6 |
| 3 | 0.105 | 3 | 1 | 15 | 0.503 | 3 | 2 |
| 4 | 0.200 | 95 | 3 | 16 | 0.505 | 2 | 1 |
| 5 | 0.203 | 3 | 2 | 17 | 0.508 | 3 | 1 |
| 6 | 0.206 | 2 | 2 | 18 | 0.600 | 92 | 1 |
| 7 | 0.208 | 3 | 1 | 19 | 0.602 | 2 | 1 |
| 8 | 0.300 | 92 | 2 | 20 | 0.604 | 2 | 1 |
| 9 | 0.303 | 3 | 3 | 21 | 0.700 | 94 | 2 |
| 10 | 0.307 | 4 | 2 | 22 | 0.703 | 3 | 2 |
| 11 | 0.400 | 93 | 1 | 23 | 0.706 | 3 | 2 |
| 12 | 0.402 | 2 | 1 | 24 | 0.800 | 94 | 3 |

## 14.8 脉宽测量误差

在第 14.7 节中，描述了脉宽测量误差如何引起 PRI 的误差。如果脉宽作为分选的参数，那么脉宽测量不正确本身就会导致多重跟踪。如上所述，对长线性调频脉冲的雷达特别容易发生多重跟踪。

多径反射对线性调频雷达脉冲的影响是引起脉冲幅度的振荡，导致可能将一个脉冲测量为几个较短的脉冲。受多径效应影响的线性调频脉冲的幅度分布如图 14.13 所示。

幅度波动通常会导致幅度下降几分贝，然后几纳秒后又升回去。

为了确定脉宽测量问题的影响程度，模拟了典型空管雷达的脉冲。雷达发射两组脉宽相差较大的等量脉冲信号。一组是宽度为 15μs 的较长脉冲；另一组是宽度小于 1μs 的短脉冲。长脉冲的脉内是 4MHz 带宽的线性调频，因此会受到多径反射的影响。这种水平的线性调频在 ESM 系统的频率分辨率单元内，因此在整个脉冲持续期间，不会因频率变化而发生脉冲分裂。多径的影响是脉冲幅度的波动，进而导致脉宽测量误差。

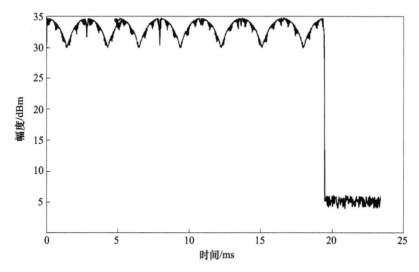

图 14.13 受多径效应影响的线性调频脉冲幅度分布的仿真结果

当脉冲幅度下降 3dB 时，ESM 系统认为脉冲已经结束，并测量到该点的脉宽。有时雷达长脉冲被 ESM 系统分成一系列具有几微秒 PRI 的短脉冲，见 14.7 节中的示例。然而，更多时候，脉冲的末端会完全消失。这些脉冲组的示例如表 14.5

## 第 14 章 多重跟踪

所列,具有正确的 PRI,并且通常都具有相同的、错误的脉宽。

表 14.5 线性调频空管雷达脉冲被截短的示例

| 脉冲序号 | 预期的脉宽 | 测量的脉宽/μs |
|---|---|---|
| 1 | | 0.90 |
| 2 | | 0.90 |
| 3 | 0.9μs 的 5 个短脉冲 | 0.85 |
| 4 | | 0.90 |
| 5 | | 0.85 |
| 6 | | 11.60 |
| 7 | | 11.55 |
| 8 | 15μs 的 5 个长脉冲 | 11.55 |
| 9 | | 11.55 |
| 10 | | 11.55 |
| 11 | | 0.50 |
| 12 | | 0.45 |
| 13 | 0.9μs 的 5 个短脉冲 | 0.45 |
| 14 | | 0.45 |
| 15 | | 0.50 |
| 16 | | 0.50 |
| 17 | | 2.40 |
| 18 | 15μs 的 5 个长脉冲 | 2.55 |
| 19 | | 2.30 |
| 20 | | 2.30 |

图 14.14 显示了在 1min 时隙内模拟的三组脉冲的脉宽直方图。93% 的短脉冲被正确测量,但只有 33% 的长脉冲被正确测量(如 15μs 的脉宽)。为了生成 1min 的数据集,飞机到雷达的距离很近(小于 15km)。

大多数短脉冲(如 <1μs)落入 0.5~0.6μs 的范围,这是预期的结果。然而,长脉冲测量有许多错误结果,如图 14.14 所示。这个问题的可能后果如图 14.15 所示,其中单部雷达的 DOA 图是正确的,显示截获的 DOA 误差不大,但有许多不同的跟踪,每个跟踪都有不同的脉宽。使用不同脉宽创建的大多数跟踪永远不会更新,它们出现在跟踪列表和操作员屏幕上,导致 ESM 系统的容量和效用受到严重限制。

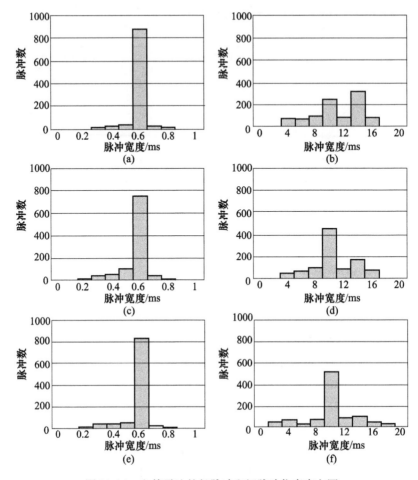

图 14.14 空管雷达的长脉冲和短脉冲仿真直方图

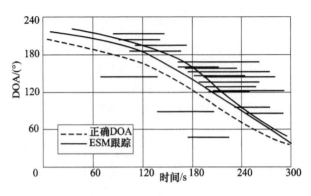

图 14.15 以脉宽作为分选参数的单部雷达的多重跟踪

## 14.9 频率捷变

在将固定频率雷达的脉冲从脉冲缓存器中提取出来用于到达时差直方图处理后,大多数 ESM 系统试图通过消除对频率聚类的要求来为频率捷变雷达创建截获。图 14.16 显示了包含固定频率雷达和捷变频率雷达的频率/DOA 脉冲聚类的简单示例。

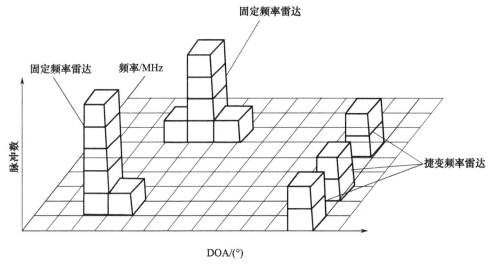

图 14.16　固定频率和捷变频率雷达的频率/DOA 脉冲聚类

如果在脉冲缓存区中只有一部频率捷变雷达的脉冲,那么一旦去除固定频率雷达的脉冲,取消用于聚类的频率标准后,将可以创建来自该雷达的截获。然而,DOA 计算中的问题意味着,来自单部频率捷变雷达的所有脉冲不可能都出现在同一个 DOA(或 TDOA)脉冲聚类中。在单个 DOA 脉冲聚类中,也可能有来自 DOA 计算错误的其他雷达的脉冲。将这些脉冲与频率捷变雷达的脉冲相结合会导致不正确的 PRI 计算以及随后的雷达识别问题。

当有几部雷达具有相同的 PRI 序列时,去除用于聚类的频率标准会引起一些特定的问题,ESM 会将多部雷达的脉冲组合为一个截获。例如,大多数国家在其国内使用相同类型的空管雷达。可能有几十部同型的空管雷达,许多雷达在 ESM 系统的范围内具有相同复杂度的 PRI。在这种情况下,ESM 系统通常会将来自一部以上同型雷达的脉冲组合,形成截获、跟踪和定位。

## 14.10 减少多重跟踪的方法

可以采取以下措施来改善多重跟踪：
(1) 改善 DOA 测量；
(2) 忽略 DOA 测量较差的截获；
(3) 设计允许脉冲丢失的 PRI 的计算算法；
(4) 定义 PRI 质量的度量；
(5) 对于复杂的 PRI，使用恰当数量的脉冲；
(6) 不把脉宽作为分选参数；
(7) 对单次截获做超时清除，不显示在操作员屏幕上。

### 14.10.1 改善 DOA 测量

多重跟踪无疑是 DOA 误差的最主要原因。在关于不同类型的 ESM 系统的 DOA 测量的章节中，以及在探索缓解多径效应的第 17 章中，讨论了 DOA 测量的改善方法。

### 14.10.2 忽略 DOA 测量较差的截获

虽然很难校正差的 DOA 测量值，但不难判断错误的脉冲 DOA 测量。对于比幅系统，通过估算每个天线接收脉冲的幅度可以给出 DOA 有错误的指示（见 5.7.3 节和 17.5 节）。在时差测角系统中，每个基线上脉冲到达时间差直方图的宽度有助于确定截获的 DOA 可能有错误（见第 6.7 节）。对于比相系统，将几个天线对进行相位差采样，如果发现计算的 DOA 存在差异（见第 7 章和 17.7 节），表明 DOA 可能不正确。

### 14.10.3 设计允许脉冲丢失的 PRI 的计算算法

由于 DOA 误差或雷达波束形状的原因，雷达的脉冲序列中经常丢失脉冲（见 14.5 节）。这在到达时间差直方图处理时，可能会为一部雷达生成多个截获。应该采用一种从单个缓存器中链接两个或多个具有相同 PRI 的截获的方法。这样，如果脉冲丢失导致脉冲序列中断，则可以合并随后产生的额外截获。

### 14.10.4 定义 PRI 质量的度量

可以根据脉冲序列中特定 PRI 出现的次数来确定 PRI 质量的度量。可以像

表14.6那样去定义PRI质量。当试图将某个截获关联到现有跟踪时,较大的关联容差可用于质量较差的截获,这将减少多重跟踪。此外,对低质量的截获只允许创建存续时间很短的跟踪,这样它们就不会过多地占用跟踪表中的宝贵空间。

表14.6 PRI序列质量的定义

| PRI类型 | PRI序列质量 | 定义 |
| --- | --- | --- |
| 固定 | 好 | PRI序列中的某个PRI取值重复出现8次或以上 |
| | 中 | PRI序列中的某个PRI取值重复出现至少4次 |
| | 差 | PRI序列中的某个PRI取值重复出现少于4次 |
| 参差 | 好 | PRI序列中有4个以上的PRI取值重复出现 |
| | 中 | PRI序列中有1~3个PRI取值重复出现 |
| | 差 | PRI序列中没有重复出现的PRI取值 |
| 抖动 | 好 | PRI序列中3个脉冲抖动PRI的组数至少有2组 |
| | 中 | PRI序列中3个脉冲抖动PRI的组数有1组 |
| 组变 | 好 | PRI序列中3个脉冲固定PRI的组数至少有3组 |
| | 中 | PRI序列中3个脉冲固定PRI的组数有1~2组 |

## 14.10.5 对于复杂的PRI采用恰当数量的脉冲

当到达时间差直方图无法确定脉冲聚类中的PRI模式时,就会产生复杂PRI的截获。这种情况经常发生在多参差PRI的序列中。通常情况下,除非截获到30个或更多的脉冲,否则不会报告这种类型的截获。

如果将用于创建复杂PRI的截获的脉冲数减少到15个或20个,则将增加现有的复杂截获的数量。如果标准发生这种变化,则脉冲缓存器中的随机脉冲产生截获的可能性不会显著增加,因为复杂的PRI截获是从严格的频率范围内的脉冲产生的。一旦用减少的脉冲数创建了一个复杂的截获,它应该只允许存在很短的时间(也许20s),除非它可以与现有的跟踪关联起来。

复杂PRI的截获与现有跟踪关联的确切机制取决于关联过程中参数的比较顺序。如果ESM系统识别出一个截获,然后尝试将其关联到现有跟踪上,则只有当ESM识别库中包含该复杂PRI模式的条目时,复杂PRI的截获才会被关联上去。关于ESM库中模式行的详细说明见第10章。

## 14.10.6 不把脉宽作为分选参数

脉宽不应作为分选的参数。对于大多数类型的雷达,可选的脉宽范围很小,因此不同雷达之间的脉宽没有足够的区分度,不能用于有效的分选。对于脉宽较长的雷达,尤其是使用线性调频信号的雷达,多重跟踪的可能性非常大,因为多径会对这些类型的脉冲产生严重影响。然而,如果雷达具有相对唯一的脉宽,则脉宽可以用作识别参数。

### 14.10.7 对单次截获做超时清除

当为特定的雷达脉冲创建跟踪时,通常假设后续仍将检测到来自该雷达的脉冲,形成另一个截获来更新当前的跟踪。如果是简单的圆周扫描雷达,则应当假设下一次截获发生在下一个扫描周期,通常是几秒左右。如果雷达远离 ESM 系统的平台,或者雷达波束形状使得每次扫描只能接收到几个脉冲,那么如果在几个扫描周期后仍未截获到该雷达的脉冲,则可以合理地允许删除掉对该雷达的跟踪。不过,将只有一次截获的跟踪保持 30s 以上还是很有用的。

有时在 ESM 系统库中为不同类型的雷达指定不同的存续时间。被识别为威胁雷达的跟踪应该保留更长时间,而对民用雷达的跟踪应该允许更快的超时。

大多数 ESM 系统都有一个选项来防止操作员屏幕上出现单次截获的跟踪。然而,在设计 ESM 系统时,针对识别为威胁雷达的单次截获的跟踪,应该破例显示出来。

# 第 15 章

# 反射和多径

大多数 ESM 系统存在雷达脉冲 DOA 的测量误差,有时误差达到了严重妨碍其作为防御辅助手段的程度。如果探测到来自单部雷达的脉冲 DOA 变化很大,ESM 系统将得出环境中雷达数量超过实际数量的结论,并将产生额外的跟踪。存在较大的 DOA 误差也会显著降低定位精度。因此,解释 DOA 测量误差的原因并探索更准确估计该参数的方法是非常有必要的。

DOA 误差最主要的来源(考虑天线分离效应后,见第 5 章)是雷达和安装 ESM 的平台之间的环境中的物体和表面的多径干扰。所有的 ESM 测向体制(比幅、时差和比相)都受到多径干扰的影响。

比幅测向和时差测向系统主要假设入射到每个 ESM 天线的脉冲幅度相等。由于波形干涉的相长或相消,多径效应会改变入射脉冲的幅度。多径也会改变脉冲的相位,导致比相系统的测向出现问题。

## 15.1 影响 ESM 系统的反射类型

有 3 种类型的反射会影响 ESM 系统对雷达脉冲的检测。

(1) 在直达脉冲之后几微秒,可以检测到雷达主波束从远离雷达和 ESM 平台的物体反射的信号,通常与直达波的路径相差数百米。这些反射脉冲被视为单独的脉冲。这种类型的反射波通常与刚刚检测到的直达脉冲的角度相差很大,并且它们与检测到的直达脉冲幅度不同。它们的幅度通常比直达脉冲低 20dB 以上。

(2) 主波束从雷达附近物体的反射会在脉冲流中造成更复杂的影响。这些反射不会与直达脉冲交错,通常会检测到一整套反射脉冲。反射脉冲在时间上偏离直达波几毫秒,其幅度分布与直达波的幅度分布成镜像关系,但峰值幅度较低。这种类型的反射仅在目标为扫描雷达时可见,因为在雷达扫描到 ESM 平台之前或之后,当主波束扫描到反射物体时,ESM 系统会接收到额外的脉冲。

(3) 距离雷达或 ESM 接收机很近的物体在几米或更短距离的反射会造成最严

重的干扰效应。在这种情况下看不到额外的脉冲,但是直达脉冲的幅度和相位会受到影响。在不同的接收天线上可以看到幅度的不同波动,从而导致 DOA 测量的误差。

这 3 种反射类型的示例如图 15.1 ~ 图 15.3 所示。

图 15.1 显示了雷达的单次扫描,该雷达具有交错的直达脉冲和反射脉冲。反射物体的方位距离雷达约 30°,反射脉冲的幅度低得多,比直达脉冲低 30dB。这里的示例中,直达脉冲和反射脉冲之间的时间差表明,反射路径比直达路径多 1km。反射脉冲幅度的减小主要是因为反射系数的影响(见第 16 章)。

图 15.2 也显示了雷达的单次扫描,几毫秒后检测到整个主波束的反射。该图上的 $x$ 轴刻度显示脉冲序号,并不表示直达路径和反射波束之间的时间差。本例中的雷达距离 ESM 接收机太远,无法检测到旁瓣,因此看到的第二个峰无疑是主波束的反射。直达波束和反射波束的 DOA 都被精确测量,因为两组脉冲的 DOA 的展宽仅为 ±5°。反射波的 DOA 与直达波有 20°的角度差,这与在接收到主波束 150ms[①] 后收到的反射波束一致,因为在本例中该雷达的扫描周期是 2.5s。

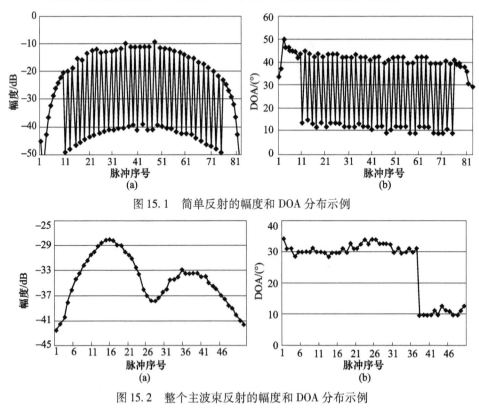

图 15.1 简单反射的幅度和 DOA 分布示例

图 15.2 整个主波束反射的幅度和 DOA 分布示例

---

① 译者注:150ms 的时间差不合理,1.5ms 的量级比较合理。

# 第 15 章 反射和多径

这个示例显示,看起来是两个非常好的主波束峰值实际上是同一部雷达的主波束和反射波束时,ESM 系统在识别时有多么困难。

图 15.3 显示了受到多径效应影响的两次连续主波束扫描。第一次扫描中的大部分脉冲没有受到显著影响,但是峰值附近有一个脉冲受到了破坏性干扰,其幅度比预期的低 10dB。相应的 DOA 分布显示,受影响脉冲的 DOA 误差为 15°。

在第一次扫描后 2.5s 检测到的第二次扫描中,所有脉冲都受到多径的影响。扫描主波束的脉冲幅度都减小了,并且相应的 DOA 分布图显示扫描中的所有脉冲都具有约 20°的 DOA 误差。

第一种类型的反射(图 15.1)在数据中很容易识别,应该被过滤掉。第二种类型(图 15.2)更难处理,因为对于额外的脉冲是来自反射效应还是来自单独的雷达可能有一些疑问。然而,第三类反射(图 15.3)对 ESM 系统性能的影响最为严重,本章的其余部分将分析这类反射。

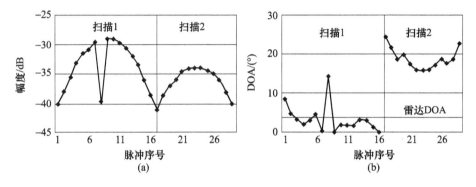

图 15.3 多径效应对幅度和 DOA 分布的影响示例

## 15.2 多 径

ESM 系统的工作环境中必然包含大量可以反射雷达信号的表面和物体。反射面有两类主要来源:一类是雷达环境中的物体,如地面、建筑物、烟囱、大海和山丘;另一类是靠近接收天线的 ESM 平台本身。第二类情况通常更严重,因为可能只有一个天线受到特定多径反射的影响,并且飞机表面的反射系数可能显著高于雷达环境中反射物体的反射系数。当然也有例外,非常靠近雷达的卡车可能具有与 ESM 平台相似的反射特性。

ESM 系统看到的雷达脉冲通常包括通过几种不同路径到达的信号。然而,开始时只考虑单次反射对脉冲幅度的影响是很有用的,这展示了等幅度反射脉冲对直达信号的可能干扰程度。图 15.4 是直达信号和单次反射信号之间的相位差对合成的脉冲幅度的影响。

对于两个信号之间的随机相位差,2/3 的情况将导致相长干涉。在 1/3 的情况下,合成信号的幅度会因相消干涉而降低。

图 15.5 以分贝形式显示了两个等幅信号干涉形成的幅度。对于单次反射,完全相消干涉的影响比完全相长干涉严重,因为两个等幅信号相长干涉产生的幅度最多只增加了 3dB。因此,对于图 15.5 中曲线相对较平缓的部分,直达路径和反射路径之间的相位差对 DOA 误差的影响并不太重要。

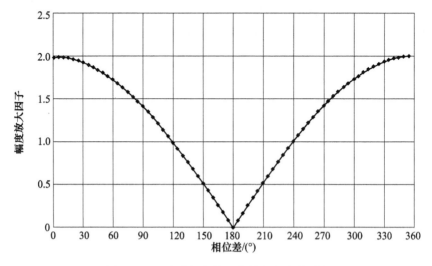

图 15.4　两个等幅信号组合的幅度倍增系数

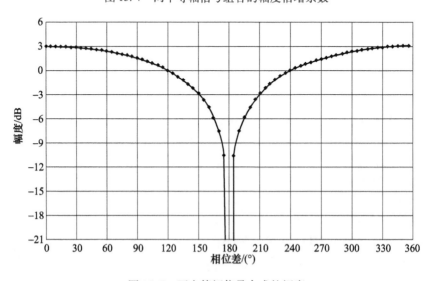

图 15.5　两个等幅信号合成的幅度

对于接近180°的相位差,幅度的降低会很严重,图15.6中以分贝形式显示了两个相同幅度、相位差为175°~185°的信号相互干涉产生的幅度。

在比幅系统中,计算DOA的算法依赖于对数幅度的测量。对于非常接近180°的相位差,幅度减小了145dB,如图15.6所示。与相长干涉的极致情况相比,这种情况对DOA的计算有更大的破坏性影响。没有反射影响的脉冲和受到完全相长干涉的脉冲之间只有3dB的幅度差。

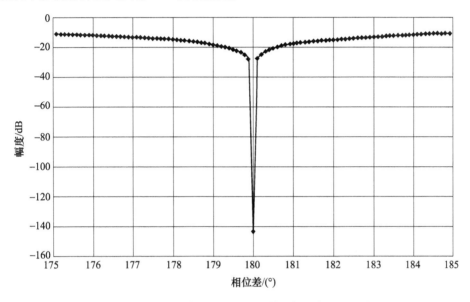

图15.6 相位差接近180°的两个等幅信号合成的幅度

多径效应影响扫描雷达DOA分布的方式取决于许多因素。飞机的距离、ESM系统天线配置、雷达参数(如波束形状)和反射面的性质都必须考虑在内,第16章详细讨论了这些影响。

## 15.3 比幅系统中的多径问题

比幅ESM系统的工作基础是,发射的脉冲以相等的幅度到达所有接收天线,但是每个天线检测到的幅度取决于接收天线的波束形状。因此,脉冲的DOA可以由接收天线的幅度差来确定。

由于波形的相长或相消干涉,多径效应会改变脉冲的有效发射幅度。多径会在脉冲传输过程中改变发射的幅度。通常情况下,直达脉冲比反射脉冲先到达接收机,但这两个路径之间通常只存在很短的时间差,以至于接收机不能单独测量直达脉冲。

图 15.7 给出了脉冲内幅度分布的简化示例。实际上，所有脉冲都会受到噪声和幅度波动的影响，尤其是在上升沿和下降沿处。

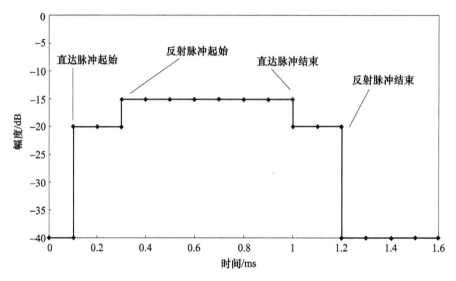

图 15.7　脉冲内幅度分布的例子

有的比幅系统在检测到的脉冲起始后的固定时刻测量脉冲幅度，通常为 30ns 或 50ns，有的系统在脉冲的整个持续期间对脉冲幅度进行采样以找到峰值幅度。这两种方法都会出现问题。

在第一种情况下，在进行幅度测量时，多径可能已经影响了脉冲幅度。此外，雷达脉冲从反射路径到达不同的接收机天线所用的时间可能大不相同，因此一些天线会受多径效应影响，一些天线只会接收到直达脉冲。

在第二种情况下，对于每个天线，直达路径和反射路径之间的路径差是不同的。因此，相位差是不同的，并且每个天线上的幅度会或多或少地受到多径的影响。由于每个天线的输入脉冲幅度不同，因此会产生 DOA 误差。如果所有天线都受到相同的多径影响，则不会有多径引起的 DOA 误差。

## 15.4　时差测向系统中的多径问题

时差测向系统通常用在大型飞机上，接收机天线之间相隔几十米。多径效应影响脉冲的幅度，通常对每个天线的影响程度不同。因此，产生 DOA 误差和在检测过程中完全丢失许多脉冲的可能性很大。

时差测向系统中多径干扰有一种更微妙的影响是，由于脉冲不可避免地存在上升斜率而引起 TOA 的变化。图 15.8 显示了宽度为 1μs、上升时间为 200ns 的直达波脉冲。上升时间如此长的脉冲在现实中是不太可能的,这里只是为了更清楚地说明多径效应。

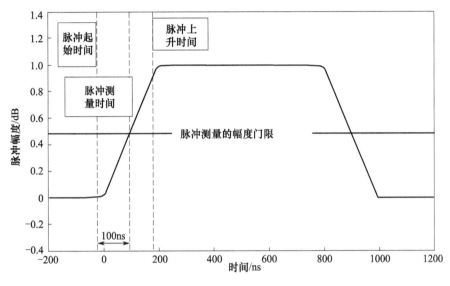

图 15.8 脉冲 TOA 的测量

第 6 章详细描述了时差测向系统中测量脉冲 TOA 的两种方法(幅度门限法和幅度下降法)。在没有多径的情况下,当脉冲的幅度达到某个门限电平时,或者当幅度从脉冲的峰值下降 3dB 时,测量脉冲的 TOA。在图 15.8 的示例中,这两种测量方法都发生在脉冲开始后 100ns。

图 15.9 显示了当单次反射脉冲相对直达路径脉冲延迟 50ns 到达 ESM 系统天线时的现象。当使用幅度门限法时,测得直达路径脉冲 TOA 为后 30ns,复合信号的幅度才超过测量门限。对于天线间距为 30m 的时差测向系统,测量延迟导致该脉冲的 DOA 计算误差超过 15°。

使用幅度下降法的时差测向系统检测不到图 15.9 所示的脉冲。复合脉冲的峰值幅度从 -46dBmi(直达路径脉冲的峰值幅度)降至 -48dBmi,仅比 -50dBmi 的 ESM 检测门限高 2dB。

多径干扰的另一个示例如图 15.10 所示。图中直达脉冲的峰值幅度比 ESM 检测门限高 10dB。反射脉冲在直达路径后 50ns 开始。

使用幅度门限法,在脉冲开始后 20ns,在反射对脉冲幅度或上升斜率产生影响之前,测量脉冲的 TOA。

图 15.11 显示了与图 15.10 完全相同的脉冲受到相同反射的影响。测得复合

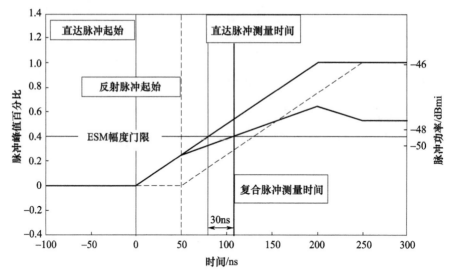

图15.9 多径导致的脉冲测量TOA延迟(幅度门限法)

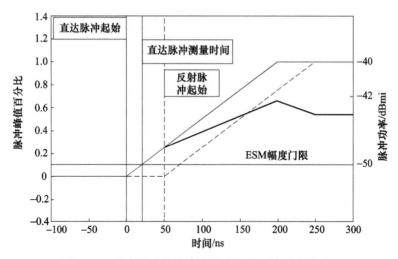

图15.10 多径导致的脉冲测量时间延迟(幅度门限法)

脉冲峰值幅度为 -42dBmi，幅度比峰值低3dB的时间记录为脉冲TOA。测量值为80ns，比没有反射时测量的时间早20ns。

如图15.9~图15.11所示，多径干扰具有改变脉冲上升斜率的效果。

每个ESM天线接收的脉冲具有不同的多径效应，特别是在天线间距很大的情况下，这意味着使用任意一种时间测量方法时，多径引起的时间差都可能导致时差测向系统的DOA误差。然而，与使用幅度门限法的系统相比，使用幅度下降法的ESM系统受多径的影响更严重。当使用幅度下降法测量脉冲的TOA时，脉冲已经存在了较长的时间,因此出现多径干扰的可能性更大。

脉冲上升时间是考虑时差测向系统中多径效应的一个重要因素。大多数脉冲的上升时间很短,超过50%的雷达的脉冲上升时间在50ns以下。另有25%的雷达的脉冲上升时间大于50ns,但小于100ns。

上升时间超过300ns的脉冲很少,如图15.12所示,当前雷达的脉冲上升时间通常不到总脉宽的10%。

图15.12将脉冲宽度限定在5μs以下,以便能够看到图的细节。有许多雷达的脉宽大于5μs,但它们的上升时间通常小于500ns(小于其宽度的10%)。

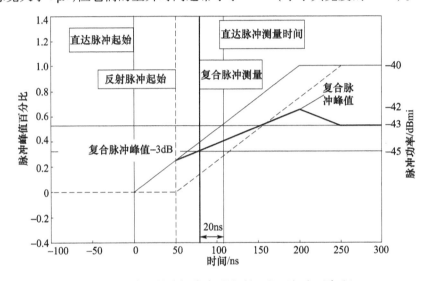

图15.11 多径导致的脉冲测量时间延迟(幅度下降法)

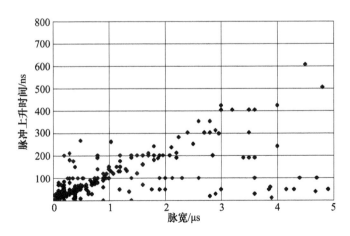

图15.12 当前雷达相对于脉宽的脉冲上升时间

## 15.5　比相系统中的多径问题

因为多径会改变脉冲的相位,比相系统必然会受到其影响。多径对脉冲相位分布的影响是,在反射脉冲开始的点和直达脉冲结束的点存在相位跳变。多径引起的幅度包络的变化可能会欺骗接收机相信脉冲已经结束,从而限制了可用于相位检测的信息量。图 15.13 显示了单次反射对脉冲相位分布的影响。直达脉冲后 1ns 到达的单次反射引起了相位反转,并显著降低了脉冲幅度。

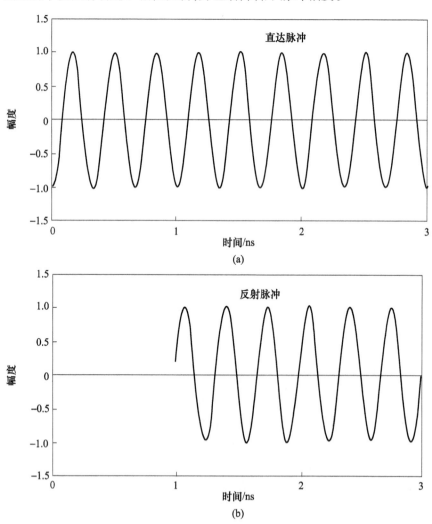

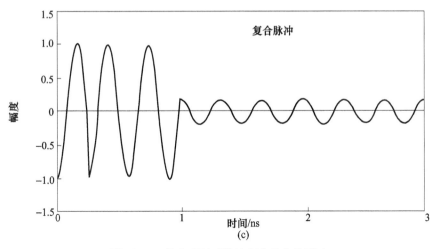

图 15.13 单次反射对脉冲相位分布的影响

比相系统中天线之间的距离较小,通常为 5～15cm,到达相距 15cm 的两个天线的脉冲的相位分布示例如图 15.14 所示。图中频率为 3GHz 的脉冲以 30°的角度到达线性阵列,在这种情况下,天线之间的相位差为 90°。

对于频率为 3GHz 的脉冲,相位周期时间为 0.33ns。当存在多径效应时,相位周期并不会改变。然而,信号的相位确实会发生变化,这也是比相系统出现问题的原因。通常在每个天线上采样脉冲相位,采样间隔为 1～5ns。如果采样间隔为 5ns,那么对于 1μs 的脉宽,将采集 200 个相位样本。图 15.15 显示了存在多径效应时两个天线的相位分布。在这种情况下,在采样相位时,天线 1 仅接收到直达脉冲,但是天线 2 收到的是相位发生了变化的复合脉冲。相位差现在为 40°,导致 DOA 误差为 17°。

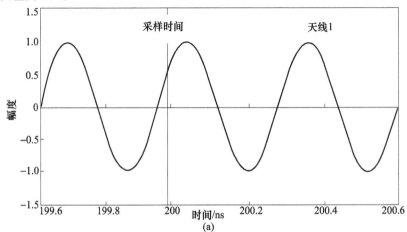

(a)

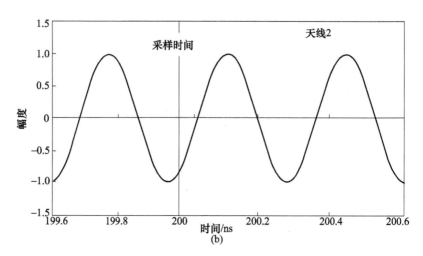

图 15.14　到达相距 15cm 的两个天线的 3GHz 脉冲的相位分布图

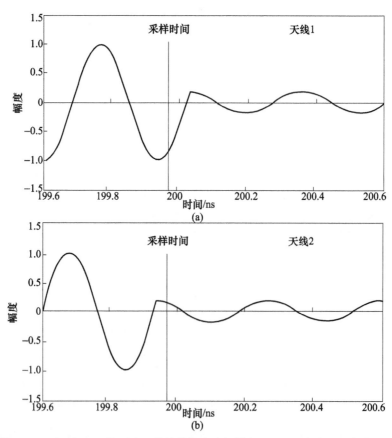

图 15.15　相距 15cm 的两个天线接收的有多径效应的 3GHz 脉冲的相位分布图

这里给出的只是一个简单反射的例子,现实中存在的多重反射会复杂得多。图 15.16 显示了在脉冲的整个持续期间,相位和幅度可能会有许多变化,从而导致 DOA 误差。

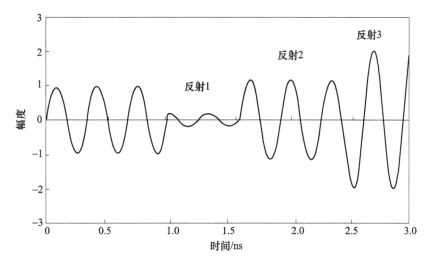

图 15.16　从脉冲的相位分布能够看出多径反射带来的影响

比相 ESM 系统通常被认为具有非常精确的 DOA 测量能力。然而,在实践中,多径会严重损坏 DOA 的测量性能。

当相位变化发生在脉冲的整个持续期间时,一些相位差样本会导致不正确的 DOA(如那些只有一个天线受到多径效应影响的样本)。如果两个天线都受到影响,那么应该看不到 DOA 误差。在 5ns 采样间隔下,对 100ns 脉宽的数千个脉冲的仿真表明,35% 的脉冲具有不正确的 DOA。采用脉冲相位差的模式,应该可以减少 DOA 误差的影响,但是在当前的 ESM 系统中似乎还没有达到这种处理水平。

## 15.6　多径的实证研究

近年来有几份关于多径效应的研究报告。2016 年在瑞士进行的一项实验表明,雷达图像中的多径干扰可能是由雷达和观测区域之间的表面反射的直达波和间接波叠加造成的。观察区域和雷达中间有高反射的平坦表面的影响尤其严重,如水、裸露的土壤、矮草或湿雪[1]。

另一项研究对预测的多径效应与宽带雷达的实测数据进行了比较。试验中在海岸线上部署了两部相同的 X 频段雷达,在离岸几千米处有一个系留球体。其中一部雷达跟踪球体,而另一部雷达天线指向下方的海面。下视天线只接收雷达信号,因此可以直接观察单次多径[2]。

## 参考文献

[1] Lewis, C., et al., "Multipath Interferences in Ground – Based Radar Data: A Case Study," *Remote Sensing*, Vol. 9, No. 12, 2017.

[2] Haspert, K., and M. Tuley, "Comparison of Predicted and Measured Multipath Impulse Responses," *IEEE Transactions on Aerospace and Electronic Systems*, 2010.

# 第 16 章

## 影响多径的因素

雷达环境中的物体和表面以及 ESM 系统安装平台的多径干扰是影响 ESM 系统 DOA 计算的重要因素。如果探测到特定雷达的脉冲 DOA 值变化很大,ESM 系统将得出结论,认为环境中的雷达比实际雷达多得多,并将引起额外的跟踪,遮蔽正确的数据。由于波形的相长或相消干涉,多径干扰的作用是改变脉冲的入射幅度和相位。

为了解释多种因素(如 ESM 系统天线间距、雷达波束宽度、雷达距离和反射的几何结构等)如何影响 DOA 的计算,本章将使用仿真程序的运行结果。程序中的多径模型允许模拟 6 种类型雷达,并可以规定 ESM 系统的参数,如灵敏度、动态范围和脉冲测量时间等,还可以指定 ESM 系统天线的数量和位置。单次反射的几何结构是用反射体/表面与雷达的距离,以及相对于从飞机到雷达的直线的角度来描述的。图 16.1 显示了仿真程序中使用的基本反射的几何结构。

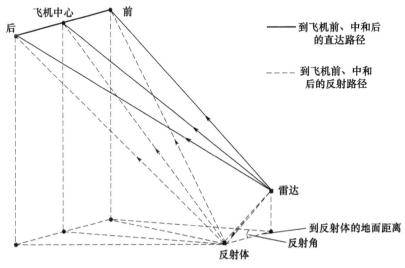

图 16.1 多径模拟中使用的几何简图

## 16.1 ESM 系统的天线配置

在距雷达很近的情况下,飞机相对雷达的张角相对雷达波束是比较大的,即使没有多径,在不同的接收天线上也可以看到很大的幅度差异。图 16.2 显示了初始距离为 5km 的雷达 6 次连续扫描的幅度分布图,这是由最大天线间距为 20m 的 ESM 系统看到的。在这个距离和航向为 0° 的情况下,一架 20m 长的飞机相对 DOA 为 90° 的雷达的张角为 0.12°。

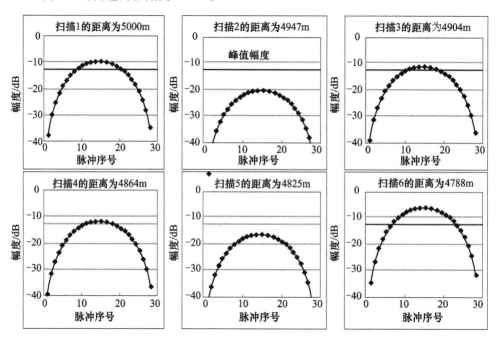

图 16.2 受多径效应影响的雷达连续扫描的幅度分布图(ESM 系统具有分离天线)

为了生成图 16.2 中的图形,使用一个反射物体进行了模拟,该物体的位置使得直达路径和反射路径之间的角度很小(小于 1°)。直达脉冲和反射脉冲之间的路径差只有约 10m,直达信号和反射信号之间的 TOA 差小于 3ns[①]。假设反射物体是一个理想的反射器。图表上显示的幅度值用下式计算:

$$幅度 = 0.66 A_{max} + 0.33 A_{max-1} \tag{16.1}$$

式中:$A_{max}$ 为所有天线中检测出的最大脉冲幅度;$A_{max-1}$ 为检测出的次大脉冲

---
① 译者注:应为 30ns,对应 10m 的路径差。

幅度。

虽然飞机飞行过程中,雷达天线从一次扫描到另一次扫描时间内飞机与雷达的距离变化很小,不到100m,但每次扫描的峰值幅度有很大差异。相应的 DOA 分布如图 16.3 所示,图中的 DOA 是基于 3 个 ESM 系统天线上脉冲电平用比幅法计算出来的。对于每次扫描,该反射物体对 DOA 分布的影响是不同的。可以看到,在扫描 2 中,峰值幅度比预期值低至少 6dB,DOA 误差最大。

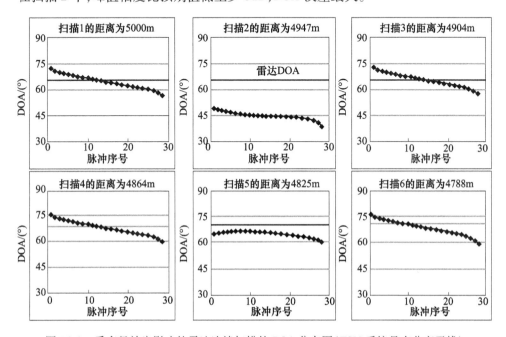

图 16.3 受多径效应影响的雷达连续扫描的 DOA 分布图(ESM 系统具有分离天线)

表 16.1 显示了前 3 次扫描中峰值脉冲在 3 个 ESM 系统天线(飞机前、后和中心)上的直达路径和反射路径之间的相位差。扫描 2 中所有相关天线的相位差为 179°~199°,因此会出现相消干涉,从而降低了所有 3 个天线上的接收幅度。

表 16.1 ESM 系统每个天线上的相位差

| 直达路径和反射之间的峰值脉冲相位差 | | | |
|---|---|---|---|
| 天线 | 1 | 2 | 3 |
| 扫描 1 | 106.9° | 81.3° | 47.2° |
| 扫描 2 | 198.9° | 183.2° | 179.5° |
| 扫描 3 | 329.6° | 323.9° | 310.6° |

在扫描 2 中,天线 2 的相位差与 180°(完全相消所需的相位差)只差 3.2°。183°的相位差导致天线 2 的输入幅度降低了 12.5dB。然而,相消最多的干涉发生

在天线 3 上,它的视轴朝向飞机的后部,这种情况下的相位差仅比 180°小 0.48°,并且将输入到该天线的幅度降低了 20dB 以上。天线 1 接收信号的幅度仅下降 4.5dB。因此,根据扫描 2 的峰值脉冲计算的 DOA 被 3 个相关天线之间的输入幅度差拉向飞机前方。由于飞机后部的天线 3 受到更极端的相消干涉,测量出的角度比实际的小 15°。

再次运行相同的仿真,但这次 ESM 系统天线采用共址的配置,将产生图 16.4 中的幅度分布。预期峰值幅度值与图 16.2 有相似的偏移。

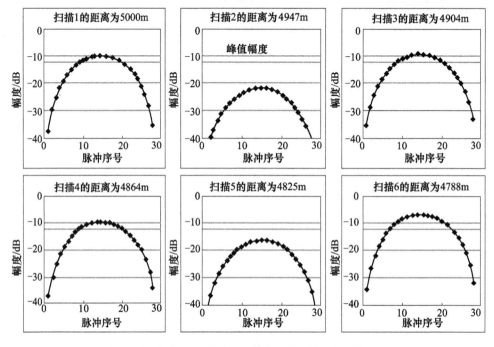

图 16.4  受多径效应影响的雷达连续扫描的幅度分布图
(ESM 系统天线位于同一个位置)

然而,图 16.5 所示的 DOA 分布图中没有像分离天线那样的误差。相距很近的天线的微小恒定测角误差是由第 5 章中讨论的仰角效应引起的。

从这些结果中得出的第一个结论是:由于多径的干扰,分离的天线会对脉冲 DOA 的测量带来问题,而当 ESM 系统天线位于同一个位置时,不会出现这个问题。

表 16.2 显示了天线位于同一个位置情况下前 3 次扫描中 3 个天线上峰值脉冲的相位差。第二次扫描中,3 个天线的相位差均为 187.87°。所有天线在直达路径和反射路径之间具有相同的相位差,这与预期的结果一致。

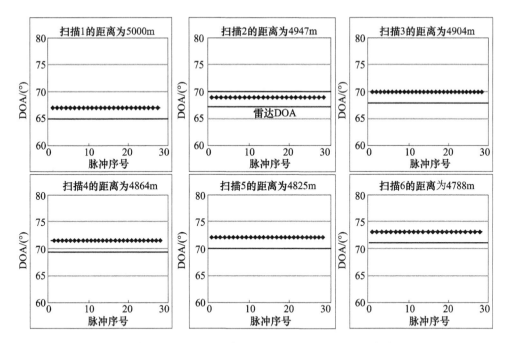

图16.5 受多径效应影响的雷达连续扫描的 DOA 图(ESM 系统天线位于同一个位置)

表16.2 相同位置 ESM 系统天线中各个天线的相位差

| | 直达路径和反射之间的峰值脉冲相位差 | | |
|---|---|---|---|
| 天线 | 1 | 2 | 3 |
| 扫描 1 | 56.3° | 56.3° | 56.3° |
| 扫描 2 | 187.8° | 187.8° | 187.8° |
| 扫描 3 | 318.4° | 318.4° | 318.4° |

从这些结果中得出的第二个结论是:相位差异并不影响 DOA 误差的大小;在单个 ESM 系统天线上看到的相位差才是重要的因素。

图 16.3 中的所有 DOA 分布有一个特征,即在雷达主波束扫描中,DOA 误差从一个脉冲到下一个脉冲有一个变化趋势。这一结果可以通过观察从一个脉冲到下一个脉冲的直达路径和反射路径之间的相位差的变化来解释。表 16.3 显示了3 个天线的相位差,这 3 个天线用于测量距离飞机 5km 的雷达脉冲的 DOA,数据为雷达的单次扫描中理想的单次反射在每个天线上引起相位差。

从这些简单的结果中得出的第三个结论是:由于多径,单次雷达扫描中的 DOA 误差可能存在趋势。这一点很重要,因为目前大多数分选算法都使用 DOA 作为参数。具有不正确 DOA 的整套脉冲(在大多数 ESM 系统中至少为 6 个)可能会导致多重跟踪。

表 16.3　ESM 系统天线测量的单次扫描中单个脉冲的相位差

| 直达路径和反射之间的相位差 | | | | | | | | | | |
|---|---|---|---|---|---|---|---|---|---|---|
| 脉冲 | 1 | 2 | 3 | 4 | 5 | 6 | 7 | 8 | 9 | 10 |
| 天线 1 | 271.8° | 271.9° | 271.9° | 271.9° | 271.5° | 272.0° | 272.0° | 272.0° | 272.1° | 272.1° |
| 天线 2 | 157.1° | 157.1° | 157.1° | 157.1° | 157.1° | 157.2° | 157.2° | 157.2° | 157.2° | 157.2° |
| 天线 3 | 80.1° | 80.1° | 80.1° | 80.1° | 80.1° | 80.1° | 80.2° | 80.2° | 80.2° | 80.2° |
| 脉冲 | 11 | 12 | 13 | 14 | 15 | 16 | 17 | 18 | 19 | 20 |
| 天线 1 | 272.1° | 272.1° | 272.2° | 272.2° | 272.2° | 272.3° | 272.3° | 272.3° | 272.3° | 272.4° |
| 天线 2 | 157.3° | 157.3° | 157.3° | 157.3° | 157.3° | 157.4° | 157.4° | 157.4° | 157.4° | 157.5° |
| 天线 3 | 80.2° | 80.2° | 80.2° | 80.3° | 80.3° | 80.3° | 80.3° | 80.3° | 80.3° | 80.3° |

为了证明 ESM 系统天线分离在多径效应下造成了脉冲 DOA 误差,接下来给出了 0.1~20m 不同天线间距下的仿真结果。

图 16.6 和图 16.7 分别显示了幅度和 DOA 的分布,仿真中雷达的波束宽度为 5°,多径为单次理想反射。ESM 系统到雷达的距离为 25km,雷达波束宽度很大,因此即使 ESM 系统的前后天线之间的距离为 20m,DOA 中也看不出主波束斜率对幅度和 DOA 的影响。

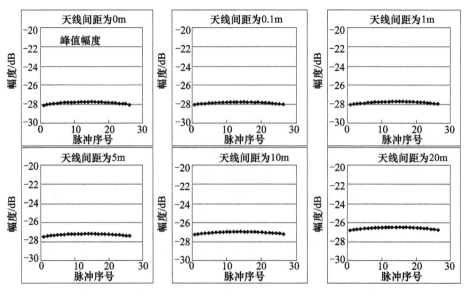

图 16.6　不同 ESM 天线间距下单次理想反射对幅度的影响

如图 16.6 所示,对于所有 ESM 天线间距,由于多径的影响,主波束幅度已显著降低。这是因为在所有这些示例中,每个天线的直达路径和反射路径之间的相

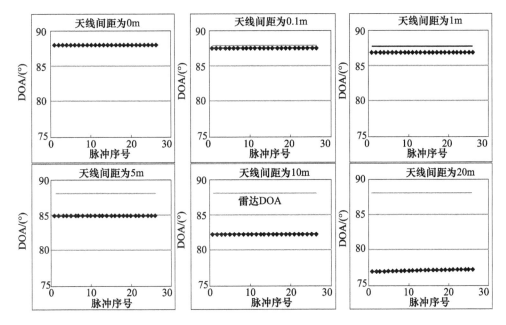

图 16.7 不同 ESM 天线间距下单次理想反射对 DOA 的影响

位差为 145°~165°,导致了相消干涉。表 16.4 显示了不同天线间距下前后天线的相位差和幅度差。

表 16.4 不同 ESM 天线间距的相位和幅度差(对应 DOA 为 88°)

| 间距/m | 前相位/(°) | 后相位/(°) | 相位差/(°) | 前幅度/dB | 后幅度/dB | 幅度差/dB | DOA 计算值/(°) | DOA 误差/(°) |
|---|---|---|---|---|---|---|---|---|
| 0 | 156.3 | 156.3 | 0.0 | −25.8 | −25.8 | 0.0 | 88.0 | 0.0 |
| 0.1 | 155.9 | 156.7 | 0.8 | −25.7 | −25.9 | 0.1 | 87.6 | 0.4 |
| 1 | 155.4 | 157.2 | 1.7 | −25.7 | −26.0 | 0.3 | 87.0 | 1.0 |
| 5 | 153.4 | 159.4 | 5.9 | −25.4 | −26.4 | 1.0 | 84.9 | 3.1 |
| 10 | 151.1 | 162.3 | 11.2 | −25.0 | −27.0 | 1.9 | 82.2 | 5.8 |
| 20 | 147.1 | 168.8 | 21.7 | −24.5 | −28.6 | 4.0 | 77.1 | 10.9 |

图 16.7 中的 DOA 分布显示,随着天线间距的增加和前后天线之间相位差的增加,DOA 误差也会增加。其中,最坏情况是间距为 20m 时,扫描中所有脉冲的 DOA 测量误差为 13°。对于天线间距为 20m 的情况,前后天线之间的相位差约为 20°。

## 16.2 雷达波束宽度

即使不存在多径,ESM 天线的分离也会导致测得的扫描雷达主波束的 DOA

分布发生倾斜(见第 5 章)。在前面的示例中,雷达 3dB 波束宽度为相对较宽的 5.0°,以隔离 ESM 天线分离和雷达波束宽度的影响。现在,在天线间距 20m 的 ESM 系统中考虑雷达波束形状对 DOA 的影响。图 16.8 给出了没有多径的情况,显示了 5°~0.3° 的 6 种不同 3dB 波束宽度的情况下,接收到的主波束幅度分布。除了波束宽度的变化之外,生成这些图的所有其他参数都是相同的。模拟雷达的频率为 3GHz,扫描周期为 4s,PRI 为 1ms。飞机朝正北飞行,距离雷达 15km,雷达的 DOA 为 65°。由于只考虑雷达的主波束,每个图中出现的脉冲数不同。

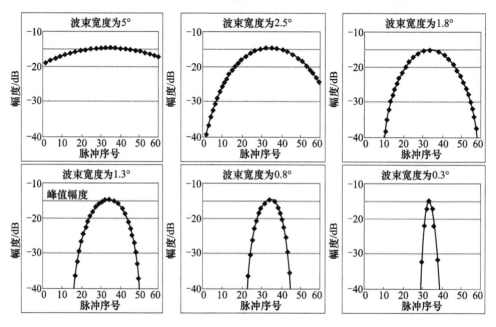

图 16.8　具有不同 3dB 波束宽度(无多径)的扫描雷达主波束的幅度分布图

相应的 DOA 分布如图 16.9 所示。DOA 的斜率随着波束宽度的减小而增大,在 0.3° 的波束宽度时达到最极端情况,其中从主波束的第一个脉冲到最后一个脉冲的 DOA 差接近 40°。这里的初步结论是,即使在没有多径的情况下,针对本例选择的 15km 距离的窄波束雷达,当前的比幅系统也很难正确地确定雷达的 DOA。

图 16.10 显示了与直达路径成小角度(0.5°)的理想反射对接收的雷达幅度分布的影响。所有的情况下都是相长干涉,这增加了主波束的幅度电平。图 16.11 显示了相应的 DOA 图。所有的图都显示了相同的 DOA 趋势,但前 4 个图的最大 DOA 误差为 10°。对于波束宽度分别为 0.8° 和 0.3° 的后两幅图,最大 DOA 误差并不比没有多径时的情况差。对于窄波束宽度的雷达,DOA 分布不符合主波束上的预测斜率,并且雷达波束峰值附近的脉冲的 DOA 误差比没有多径的情况下小。

第 16 章　影响多径的因素

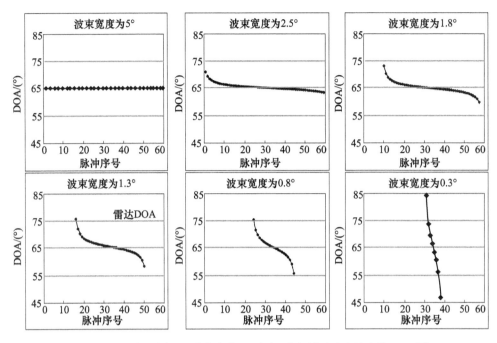

图 16.9　具有不同 3dB 波束宽度(无多径)的扫描雷达主波束的 DOA 图

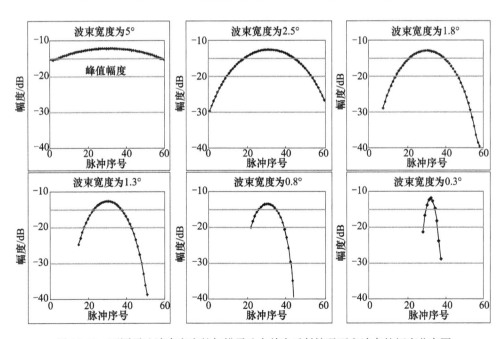

图 16.10　不同雷达波束宽度的扫描雷达在单次反射情况下主波束的幅度分布图

277

图 16.11 说明了多径干扰并不总是对 DOA 的计算有不利影响。有时,多径可以增强一个或多个天线上的脉冲幅度,从而弥补天线分离的影响。

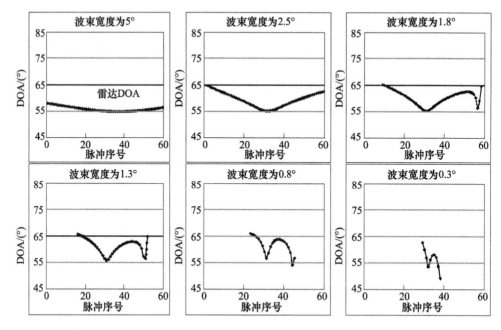

图 16.11　不同雷达波束宽度的扫描雷达在单次反射情况下的主波束 DOA 图

到目前为止,只考虑了多径对主波束扫描的影响。图 16.12 显示了由分离的 ESM 天线接收到的一部扫描雷达的幅度和 DOA 的分布图。雷达距离飞机 15km,探测到了前两个旁瓣。

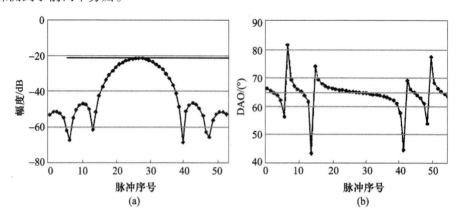

图 16.12　检测到的扫描雷达旁瓣的幅度和 DOA 分布

## 第 16 章　影响多径的因素

在 DOA 分布图中可以看到主波束上的斜率,旁瓣上的斜率也如预期的那样。由于在不同天线上看到的幅度差异,主波束和旁瓣的中间位置,以及第一和第二旁瓣的中间位置的 DOA 误差可以高达 30°。图 16.13 显示了主波束和第一旁瓣之间的两个脉冲以及第一和第二旁瓣之间的一个脉冲输入到 3 个 ESM 天线的幅度。

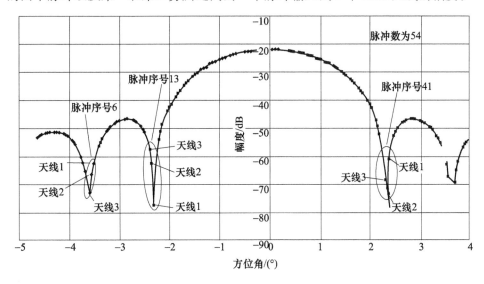

图 16.13　选定脉冲在每个天线上的输入幅度

表 16.5 显示了这 3 个脉冲输入到 3 个 ESM 天线的幅度。对于位于主波束和第一旁瓣之间的脉冲 13,天线 1 和天线 3 的输入幅度相差 21dB,导致 DOA 误差为 −21°。另外两个脉冲也存在 DOA 测量误差:一个为 16°,另一个为 −20°。

表 16.5　主波束和旁瓣之间脉冲的幅度和 DOA(无多径)

| 脉冲数 | 6 | 13 | 41 |
|---|---|---|---|
| 天线 1 输入幅度/dB | −63 | −77 | −61 |
| 天线 2 输入幅度/dB | −66 | −63 | −71 |
| 天线 3 输入幅度/dB | −74 | −56 | −68 |
| 计算的 DOA/(°) | 81 | 44 | 45 |
| DOA 误差/(°) | 16 | −21 | −20 |

图 16.14 和图 16.15 给出了 3 个示例,显示了理想反射对不同波束宽度雷达的幅度和 DOA 分布的影响,其中除了主波束之外还检测到第一旁瓣。雷达到反射物体的距离为 0.5km,直达信号和反射信号之间的最大路径差为 10m。

在图 16.15 所示的示例中,多径改变了 DOA 分布。它甚至减小了 1.8° 和 1° 波束宽度的 DOA 的扩展范围,平滑了在没有多径的情况下出现的尖峰。只有在波束宽度为1.8°时,旁瓣的DOA才有比较明显的斜率。

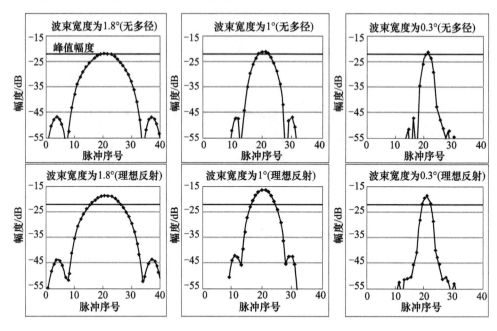

图 16.14　单一理想反射对不同波束宽度的主波束和旁瓣幅度分布的影响

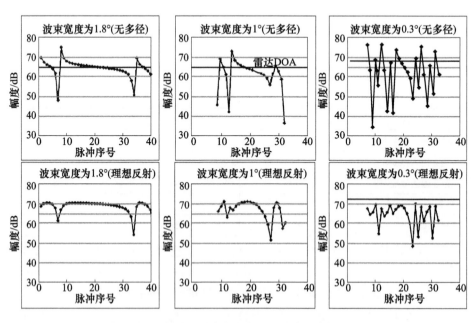

图 16.15　单一理想反射对不同波束宽度的主波束和旁瓣DOA分布的影响

# 第 16 章 影响多径的因素

表 16.6 显示了在图 16.15 所示的每种情况下,第一旁瓣后缘和主波束之间的脉冲在每个天线上的幅度差和相位差。还给出了不存在多径时的幅度值。在所有这些情况下,多径实际上都减小了 DOA 的测量误差。

表 16.6 第一旁瓣和主波束之间的脉冲在每个 ESM 天线上的幅度差和相位差

| 参数 | 有多径 | | | 无多径 | | |
| --- | --- | --- | --- | --- | --- | --- |
| 波束宽度/(°) | 1.8 | 1 | 0.3 | 1.8 | 1 | 0.3 |
| 天线 1 相位差/(°) | 11.9 | 11.9 | 11.9 | — | — | — |
| 天线 1 幅度差/dB | −42 | −46 | −45 | −56 | −53 | 53 |
| 天线 2 相位差/(°) | 16 | 16 | 16 | — | — | — |
| 天线 2 幅度差/dB | −42 | −47 | −44 | −59 | −56 | 57 |
| 天线 3 相位差/(°) | 16.3 | 16.5 | 16.3 | — | — | — |
| 天线 3 幅度差/dB | −45 | −48 | −46 | −76 | −73 | 69 |
| DOA 误差/(°) | −10 | −7 | 3 | −17 | 25 | −24 |

## 16.3 反射几何

为了发生脉冲内反射,直达波和反射的路径差引起的时延必须小于脉宽。对于许多雷达来说,脉宽为 1μs 量级。因此,对于 1μs 脉宽,直达路径和反射路径之间的路径差必须小于 300m。

直达路径和反射路径之间的角度影响信号的直达波和反射波的相对幅度。在非常小的反射角下(对于 3dB 波束宽度为 1.5°的雷达,约为 0.1°),扫描中的每个脉冲的反射幅度接近直达波的幅度。因此,合成脉冲幅度很大程度上取决于第 15 章中讨论的直达脉冲和反射脉冲之间的相位差。

当反射角增加到大约 1°或 2°时,反射导致主波束的幅度分布变宽。反射角的进一步增加将导致在非常接近真实主波束的位置上出现第二个主波束峰值,但是由于反射系数的原因,其幅度要小一些,如 16.5 节所述。在这种情况下,主波束的反射将与旁瓣的直达脉冲发生干涉,并且看起来是整个主波束的反射。

为了说明这些问题,图 16.16 和图 16.17 显示了 0.1°~10°的反射角对大约 25km 距离上 3dB 波束宽度为 1.8°的扫描雷达的幅度和 DOA 分布的影响。选择的反射几何使得天线 3 上的直达路径和反射路径之间的相位差约为 180°。

图 16.16 和图 16.17 中的每个子图中有不同数量的脉冲,因为在每种情况下都必须考虑反射路径的角度范围。例如,10°反射角情况下的主波束不受多径效应影响,但是旁瓣后缘的脉冲受到反射主波束的影响。这显著地增强了它们的幅度,

从而在非常接近真实主波束的位置上出现了另一个看起来像主波束的形状。

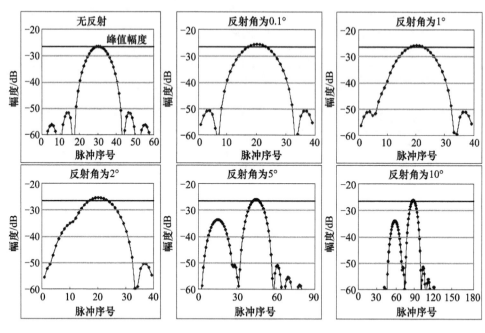

图 16.16　反射角对扫描雷达幅度分布的影响

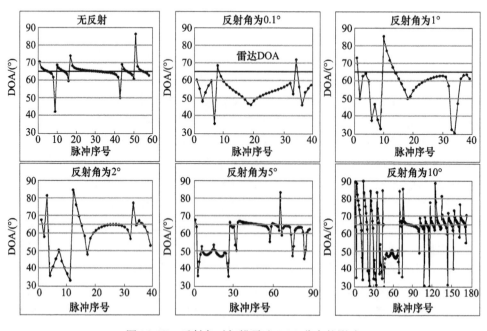

图 16.17　反射角对扫描雷达 DOA 分布的影响

在所有这些情况下,都假设了理想的反射。然而,在10°反射角情况下,由于近180°的相移对反射峰值中的复合脉冲幅度造成相消干涉,所以反射的幅度低于实际主波束的幅度。这些脉冲的幅度比直达路径主波束低了近10dB。

## 16.4 到雷达的距离

在描述了各种几何形状的反射对多径效应的影响后,我们限定反射类型,以确定多径效应是否与到雷达的距离有关。这里只考虑那些预计对复合脉冲的幅度影响最大的反射类型。选择小的反射角,使得直达脉冲和反射脉冲之间的幅度相似。

图16.18和图16.19显示了对不同距离的雷达单次扫描的测量结果,图中考虑相对直达路径0.5°的单次反射,雷达位于飞机的侧面。

图16.19所示的距离最近的DOA图中,DOA在扫描的前半部分有一个反向斜坡,峰值幅度的脉冲的DOA误差为20°。所有不同距离的分布大体相同,但是峰值幅度脉冲的DOA误差随着距离的增大而减小。

图16.18的幅度曲线显示,对于这种几何形状的反射,所有距离的峰值幅度都会降低。在天线2上,由于直达波和反射的相位差原因,所有距离上的幅度下降量都是相同的,该天线应该对DOA为90°的雷达收到最强的信号。

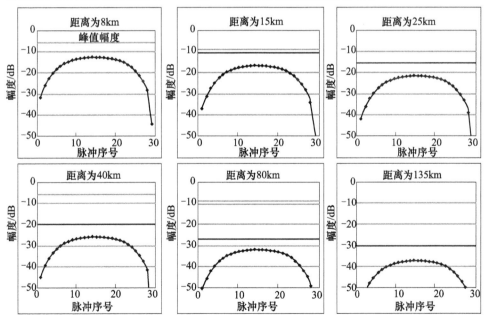

图16.18　在0.5°的理想反射情况下,在不同距离上的扫描雷达的信号幅度分布图

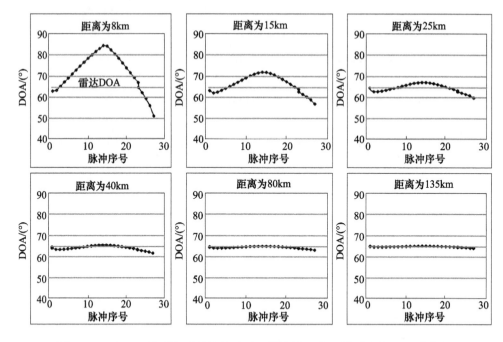

图 16.19 在 0.5° 的理想反射情况下,在不同距离上的扫描雷达的 DOA 分布图

对于图 16.18 中的所有距离,到达天线 2 的反射信号都有 194° 的相位差。所有 3 个天线的直达脉冲与反射脉冲的相位差,以及相位差之差(天线 1 和天线 2 或天线 2 和天线 3 之间的相位差之差)如表 16.7 所列。相位差之差随着距离的增加而减小,这解释了 DOA 误差随距离增加而减小的现象。

表 16.7 不同距离上的 ESM 天线的相位差

| 距离/km | 天线 | 峰值脉冲相位差/(°) | 相位差之差/(°) |
| --- | --- | --- | --- |
| 5 | 1 | 162.48 | |
| | 2 | 194.98 | 32.50 |
| | 3 | 274.76 | 77.43 |
| 8 | 1 | 180.75 | |
| | 2 | 194.07 | 13.33 |
| | 3 | 225.79 | 31.71 |
| 15 | 1 | 189.88 | |
| | 2 | 194.07 | 3.88 |
| | 3 | 225.79 | 9.24 |

(续)

| 距离/km | 天线 | 峰值脉冲相位差/(°) | 相位差之差/(°) |
|---|---|---|---|
| 25 | 1 | 193.67 | |
| | 2 | 195.02 | 1.38 |
| | 3 | 198.31 | 3.27 |
| 40 | 1 | 193.51 | |
| | 2 | 194.02 | 0.51 |
| | 3 | 195.22 | 1.22 |
| 80 | 1 | 193.91 | |
| | 2 | 194.05 | 0.14 |
| | 3 | 194.38 | 0.33 |
| 135 | 1 | 193.91 | |
| | 2 | 193.96 | 0.05 |
| | 3 | 194.08 | 0.11 |

在雷达距离为135km的情况下,所有天线都受到大约相同程度的相消干涉,在这个远距离上,天线间距与雷达波束宽度相比可以忽略不计,因此扫描中的任何脉冲都不会产生严重的DOA误差。

关于距离对多径的影响的第一个结论是:当所有天线都受到影响时,引起的DOA误差随着距离的增加而减小。这是因为天线之间的相位差会随着距离的增加而收敛。

现在考虑多径干扰的两种情况:第一种情况是在连续扫描的雷达与ESM系统平台相距6.5km时的多径效应;第二种情况是雷达位于80km远处的多径效应。

首先,图16.20和图16.21显示了一组6次连续扫描的幅度和DOA分布,条件是雷达波束宽度为1.5°,雷达离飞机的距离较近,约为6.5km。

6次扫描中的每一次都具有不同的DOA分布,每个天线的脉间相位差遵循单次扫描期间的趋势。然而,从一次扫描到下一次扫描没有趋势,如表16.8所列,其中给出了6次扫描中峰值脉冲的3个相关天线的相位差。

虽然不同扫描之间的DOA分布没有趋势,但如表16.8所列,3个天线在一些扫描中具有相似的相位差。例如,扫描2和扫描5中的3个天线的相位差具有相似的值。这两次扫描具有类似的DOA分布,如图16.21所示。表16.8中的扫描3和扫描6(紧接着扫描2和扫描5)则没有彼此相似的DOA分布。

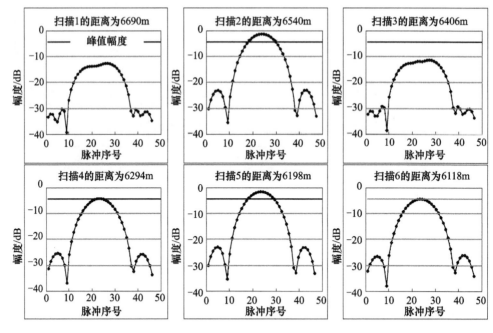

图 16.20　距离较近的雷达的连续单次扫描幅度分布图(单次反射与直达路径夹角为 0.5°)

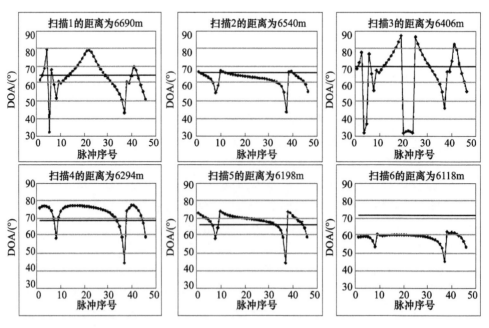

图 16.21　距离较近的雷达的连续单次扫描 DOA 分布图(单次反射与直达路径夹角为 0.5°)

## 第16章 影响多径的因素

表16.8 近距离时连续6次扫描的峰值脉冲的相位差

| 天线\扫描 | 峰值脉冲相位差 | | | 正确的 DOA | 计算的 DOA | DOA 误差 |
|---|---|---|---|---|---|---|
| | 天线1 | 天线2 | 天线3 | | | |
| 扫描1 | 268.6° | 287.2° | 331.4° | 65.0° | 68.0° | 3.0° |
| 扫描2 | 115.2° | 132.1° | 175.8° | 66.3° | 51.6° | -14.7° |
| 扫描3 | 337.8° | 353.6° | 36.5° | 67.7° | 67.7° | 0.0° |
| 扫描4 | 219.8° | 233.9° | 276.1° | 69.0° | 76.0° | 7.0° |
| 扫描5 | 122.8° | 135.2° | 176.5° | 70.4° | 54.2° | -16.2° |
| 扫描6 | 49.0° | 59.7° | 99.8° | 71.8° | 69.1° | -2.7° |

在近距离时生成的图 16.20 和图 16.21 中的扫描分布意味着,在连续的两次扫描之间的相似分布实际上是随机存在的。每个天线的相位差取决于许多变量,例如反射的几何形状和 ESM 天线间距。

关于多径对近距离时的 DOA 影响的第二个结论是:从一次扫描到下一次扫描没有 DOA 误差的趋势。

图 16.22 和图 16.23 显示了一组与飞机相距很远(约 80km)的雷达的连续 6 次扫描的情况。产生这些图的条件是:理想多径反射与直达路径成 1°角,直达路径和反射路径之间的最大路径差为 10m。

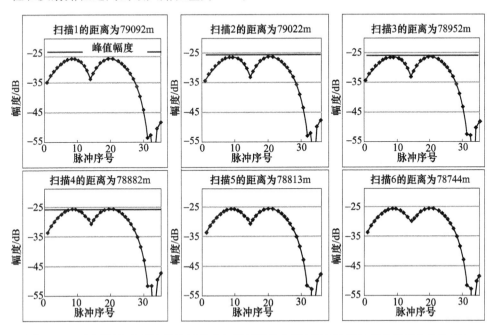

图 16.22 在远距离上雷达的连续单次扫描幅度分布图(单次反射与直达路径夹角为1°)

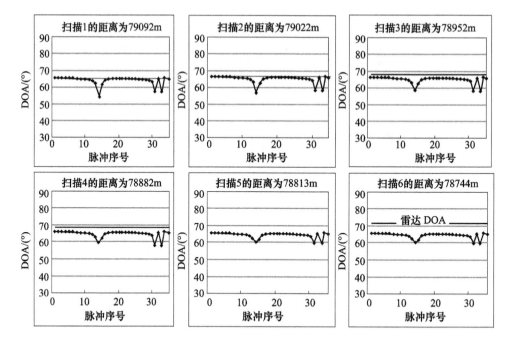

图 16.23 在远距离上雷达的连续单次扫描 DOA 分布图（单次反射与直达路径夹角为1°）

表 16.9 显示了每次扫描中 DOA 误差最大的脉冲在 3 个天线中的相位差。从一次扫描到下一次扫描，每个天线的相位差有一种趋势，因此各个扫描的 DOA 分布图相似。在距离很近时，看不到这种扫描到扫描的相位差趋势。

表 16.9 远距离连续 6 次扫描的峰值脉冲相位差

| 天线<br>扫描 | 峰值脉冲相位差 | | | 正确的 DOA | 计算的 DOA | DOA 误差 |
| --- | --- | --- | --- | --- | --- | --- |
| | 天线 1 | 天线 2 | 天线 3 | | | |
| 扫描 1 | 162.3° | 170.7° | 179.4° | 65.0° | 54.1° | −10.9° |
| 扫描 2 | 159.1° | 167.3° | 176.2° | 65.1° | 56.5° | −8.6° |
| 扫描 3 | 155.7° | 164.1° | 173.0° | 65.2° | 57.8° | −7.4° |
| 扫描 4 | 152.5° | 160.9° | 169.6° | 65.3° | 59.3° | −6.0° |
| 扫描 5 | 149.3° | 157.7° | 166.5° | 65.4° | 60.1° | −5.3° |
| 扫描 6 | 145.9° | 154.6° | 163.4° | 65.6° | 61.1° | −4.5° |

距离对多径干扰影响的第三个结论是：在很远的距离上，从扫描到扫描，DOA 误差将表现出一种趋势。这有可能导致多重跟踪，在错误的到达角上持续更新一段时间，并给 ESM 系统的操作员形成虚假的目标态势。

## 16.5 反射系数

目前,给出的结论都是基于理想反射的假设。在实际中,所有反射信号在反射面上都会衰减。反射系数取决于掠射角(入射角的余角)、信号的极化和反射介质的导纳[1]。导纳是复介电常数(取决于介质的波长和电导率)与磁导率的比值。

应当注意,这里考虑的所有信号都是水平极化的,雷达和接收机的极化是匹配的。图 16.24 显示了粗糙地面、平滑海面和飞机对 3GHz 和 9GHz 水平极化信号的反射系数。

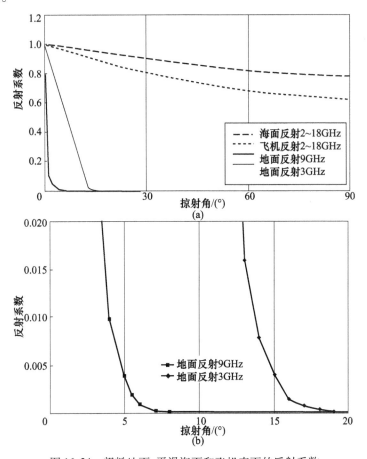

图 16.24  粗糙地面、平滑海面和飞机表面的反射系数

对于地面反射,在小掠射角的情况下,雷达频率对反射系数是很重要的。而对于来自光滑海面的反射,反射系数在 2~18GHz 之间的频率上实际上与雷达频率

无关,并且仅随着掠角的增加而缓慢减小。在 80°掠射角时,来自光滑海面的反射系数仅下降到 77%。反射系数的详细计算方法见附录 B。

图 16.25 和图 16.26 显示了不同的反射系数对波束宽度为 1.8°的扫描雷达的幅度和 DOA 的影响。

理想反射的反射系数为 1.0,会导致 DOA 分布发生显著变化,最大误差为 20°。随着反射系数的降低,可以看到类似的分布。在 50% 的反射系数下,DOA 分布发生偏移,峰值脉冲的 DOA 误差为 5°。在反射系数为 10% 和 1% 时看到的唯一影响是 DOA 分布的小偏移,使得峰值脉冲的 DOA 误差分别为 0.5°和 0.2°。

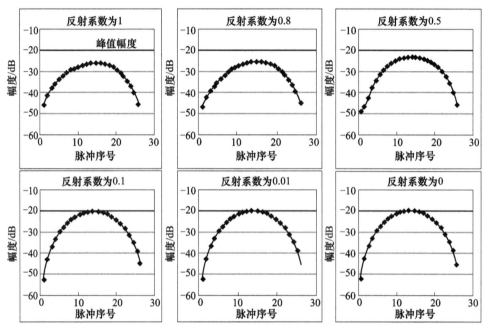

图 16.25　距离为 15km,各种反射系数的多径对所有天线产生影响的情况下,接收的幅度分布图

如图 16.24 所示,只有在小掠射角时,地面反射的反射系数才高于 1%,但在许多情况下可能并不会发生这种反射。然而,对于来自平滑海面的反射,由于所有可能的掠射角的反射系数都在 80% 以上,多径效应可能会有显著影响。

反射的另一种可能是来自飞机本身的表面。在这种情况下,反射系数可能高达 80%,并且可能只会影响到单个天线。这可能会对 DOA 计算产生严重影响,如图 16.27 和图 16.28 所示,图中是扫描雷达反射的幅度和 DOA 分布,3 个相关天线依次受到反射系数为 80% 和 50% 的多径的影响。

对于所考虑的两个反射系数,每个天线都有相似的 DOA 分布。仿真中设置每个受影响的天线的直达路径和反射路径之间的相位差相似,因此它们会受到一些相消干涉。

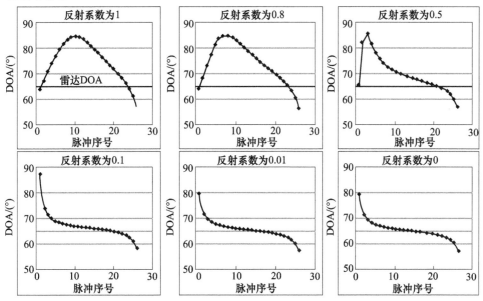

图 16.26　距离为 15km,在各种反射系数的多径对所有天线产生影响的情况下,扫描雷达主波束的 DOA 分布图

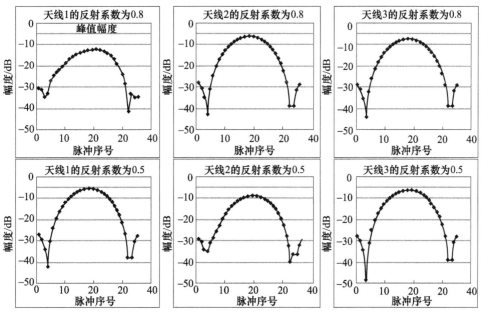

图 16.27　在多径的反射系数为 0.5 和 0.8 时,单个天线受多径效应影响的情况下,雷达主波束的幅度分布图

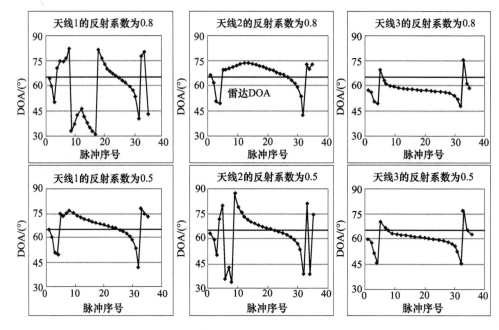

图 16.28　单个天线受多径效应影响,多径反射系数为 0.5 和 0.8,雷达距离 8km 的情况下,雷达主波束的 DOA 分布图

表 16.10 显示了两个反射系数对 3 个天线中每一个的幅度和 DOA 误差的影响,这是根据每种情况下的扫描峰值脉冲计算得到的。

表 16.10　对 3GHz 信号单次反射的反射系数对每个天线幅度的影响

| 对天线 1 的影响 | 反射系数为 0.8 | | | 反射系数为 0.5 | | |
|---|---|---|---|---|---|---|
| | 天线 1 | 天线 2 | 天线 3 | 天线 1 | 天线 2 | 天线 3 |
| 路径差/m | 1.5 | 0.0 | 0.0 | 1.5 | 0.0 | 0.0 |
| 时间差/ns | 170.9 | 0.0 | 0.0 | 170.9 | 0.0 | 0.0 |
| 相位差/(°) | 5.2 | 0.0 | 0.0 | 5.2 | 0.0 | 0.0 |
| 幅度差/dB | −23.3 | 6.3 | −13.6 | −19.9 | −6.4 | −13.7 |
| DOA 误差/(°) | 8 | | | 5 | | |
| 对天线 2 的影响 | 反射系数为 0.8 | | | 反射系数为 0.5 | | |
| | 天线 1 | 天线 2 | 天线 3 | 天线 1 | 天线 2 | 天线 3 |
| 路径差/m | 0.0 | 1.5 | 0.0 | 0.0 | 1.5 | 0.0 |
| 时间差/ns | 0.0 | 178.2 | 0.0 | 0.0 | 178.2 | 0.0 |
| 相位差/(°) | 0.0 | 5.2 | 0.0 | 0.0 | 5.2 | 0.0 |

(续)

| 对天线 2 的影响 | 反射系数为 0.8 | | | 反射系数为 0.5 | | |
|---|---|---|---|---|---|---|
| | 天线 1 | 天线 2 | 天线 3 | 天线 1 | 天线 2 | 天线 3 |
| 幅度差/dB | −16.8 | 18.5 | −13.7 | −16.8 | −9.5 | −13.7 |
| DOA 误差/(°) | | −30 | | | 7 | |

| 对天线 3 的影响 | 反射系数为 0.8 | | | 反射系数为 0.5 | | |
|---|---|---|---|---|---|---|
| | 天线 1 | 天线 2 | 天线 3 | 天线 1 | 天线 2 | 天线 3 |
| 路径差/m | 0.0 | 0.0 | 1.6 | 0.0 | 0.0 | 1.6 |
| 时间差/ns | 0.0 | 0.0 | 194.5 | 0.0 | 0.0 | 194.5 |
| 相位差/(°) | 0.0 | 0.0 | 5.2 | 0.0 | 0.0 | 5.2 |
| 幅度差/dB | −16.7 | 6.4 | −18.9 | −16.7 | −6.4 | −16.4 |
| DOA 误差/(°) | | | −7 | | | −4 |

天线 2(中心天线)上的多径效应最明显,因为在这些仿真中雷达的 DOA 被设置在该天线的视轴附近。对于此处考虑的两个反射系数,扫描中峰值脉冲的 DOA 误差从 −30°变为 +7°。在使用 3 天线比幅算法来计算 DOA 时,当应该看到最强信号的天线的幅度低于相邻天线时,该算法会变得不稳定。在这种情况下,天线 1 和天线 3 都具有比中心天线更高的幅度,导致 DOA 计算的不稳定。

当天线 1(前天线)受到影响时,DOA 误差是正的,由于其他两个天线看到相对较大的幅度,DOA 增大了。当天线 3(后天线)受到影响时,可以看到相反的效果,即 DOA 减小了。

如果这 3 个天线受相长干涉的影响,DOA 误差就会在符号上反转。然而,如图 15.5 所示,幅度的变化与相位差不是线性的,接近完全相长干涉的影响没有接近完全相消干涉的影响那么极端。

## 参考文献

[1] Beckmann,P.,and A. Spizzichino,*The Scattering of Electromagnetic Waves from Rough Surfaces*,Oxford,UK:Pergamon Press,1963.

# 第 17 章 多径问题的程度和可能的解决方案

地面反射和 ESM 平台反射的多径干扰的影响是不同的。在第一种情况下，每个反射路径的反射系数都取决于雷达的掠射角和频率。然而，许多地面反射的反射路径的幅度很低，对复合脉冲的幅度影响很小。对于来自 ESM 平台表面的反射，反射的幅度都是相似的，并且每个反射路径都对复合脉冲幅度有很大贡献。

在每种情况下，反射路径的数量是不同的，所有脉冲都会有多个地面反射，但平台反射的路径较少。尽管受到平台反射的脉冲也会受到地面反射的多径效应的影响，但本章将分开考虑这两种效应，以定量分析多径问题的影响程度。

## 17.1 平台的反射

确定多径效应的一个重要因素是形成典型脉冲幅度的反射个数。图 17.1 显示了在直达路径和反射路径之间存在随机相位差的不同反射个数下，幅度为 0 ~ 40dB 的脉冲数的分布。每个图中有 1000 个脉冲。独立反射和直达路径都是 30dB 的标称幅度，所有反射路径的反射系数为 0.8。

当仅存在一个反射时，可能达到的最大脉冲幅度为 33dB，但是相消干涉意味着脉冲幅度可以显著减小。

一个反射的情况下的较低幅度的分布比多个反射的情况下更宽。然而，只有一个多径反射时，70% 以上的脉冲幅度变化小于 3dB。这个百分比随着反射个数的增加而减小，当有 5 个或更多反射路径时，多径效应影响下的脉冲幅度分布具有相同的形状。当反射路径的数量增加时，由于多次相长干涉反射允许更高的合成脉冲幅度，分布沿着幅度轴向右移动。

从图 17.1 中得出的简单结论如下：

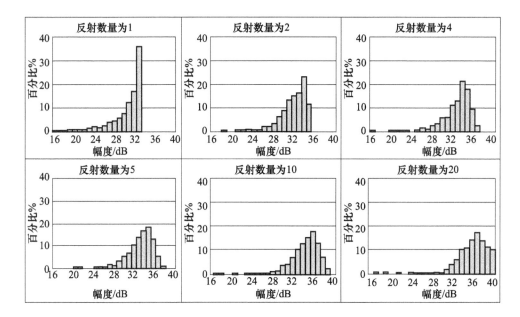

图 17.1 遭受与直达路径有随机相位差的多径干扰的脉冲幅度的百分比分布

（1）反射越多,相长干涉信号的比例越高；

（2）反射越少,相消干涉信号的比例越高；

（3）一旦相等强度的反射次数超过 10 次,随着反射路径数量的增加,多径效应几乎没有变化。

对于使用两个天线计算 DOA 的比幅系统,两个天线处入射幅度每相差 1dB,角度误差通常为 3°。为了了解幅度误差对 DOA 计算的影响,图 17.2 显示了由于多径反射导致 DOA 误差从 −60°~60° 的信号百分比分布情况。

为了生成图 17.2,考虑了两种情况。第一种情况只有一条反射路径；第二种情况下,有 10 条反射路径。在这两种情况下,对于每个天线,直达路径和反射路径之间的相位差是随机的。假设恒定幅度的直达路径脉冲为 30dB,并且计算中不包括由于天线分离或仰角引起的幅度差。所有反射路径的反射系数为 0.8,在这两种情况下,分别生成了 1000 个脉冲。

在图 17.2 中,单个反射或 10 个反射的情况没有什么不同。对于单个反射的情况,分布的尾部比 10 个反射时要大一些,这与先前预期的结果是吻合的。在先前的结果中,由于相长干涉和相消干涉,幅度差异可能超过 20dB。

对于这两种情况：约 40% 的脉冲 DOA 误差超过 10°；约 15% 的脉冲 DOA 误差超过 20°。

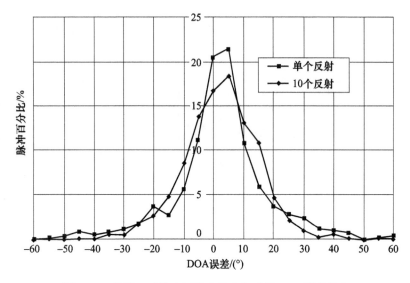

图17.2 简单双天线比幅算法的飞机反射DOA误差分布

## 17.2 地面反射

在雷达频率范围内,ESM平台的反射系数不取决于脉冲频率。平台表面可以认为是光滑的,依赖于雷达波长的散射系数不适用于反射系数的计算(见第16章)。

然而,对于地面反射,多径的影响取决于频率,并且选择了3GHz和9GHz两个频率用于分析,因为这两个频率值代表了当前ESM系统所关注的许多雷达所处的两个频段。

假设整个环境的反射表面是均匀分布的,因此所有可能的掠射角在0°~90°范围内均匀分布,则随机选择每次反射的掠射角。选择掠射角后,可以使用图16.24中的曲线找到反射系数。

对于3GHz的仿真结果表明,只有17%的反射具有高于1%的反射系数,只有5%的反射具有高于0.5(50%)的反射系数。对于9GHz的仿真结果表明,只有5%的反射系数在1%以上,2%的反射系数在0.5以上。

图17.3中的曲线显示了10条、20条和50条反射路径的情况,其中直达和反射路径之间存在随机相位差,反射系数随机选择以符合上述百分比。图17.3中的前3个图是针对3GHz的脉冲生成的,后3个图是针对9GHz的脉冲生成的。正如预期的那样,对于9GHz的频率,DOA误差分布在每种情况下都较窄,这意味着对

于 9GHz 的脉冲,地面多径的影响要小一些。

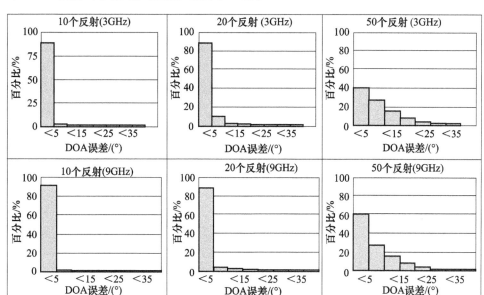

图 17.3 多个反射引起的 DOA 误差的百分比分布

在 3GHz 时,当存在 10 个反射时,由于地面反射,只有 10% 的脉冲 DOA 的误差大于 5°。对于 20 个反射,有 15% 的脉冲 DOA 的误差大于 5°。当反射数量高达 50 个时,对于 9GHz 的脉冲,DOA 误差大于 5° 的脉冲百分比为 40%,对于 3GHz 脉冲,该百分比已增加到 60%。

对于飞机反射,可以假设只有一个天线受到影响,或者天线之间的相位差是随机的。然而,对于地面反射,所有天线都受到相同来源的多径效应的影响,天线之间的相位差并不总是随机的,除非是在近距离上。因此必须修正对 DOA 影响程度的估计。

表 17.1 显示了在距离 ESM 平台 5～100km 范围内不同反射几何下观察到的天线之间相位差的仿真结果,其中所有天线之间的间距为 10m。考虑的所有示例中,多径都具有相对于直达路径的小方位角,因为对于这些反射,多径对相对幅度较大的主波束脉冲的影响是显著的。

在所有情况下,3 个天线的相位差随着距离的增加而减小。尽管表 17.1 中只显示了有限数量的示例,但在考虑了更多情况后,可以得出以下结论:

(1) 在近距离,如 5km 和 8km,分别有 80% 和 60% 的情况下,天线之间存在显著的随机相位差。

(2) 在中等距离,如 15km 和 25km,分别有 40% 和 25% 的情况下,接收天线之间的相位差大于30°。

（3）在远距离，如50km和100km，分别只有5%和1%的情况下相位差大于30°。

将图17.3和表17.1的结果相结合，可以估算地面多径反射引起的主波束脉冲DOA误差的大小。表17.2和表17.3显示了3GHz和9GHz雷达的预期DOA误差的百分比。

表17.1　不同反射几何下3个天线上的相位差

| 距离/km | 天线(1~2) | 天线(2~3) | 掠射角/(°) | 反射距离/m | 几何高度/m | 与直达路径的角度/(°) |
|---|---|---|---|---|---|---|
| 5 | 26.2 | 24.6 | 3.1 | 500 | 50 | 0.25 |
| 8 | 6.0 | 6.2 | 0.7 | | | |
| 15 | 5.1 | 6.7 | 0.9 | | | |
| 25 | 3.2 | 4.1 | 1.7 | | | |
| 50 | 1.7 | 2.0 | 2.3 | | | |
| 100 | 1.0 | 1.0 | 2.5 | | | |
| 5 | 37.8 | 111.3 | 5.2 | 1000 | 50 | 0.25 |
| 8 | 25.3 | 4.9 | 2.4 | | | |
| 15 | 8.6 | 9.2 | 0.5 | | | |
| 25 | 5.9 | 6.7 | 0.3 | | | |
| 50 | 3.3 | 3.6 | 0.8 | | | |
| 100 | 1.9 | 2.0 | 1.1 | | | |
| 5 | 77.8 | 32.7 | 9.8 | 2500 | 50 | 0.25 |
| 8 | 4.4 | 66.2 | 4.3 | | | |
| 15 | 20.4 | 17.2 | 1.1 | | | |
| 25 | 14.7 | 17.3 | 0.6 | | | |
| 50 | 8.3 | 9.8 | 0.1 | | | |
| 100 | 4.9 | 5.1 | 0.3 | | | |

应该注意的是，上面的讨论没有考虑那些反射路径差落在部分天线的脉冲幅度测量时间之外的情况。在这些情况下，不同数量的反射将影响每个天线处脉冲的最终幅度，并且在任何距离都可能导致不可预测的DOA误差。

表17.2和表17.3中给出的DOA误差估计仅针对天线间距为10m的特定ESM系统。然而，这些数据可以反映出地面反射的多径引起的主波束脉冲DOA严重误差的百分比。

表 17.2 由地面反射引起的 3GHz 雷达脉冲 DOA 误差百分比

| DOA 误差/(°) | 距离/km | | | | | |
|---|---|---|---|---|---|---|
| | 5 | 8 | 15 | 25 | 50 | 100 |
| 0~5 | 53% | 65% | 77% | 85% | 97% | 99% |
| 5~10 | 22% | 16% | 11% | 7% | 2% | 0.3% |
| 10~15 | 13% | 10% | 6% | 4% | 0.8% | 0.1% |
| 大于 15 | 11% | 8% | 4% | 2% | 0.6% | 0.1% |

表 17.3 由地面反射引起的 9GHz 雷达脉冲 DOA 误差百分比

| DOA 误差/(°) | 距离/km | | | | | |
|---|---|---|---|---|---|---|
| | 5 | 8 | 15 | 25 | 50 | 100 |
| 0~5 | 68% | 76% | 84% | 90% | 98% | 99% |
| 5~10 | 16% | 12% | 8% | 5% | 1% | 0.2% |
| 10~15 | 9% | 7% | 4% | 3% | 0.5% | 0.1% |
| 大于 15 | 7% | 5% | 3% | 2% | 0.4% | 0.1% |

在小角度的地面反射情况下，对多径问题影响程度的估计得到表 17.4 所列的结论。

表 17.4 DOA 误差大于 10°和大于 20°的脉冲百分比
（直达路径和反射路径之间的随机相位差引起的 DOA 误差）

| | 距离/km | 天线之间随机相位差的脉冲百分比/% | DOA 误差大于 10°的脉冲百分比/% | DOA 误差大于 20°的脉冲百分比/% |
|---|---|---|---|---|
| 近距离 | 5 | 80 | 24 | 5 |
| | 8 | 60 | 18 | 4 |
| 中距离 | 15 | 40 | 10 | 2 |
| | 25 | 25 | 6 | 1 |
| 远距离 | 50 | 5 | 1 | 小于 0.1 |
| | 100 | 1 | 0.2 | 小于 0.1 |

表 17.4 中引用的数据适用于 ESM 系统天线间距为 10m、雷达频率为 3GHz 时反射影响所有天线的情况。

ESM 平台表面的反射通常只影响一个天线，在任何距离和任何天线间距的情况下，反射都可能导致严重的 DOA 误差。例如，如果有 10 条平台产生的反射路径影响单个天线的脉冲幅度，预计 DOA 误差大于 10°的脉冲占比大约为 40%，DOA 误差大于 20°的脉冲可能有 15%。

## 17.3 常见的雷达扫描 DOA 分布

雷达扫描形成的脉冲数据中通常有 9 种常见的 DOA 分布。DOA 分布的类别包括无多径、DOA 偏移、DOA 大变化、反斜坡、叉骨、菱形、伪随机、双频分离和额外主波束。这些类别的示例如图 17.4 所示。

DOA 扫描分布的分类很可能用于未来的 ESM 系统，以提高这些系统的 DOA 测量性能。

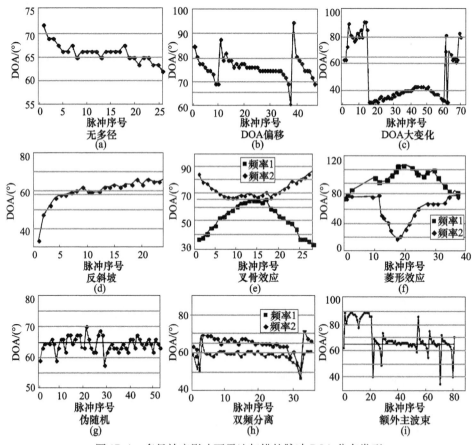

图 17.4　多径效应影响下雷达扫描的脉冲 DOA 分布类型

## 17.4 ESM 的各种多径问题的可能解决方法

虽然在全球定位系统（GPS）和全球卫星导航系统（GNSS）等导航系统中有许

多关于减少多径效应的参考资料,但公众获得的信息很少能够用于缓解 ESM 系统的多径问题。

有两种方法可以解决多径问题:一是对系统进行设备改造;二是在数据处理上采取一些方案。能够缓解多路径问题的可能措施如下:

(1) 集中布设 ESM 天线;
(2) 选择用于创建雷达跟踪的脉冲;
(3) 缩短脉冲幅度测量时间;
(4) 对 DOA 扫描进行分类;
(5) 使用脉内幅度分布;
(6) 对于比幅系统,可以使用适合的比幅算法来验证 DOA;
(7) 对于时差测向系统,应使用两种脉冲 TOA 测量方法(幅度门限法和幅度下降法),在 TOA 测量中使用额外的基线和精细的分辨率;
(8) 对于比相系统,对特定脉冲使用相位差采样模式,并使用多个基线。

### 17.4.1　集中布设 ESM 天线

这将大大降低地面反射多径对 DOA 的影响。然而,这不能解决单个天线受多径效应影响的问题。在机载 ESM 系统中,天线的位置可能受到限制,但是可以考虑将天线叠在一起。

### 17.4.2　选择用于创建跟踪的脉冲

如果不存在多径,那么最好仅使用来自雷达主波束峰值附近的脉冲来确定 DOA 和创建截获。这是因为比幅和时差测向系统中的天线是分离的。这并不意味着信号检测的门限应该增加,因为对于很远的距离上的雷达,在非常低的幅度下也可以看到非常好的主波束。

如果 ESM 系统的性能因为在不同的 DOA 上为单部雷达创建了大量的跟踪而不可接受,那么这一措施可能会提高对雷达跟踪的性能。然而,应注意不要丢弃不在主波束峰值附近的所有脉冲数据。这些脉冲的参数,包括频率、TOA 和脉宽,应该被采纳,这有助于计算如 PRI 序列、频率和 PRI 捷变等参数。

应该注意的是,如第 16 章所讨论的,在主波束峰值附近存在 DOA 误差显著增大的情况。例如,当直达路径和反射路径之间的角度很小,一个天线受到相消干涉时,可以看到菱形分布的 DOA。在雷达处于远距离时,每次扫描的 DOA 分布可能持续存在相同的错误。在这种情况下,仅使用波束峰值附近的脉冲显然无助于确定雷达的正确 DOA。

然而，可以预期波束峰值附近相对幅度较高的脉冲受到多径效应影响的程度不会像远离波束峰值的相对幅度较低的脉冲那样严重。对于远离波束峰值的脉冲，来自波束峰值的多径反射干扰会影响脉冲的幅度，进而影响 DOA 的计算结果。

气象雷达单次扫描的例子显示了主波束脉冲和远离波束峰值的脉冲的比幅系统的 DOA 性能。

图 17.5 和图 17.6 显示了距离为 40km 的气象雷达单次扫描的幅度和 DOA 分布的仿真结果。在图 17.6 中，DOA 的扩展超过 30°。

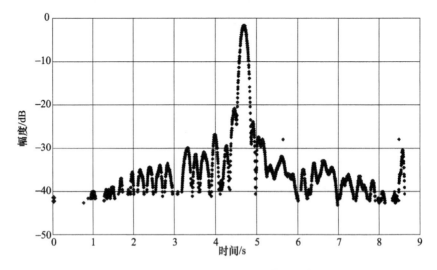

图 17.5　气象雷达单次扫描的脉冲幅度分布图

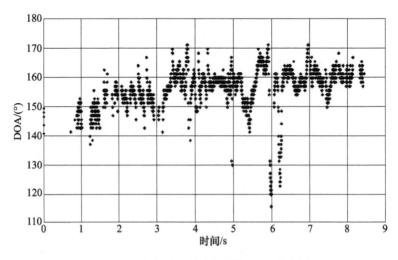

图 17.6　气象雷达单次扫描的 DOA 分布图

图 17.7 ~ 图 17.9 显示了采用 −35dB、−30dB 和 −23dB 幅度门限的结果。

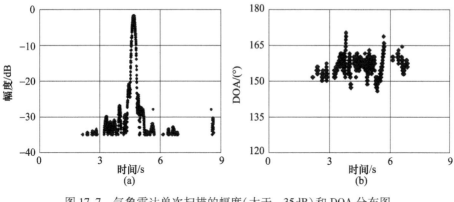

图 17.7　气象雷达单次扫描的幅度(大于 −35dB)和 DOA 分布图

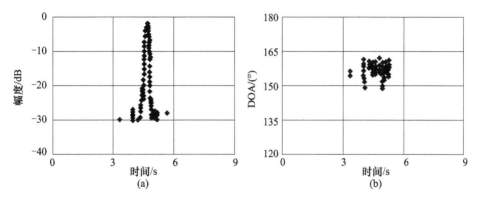

图 17.8　气象雷达单次扫描的幅度(大于 −30dB)和 DOA 分布图

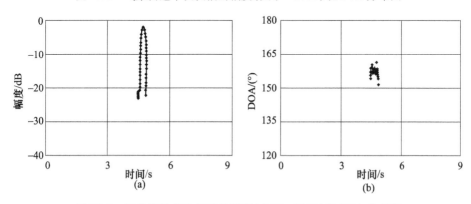

图 17.9　气象雷达单次扫描的幅度(大于 −23dB)和 DOA 分布图

当排除幅度低于 −35dB 的所有脉冲时，DOA 扩展略有改善，但仍有 20°左右。如图 17.8 所示，当幅度小于 −30dB 的脉冲从数据中排除时，DOA 范围进一步减小,最大为10°。如图17.9所示,当采用-23dB的幅度门限时,除了主波束之外的所有脉冲数据都被排除,雷达DOA扩展减小到5°。

根据脉冲在扫描轮廓上的位置,定义了单次扫描中4种类型的脉冲如下:

(1) 主波束峰值脉冲——峰值的3dB以内;

(2) 主波束侧面脉冲——主波束中距离峰值超过3dB的所有脉冲;

(3) 第一旁瓣脉冲;

(4) 远旁瓣脉冲。

图17.10显示了具有所有四种类型脉冲的理想波束分布的例子。

对单部雷达在4min时间内的脉冲数据进行仿真,得出四类脉冲的DOA精度和扩展范围。图17.11显示了所有脉冲,图17.12分别单独显示了四类脉冲中的每一类。

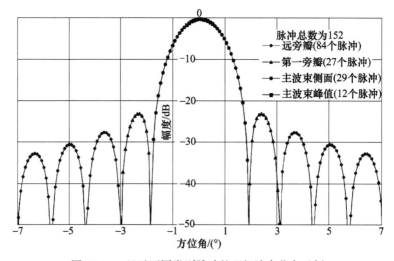

图17.10 显示不同类别脉冲的理想波束分布示例

对于接近扫描峰值的脉冲,DOA的扩展较小,DOA的扩展从峰值脉冲的6°增加到远旁瓣脉冲的20°。仿真了另外两组脉冲,每类脉冲的结果如表17.5所列。

表17.5 每类脉冲数据的DOA扩展

| 脉冲类别 | 脉冲数据集1,距离50km | 脉冲数据集2,距离30km | 脉冲数据集3,距离15km |
|---|---|---|---|
| | DOA扩展/(°) | | |
| 主波束峰值 | 6 | 6 | 8 |
| 主波束侧面 | 14 | 16 | 30 |
| 第一旁瓣 | 16 | 20 | 45 |
| 远旁瓣 | 30 | 35 | 60 |

# 第17章 多径问题的程度和可能的解决方案

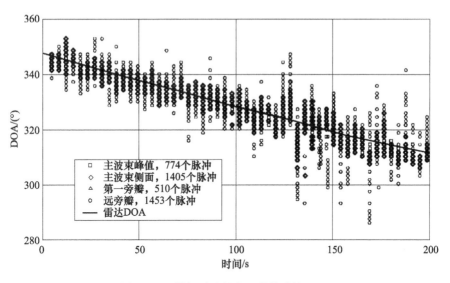

图 17.11　单部雷达所有四类脉冲的 DOA

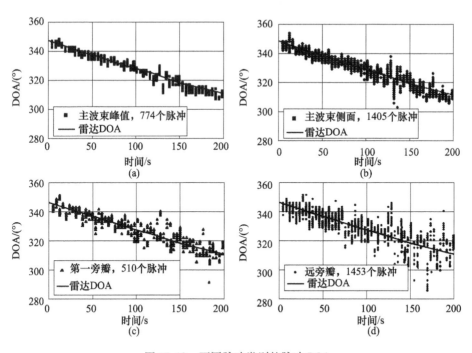

图 17.12　不同脉冲类别的脉冲 DOA

尽管在所有情况下,主波束脉冲的 DOA 扩展范围较小,但是每类脉冲的平均 DOA 通常是相似的。

如果扫描中的脉冲偏离实际 DOA,则所有类型的脉冲都可能存在偏离,包括扫描峰值上的脉冲。然而,通过限制用于估计 DOA 的脉冲的扩展范围,将减少对单部雷达的多重跟踪。

### 17.4.3 使用多个扫描峰

从第 17.4.2 节提供的数据来看,使用来自几个扫描峰值的数据来计算雷达的 DOA 可能是一种优势。在许多情况下,这是正确的做法。例如,对图 17.13 所示雷达的前 34 次扫描的峰值脉冲的 DOA 进行平均,可以得到正确的 DOA 值。

图 17.13 中的第 35 次扫描的 DOA 偏离了正确值,其 DOA 平均值比正确 DOA 低了 10°。在许多 ESM 系统中,这种偏移足以产生多余的跟踪。然而,将这些脉冲用于平均 DOA 计算应该会降低产生额外跟踪的可能性。

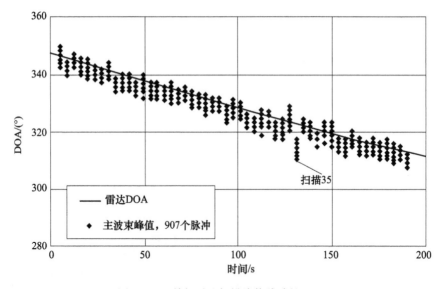

图 17.13 单部雷达扫描峰值脉冲的 DOA

对试验数据的分析表明,使用几次连续扫描的峰值脉冲来确定 DOA 可以提高 DOA 的精度,并减少对单部雷达的多重跟踪。

在近距离(小于 20km)时,使用几次扫描的峰值脉冲来估计雷达的 DOA 几乎肯定会改善 DOA 估计的性能。这是因为多径效应导致连续扫描的 DOA 偏移非常不同,在平均值计算时 DOA 误差往往会被平滑掉。

在中等距离(20~50km)时,截获的 DOA 误差可以通过使用来自连续扫描的峰值脉冲来改善,并减少多重跟踪。

在远距离(大于50km)的情况下,这种解决方案的好处就不明显了,因为此时多径效应在雷达各次扫描之间是相似的。在多次连续扫描中,通常可以看到相同大小的 DOA 偏移。虽然通过使用来自多次扫描的脉冲减少了在远距离产生多重跟踪的可能性,但是使用这种方法并没有校正由于多径导致的 DOA 误差(可能高达40°)。

### 17.4.4 减少脉冲幅度测量时间

引起最严重问题的反射是那些与直达路径差异非常小的反射。如果可以在检测到脉冲后很短的时间内测量到脉冲幅度,那么就有可能只检测到直达路径脉冲。

目前的 ESM 系统使用大约 50ns 的脉冲测量时间,这使得它们容易受到路径差在 15m 以内的反射的影响,这些多径可能是由非常靠近雷达或 ESM 天线的表面反射造成的。将幅度测量时间减少到仅 5ns,可使 ESM 系统不受路径差大于 1.5m 的反射的影响。然而,可以预见这在实际中不太可行,因为许多当前雷达的上升时间都超过了 5ns,并且如果幅度测量时间显著减少,在时间测量和幅度计算中也会出现问题。

### 17.4.5 对 DOA 扫描进行分类

基于规则的系统可以通过将 DOA 分布与第 17.3 节中描述的 9 种类型进行匹配,来判定整个扫描的脉冲是否具有合理的 DOA 分布。

例如,如果 DOA 在扫描的主波束上表现出下降趋势,那么 DOA 分布就属于类别 1(没有多径)。因此可以合理假设多径对 DOA 没有很大影响,并且来自峰值附近的脉冲应该用于产生截获。在这种情况下,其他信息诸如双频率雷达的第二频率的 DOA 分布及其斜率,可以用于改善 DOA 估计。

然而,如果 DOA 分布具有与预期相反的斜率,或者分布的斜率在整个扫描过程中改变,则扫描可以被分类为类别 4(反斜坡)、类别 5(叉骨)、类别 6(菱形)等。一旦确定 DOA 分布的类型,就可以评估扫描中的哪些脉冲在正确估计雷达 DOA 方面可能是最有用的。

这种方法要求 ESM 系统对每次扫描的 DOA 分布图进行定性评估。神经网络方法有可能适合这项任务。

### 17.4.6 使用脉内的幅度分布

脉冲幅度电平是判断是否存在多径的关键,因为即使天线位于同一位置,脉冲幅度也会因多径干扰而发生改变。

图 17.14 显示了典型的脉内幅度仿真曲线。这个标称宽度为 1μs 的脉冲没有有意调制,其中有 10 个以上的反射分量。

当多径效应影响有意调制的脉冲(如频率在其脉宽内变化的脉冲(线性调频))时,很可能会产生波纹状脉内幅度分布。图 17.15 显示了这种脉内幅度分布的仿真结果。

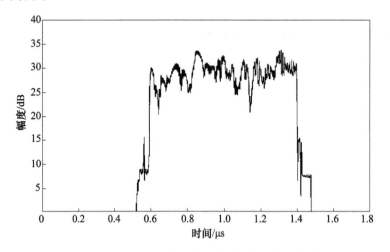

图 17.14 多径干扰下脉冲幅度分布的仿真

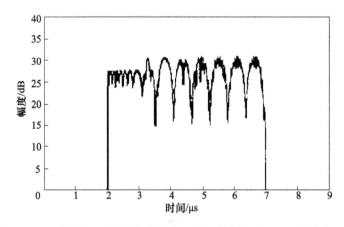

图 17.15 脉内幅度分布的仿真,两个等幅度线性调频脉冲在时间上相隔 1μs

对于没有有意调制的脉冲,可能很难对脉内幅度的分布进行分类,因为针对这种类型的脉冲,每次接收到新的反射时幅度电平都会改变。

然而,有可能关联来自每个 ESM 天线的脉内幅度分布,但是这将需要一定的处理能力和数据存储能力,在当前 ESM 系统中通常难以达到。

## 17.5 比幅系统中多径问题的解决方法

第 5 章讨论了比幅系统中 DOA 误差的校正方法。该校正算法基于这样一个事实,即由于雷达波束形状、ESM 天线分离和多径效应的影响,入射到每个天线上的脉冲幅度是不相等的。

为了解决各个天线入射功率不同的问题,一种方法是调整 3 个 ESM 天线的相对增益,以补偿不同的入射功率。为了用比幅算法获得精确的 DOA,需要每个 ESM 天线的入射功率的相对值。不幸的是,这一信息是无法获得的。已知的只是单个 ESM 天线上测量到的信号强度,以及由此计算出的 DOA。

DOA 的校正过程从确定计算的 DOA 是否有误差开始。首先,通过逆向利用比幅算法来估计每个天线(这里考虑三天线系统)的入射功率,判断是否有测向误差。

对于天线 1,使用以下方程进行入射功率的估计:

$$A_{1in} = k(\theta_c - \theta_0)^2 + A_{1out} \tag{17.1}$$

式中: $k = 12/(\theta_b)^2$; $\theta_b$ 为 ESM 天线的 3dB 波束宽度; $\theta_c$ 为计算出的 DOA; $\theta_0$ 为天线波束指向; $A_{1out}$ 为 ESM 天线激励电平。

采用类似的计算分别对天线 2 和天线 3 的入射功率进行估计。当在计算中使用了不正确的 DOA 值时,计算出的入射功率是不正确的。两对天线上入射功率估计值之差的和,即 $|A_{2in} - A_{1in}| + |A_{2in} - A_{3in}|$,给出了 DOA 误差的度量。

为了查看两对天线的入射幅度差与 DOA 估计误差之间的关系,采用一组逆向输入计算,其中天线 2 和天线 3 的输入幅度设置为 0dB,天线 1 的输入幅度以 1dB 步长从 0~9dB 变化。

图 17.16 显示了为两对天线逆向输入 ($A_{1in}, A_{2in}, A_{3in}$) 得到的幅度差之和 ($|A_{2in} -$

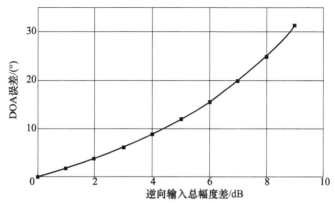

图 17.16 逆向输入的幅度差与 DOA 误差的关系曲线

$A_{1in}| + |A_{2in} - A_{3in}|$)与 DOA 误差的关系曲线。在这种简单的情况下,这两个参数之间存在容易识别的相关性,并且使用这种方法可以无模糊地校正 DOA。

然而,图 17.16 中的情况是 2 个天线输入幅度相等的特殊情况。实际上,DOA 误差并不容易计算,因为 DOA 误差的值有多种可能性。

## 17.6　时差测向系统中多径问题的解决方法

在时差测向系统中,有两种测量脉冲 TOA 的方法,详见第 6 章。第一种方法使用幅度门限来检测脉冲;第二种方法采用比脉冲的峰值幅度下降 3dB 的方法来获得脉冲的 TOA。

对于幅度门限法,受脉冲上升时间的影响,不同的 ESM 天线上看到的脉冲到达时间不同,ESM 天线的分离会导致 DOA 误差(见 6.5 节)。对于扫描雷达来说,只有在雷达波束峰值处,所有 ESM 天线才能看到相同幅度的脉冲。在没有多径的情况下,天线分离的效果是主波束上的 DOA 倾斜,波束边缘和旁瓣的 DOA 误差较大。

对于幅度门限系统,接近接收机灵敏度门限的脉冲受天线分离的影响更为严重,而采用幅度下降法测量 TOA 的 ESM 系统会将接近灵敏度的低功率脉冲忽略掉。

使用幅度下降法测量 TOA 的方法在没有多径的情况下消除了 DOA 误差,但这种方法受多径效应影响比幅度门限法更严重。这是因为幅度下降法在进行 TOA 测量之前已经过去了更多的时间,导致脉冲遭受多径效应影响的可能性更大。

改善时差测向系统测向性能的建议包括使用更多天线,从而形成更多基线来改善 DOA 分辨率,以及使用两种时间测量方法(幅度门限法和幅度下降法)来识别脉冲 TOA 测量误差,并在可能的情况下进行校正。

## 17.7　比相系统中多径问题的解决方法

使用几对天线的相位差有助于改善比相系统中的 DOA 测量。例如,假设脉冲到达线性排列的 3 个天线。当不存在多径时,可以正确测量天线对(天线 1 和天线 2、天线 1 和天线 3 以及天线 2 和天线 3)之间的相位差。图 17.17 显示了 3 种天线间距下 DOA 与相位差的关系图。在该图中,测得的相位差都位于同一条水平线,显示正确的 DOA 为 30°。

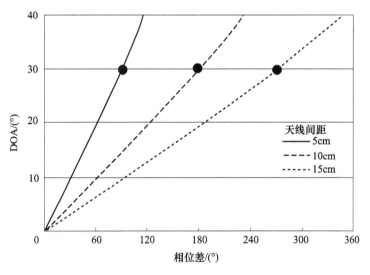

图 17.17　不同天线间距下 DOA 与相位差的关系

天线 1 和天线 2（相隔 5cm）具有 60°的相位差，得到正确的 DOA 值。天线 1 和天线 3（相隔 15cm）的相位差为 270°，也能得到正确的 DOA 值。天线 2 和天线 3（相隔 10cm）的相位差为 180°，同样也能给出正确的 DOA 值。

如果一个天线受到多径效应影响而导致相位差发生变化，那么使用该天线的这个相位差样本将会产生 DOA 误差。图 17.18 给出了一个示例，其中 1 个天线受到多径效应影响，而另 2 个天线不受影响。只有一个相位差是正确的，即天线间距为 10cm 的基线上的相位差。

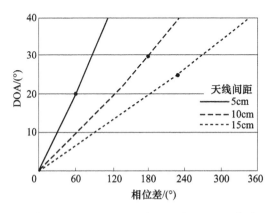

图 17.18　不同天线间距下的 DOA 与相位差的关系（DOA 估计不正确的情况）

如果一个天线受到多径效应的影响，而其他天线不受多径效应影响，则在涉受影响天线的天线对中会出现相位差误差。DOA 与相位差的点不再位于一条水平线上,由此可以确认 DOA 存在误差。在这个阶段,可以知道脉冲可能存在 DOA 误差,但不知道 DOA 误差的大小。在此例中,使用单个样本和仅有 3 个天线的配置不太可能确定正确的 DOA。然而,来自该相位差样本的结果确实表明存在 DOA 误差,并且该样本不应该被用于脉冲 DOA 的可靠估计。

在脉冲的整个生命周期内使用多次相位差采样的模式,应该可以消除杂散相位差。当一个天线受到多径效应影响,而其他天线在采样时不受影响时,就会出现杂散相位差。

## 17.8 多径问题的结论

多径反射有两种来源,它们会导致 ESM 系统中 DOA 的计算误差。特定类型的地面反射是第一类,来自平台表面的反射是第二类。对于地面多径,只有相对于直达路径角度较小和掠射角度较小的反射才会造成显著影响。这些反射很重要,原因如下:

(1) 直达路径和反射路径之间的路径差足够小,使得脉冲的幅度在测量之前受到干扰。

(2) 根据反射系数,小角度反射将形成与直达路径脉冲幅度相似的反射脉冲。

地面的反射系数尤其取决于掠射角,对于掠射角为 5° 的 3GHz 信号和掠射角为 2° 的 9GHz 信号,反射的幅度较强(如可以达到 50%)。

在大得多的掠射角下,来自平滑海面或 ESM 平台表面的反射非常显著,两种类型的反射在高达 20° 的掠射角下的反射系数都超过 80%。

地面反射引起 DOA 误差的一个重要原因是 ESM 天线的分离,即使不存在多径,也会对扫描雷达的主波束边缘和旁瓣处的脉冲造成较大的 DOA 误差。在距离为 5km 时,对波束宽度为 0.8° 的典型监视雷的主波束,具有分离天线的典型 ESM 系统从第一个脉冲到最后一个脉冲有 40° 的 DOA 测量差异。

在具有分离天线的 ESM 系统中,正是每个接收机天线的直达路径和反射路径之间的相位差(Δ相位差)导致了多径引起的 DOA 误差。如果所有 ESM 天线位于同一位置,即使脉冲幅度受到反射干扰的影响,也不会出现多径误差(当所有天线都受到影响时)。

在远距离时,在本书中考虑的小角度反射情况下,单个天线上的Δ相位差是高度相关的。这导致地面多径对远距离雷达脉冲 DOA 计算的影响减小。对于更大角度的反射,Δ相位差甚至在远距离时也可能是随机的,但是这些反射的路径差(对应的时间)可能超过脉冲幅度测量时间,因此这些反射对脉冲幅度和随后的

DOA 测量并没有影响。

单次扫描中不同脉冲之间的路径差异变化很小，因为在 PRI 期间反射几何的变化不大。因此，对于每个天线，从一个脉冲到另一个脉冲的直达路径和反射路径之间存在相位差趋势，这意味着可以看到 DOA 误差的趋势。这导致在不正确的 DOA 上检测到一整套脉冲，并且有可能为它们创建新的跟踪。从长远来看，这种相位差的趋势在每次扫描之间持续存在，因此可以看到类似的不正确 DOA 分布，从而导致对增加的错误跟踪的更新。

多径最常见的影响是主波束脉冲的 DOA 偏移几度，并减小天线分离对旁瓣脉冲 DOA 误差的影响。在一组连续的扫描中也可以看到一些极端的影响，17.3 节中列出了 9 类 DOA 分布。

在设计 ESM 系统或处理 ESM 记录的数据时，可以采取一些方法来减轻多径的影响。然而，应该注意的是，多径一直是 ESM 系统性能不佳的最重要原因之一，了解它如何影响 DOA 测量有助于 ESM 系统操作员和数据分析师掌握系统性能。

## 参考文献

[1] Vera, J. S., "Efficient Multipath Mitigation in Navigation Systems," Ph. D. thesis, University of Catalunya, 2004.

[2] Mao, W. -L., "An Adaptive Multipath Mitigation Archtecture for GPS System," *Proc. of Conference on Recent Advances in Signals and Systems*, Budapest, 2009.

[3] Bhuiyan, M. Z., and E. S. Lohan, "Advanced Multipath Mitigation Techniques for Satellite – Based Positioning Applications," Tampere University of Technology, 2010.

[4] Veytsel, A., "Multipath Mitigation with New Signals and Services," *Meeting of the International Committee on Global Navigation Satellite Systems (ICG – 10)*, Boulder, CO, 2015.

[5] Miller, S., et al., "Multipath Effect in GPS Receivers," *Synthesis Lectures on Communications*, Vol. 11, 2015.

# 第 18 章

# 未来的 ESM 系统

不足为奇的是,几乎没有关于未来 ESM 系统的需求和计划的公开信息。然而,毫无疑问,频谱将变得更加拥挤,对 ESM 系统的处理要求将更具挑战性。

## 18.1 未来的射频环境

传统射频环境中的雷达使用少量固定频率,具有相对简单的 PRI 和脉宽。新型雷达的问世使传统 ESM 系统的运行方式出现了问题。海上的宽带雷达以及地面、飞机和舰船上的有源相控阵(AESA)雷达意味着未来的 ESM 系统将需要新的技术来探测、分选和识别这些雷达。单脉冲和软件定义的雷达正在发展之中,因此需要新的指纹技术来正确识别这些雷达。

### 18.1.1 有源相控阵雷达

传统的低截获概率雷达使用诸如频率捷变、长而复杂的 PRI 序列、功率调制和发射多波束等技术,使得 ESM 系统很难分选出来自雷达的脉冲流,也很难理解接收到的雷达脉冲流。有源相控阵(AESA)雷达更进一步,使用收发天线阵列,每个阵元都能够产生和辐射自己的独立信号,允许 AESA 产生不同频率的雷达脉冲,形成交错的脉冲流来同时执行多种功能。

AESA 是当前军舰和战斗机的重要传感器[1]。第一台 AESA 是 OPS-24 火控雷达,安装在 1988 年下水的一艘日本驱逐舰上。APAR 是部署在欧洲战舰上的首批有源线控阵雷达之一,这是一种多功能三坐标雷达,有 4 个安装在锥塔结构上的固定传感器阵列,每个阵列由 3424 个收发组件组成。APAR 是典型的有源相控阵雷达,可以跟踪 200 多个空中目标(作用距离为 150km)和 150 多个水面目标(作用距离 32km)。APAR 可以执行 75km 的水平搜索和 150km 的立体搜索,并且能够同时制导 32 枚半主动雷达寻的导弹,其中 16 枚处于末制导阶段。

机载 AESA 通常安装在战斗机的鼻锥上。这种雷达的一个案例是 F-22"猛禽"战斗机上的 AN/APG-77[2]。该雷达使用由 1956 个收发模块组成的天线，可以执行近瞬时波束控制。雷达在方位角和仰角上提供 120°的视场，这是平面相控阵天线的视场极限。该雷达可以在 240km 的探测范围内对一个 $1m^2$ 的目标实现 86% 的截获概率。图 18.1 显示了这种雷达的一些工作模式，如三坐标搜索、远距搜索、目标跟踪和导弹制导。

不仅仅是固定翼飞机利用有源相控阵技术。2016 年，用于旋翼飞机的"鱼鹰" AESA 问世。该雷达有多个分布在飞机周围的固定天线面板，每个面板包含 256 个收发模块，并提供 120°的方位覆盖。在旋翼飞机上，机械天线通常必须安装在机身下侧，离地间距限制了天线的尺寸。"鱼鹰"雷达的一个主要优势是它的天线阵列可以比传统的机械扫描天线安装在飞机机身的更高处。

图 18.2 显示了 AESA 的典型频率和幅度分布图。由于所用的频率范围很宽，并且雷达的脉冲幅度分布看起来是随机的，传统的 ESM 系统在对单个 AESA 进行脉冲分选时有相当大的困难。

实际上，ESM 只能看到 AESA 发射的脉冲中的一小部分，因为只有大体上指向 ESM 方向的波束才会被接收到。事实上，在图 18.2 中没有看似可重复的模式，这可能会给 ESM 系统造成严重的困难。

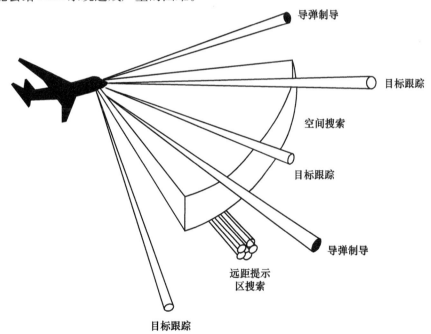

图 18.1　典型机载有源相控阵功能示意图

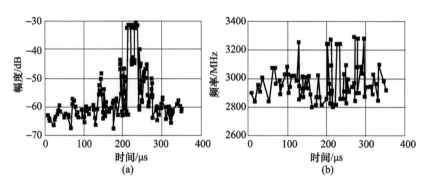

图 18.2 APAR 的幅度和频率分布图

## 18.1.2 多输入多输出雷达

AESA 使用多个天线产生单一模式的辐射,波形在远场中不会因位置的变化而变化。多输入多输出(MIMO)雷达是一种空时波形分集技术,它与传统雷达有很大的不同[3]。MIMO 雷达产生空间上不同的发射波形,因此当在远场中测量时,辐射模式在空间的不同位置上是变化的。

MIMO 雷达从多个独立天线发射独立波形。每个波形照射目标,并反射回接收机,在接收机中,将每个天线接收的波形进行相干求和。发射天线不必与接收天线相同。MIMO 雷达可以用来提高空间分辨率,并且它们的抗干扰能力非常强。与传统雷达相比,MIMO 雷达具有更高的信噪比,因此也能增加对目标的检测概率。MIMO 雷达分为如下两类:

(1) 单基地 MIMO 雷达,天线集中在一起,目标表现为点目标;

(2) 分布式或双基地 MIMO 雷达,具有分布式的天线,每个天线从不同的角度观察目标。

对于单基地 MIMO 雷达,发射天线离得足够近,使得发射天线单元观察到的目标雷达截面积(RCS)是相同的。该系统类似于相控阵天线,其中每个单元都有自己的收发模块和模/数转换器。然而,在相控阵天线中,每个天线只发送(可能存在时移)在中央波形发生器中生成的发射信号的副本。而在 MIMO 雷达中,每个天线都有自己的任意波形发生器,因此每个天线使用一个单独的波形。这个单独的波形也是将回波信号进行分离的基础。

在分布式的天线中,雷达数据处理要复杂得多。与单基地 MIMO 相比,每部雷达天线从不同的视角观测目标。因此,目标对雷达的每个天线有不同的 RCS。图 18.3 显示了 MIMO 雷达系统中独立的发射和接收天线。

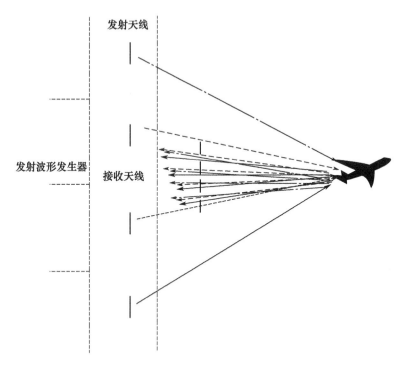

图 18.3 MIMO 雷达的原理

## 18.1.3 单脉冲雷达

单脉冲雷达是一种目标跟踪雷达,仅使用单个脉冲就可以提供精确的距离和 DOA(方位角和俯仰角)信息[4]。这项技术是波束切换方法的延伸,波束切换方法首先通过雷达天线稍微指向目标的一侧,然后快速转换到目标的另一侧来计算目标角度。波束切换雷达接收到的不同脉冲信号幅度的差异代表了 DOA 与天线视轴的差异。波束切换雷达存在局限性,因为需要不同的脉冲来计算 DOA。多径干扰对所有脉冲的影响不同,因此不同脉冲之间的接收幅度可能会有变化,从而影响 DOA 的计算。方位角和俯仰角的计算总共需要 4 个脉冲,因此这增加了多径效应发生的机会。

在单脉冲雷达中使用单脉冲测量缓解了这个问题。单脉冲雷达将接收波束分成四部分(用于计算目标方位角和俯仰角)。它同时测量接收脉冲在每个独立波束上的幅度或相位,并产生和值与差值。

单脉冲接收天线分为 4 个象限,如图 18.4 所示,以下信号由每个象限的接收信号形成[5]。

(1) 方位差信号为

$$\Delta_{AZ} = (Ⅰ + Ⅳ) - (Ⅱ + Ⅲ) \tag{18.1}$$

(2) 俯仰差信号为

$$\Delta_{EI} = (Ⅰ + Ⅱ) - (Ⅲ + Ⅳ) \tag{18.2}$$

差分信号 $\Delta_{AZ}$ 和 $\Delta_{EI}$ 使天线转动,使其始终指向目标。由于这种比较是在一个脉冲期间进行的,通常为几微秒或更短,目标位置或航向的变化没有影响。如果波束间隔很近,则这种方法可以在波束中产生很高的指向精度。经典圆锥扫描系统产生的 DOA 精度约为 $0.1°$,而单脉冲雷达可以精确到 $0.01°$。

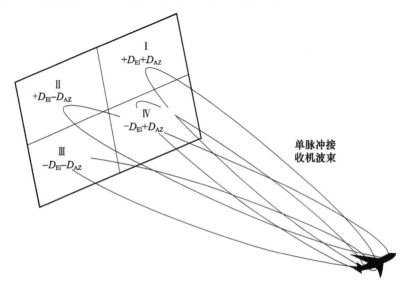

图 18.4　单脉冲雷达天线的四个象限

## 18.1.4　宽带雷达

这种雷达功率较低(通常小于 40W),发射调频连续波信号[6]。这些雷达在船舶导航和态势感知方面比传统雷达有显著的改进。基于波束形成技术,它们可以同时工作在多个距离量程,并且可以高保真地跟踪约 58km 距离内的多个目标。

宽带雷达工作的基本原理是用发射信号和接收信号之间的频率差来获得目标距离。

调频连续波载波信号频率 $f_0$ 由频率 $f_m(t)$ 调制,因此在 $t$ 时刻的发射频率 $f_t$ 由下式给出:

$$f_t = f_0 + f_m(t) \tag{18.3}$$

接收信号频率 $f_r$ 由下式给出:

$$f_r = f_0 + f_m(t - t_r) \tag{18.4}$$

式中: $t_r$ 为雷达收到信号的时间。

频率差 $f_d$ 由下式给出:

$$f_d = f_m(t) - f_m(t - t_r) \tag{18.5}$$

目标的距离 $R$ 由下式给出:

$$R = c f_d / 2a \tag{18.6}$$

式中: $a = f_d / t_r$; $c$ 为光速。

图 18.5 显示了发射和接收频率与信号时间之间的关系。

目标相对雷达的运动方向可以通过频率变化是正的还是负的来确定, 如图 18.6 所示。

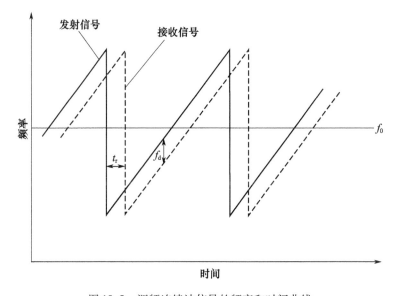

图 18.5　调频连续波信号的频率和时间曲线

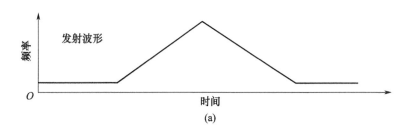

(a)

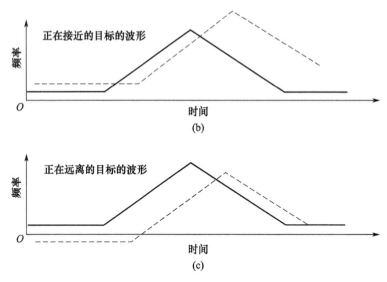

图 18.6　调频连续波情况下接近和远离目标的回波

由于宽带雷达工作在非常低的功率下(如 16dBW),ESM 系统无法在超过 1km 的距离上探测到这种雷达。

## 18.2　ESM 处理注意事项

多径是 ESM 系统性能变差的主要原因。第 17 章中给出的一些限制多径效应的思路意味着未来将需要更精确的时钟源。应该在脉冲起始后尽快测量它们的参数,最好是在多径干扰发生之前。原子钟等时钟源理论上可以达到 0.1ns 的精度,这应该有助于提高 ESM 的性能。减少 DOA 测量误差的技术和优化分选的方法应该也能提升 ESM 系统的性能。

### 18.2.1　DOA 测量

DOA 的测量不佳是 ESM 系统的一个主要关切。由于 DOA 误差本身以及它们对脉冲序列分选的影响,多重跟踪现象几乎总是发生。DOA 测量的改进是一个研究课题,有些结果是公开的。

Genova 等[7]描述了一种用于电子战环境中 DOA 估计的紧凑型天线系统架构。单天线模块旨在覆盖特定频率范围。这种超外差方法允许非常宽的带宽。这种方法的新颖之处在于通过集成架构为中频带和高频带阵列提供了空间共享的解决方案。文献[7]的研究表明,幅度/相位混合 DOA 算法比单独使用任何一种方法都有更好的测角精度。

Russo 等[8]介绍了一项用于 DOA 测量的可重构天线组件性能的实验评估研究。一种具有定向方向图的可重构天线采用电子控制,以在空间上连续扫描。多信号分类(MUSIC)算法用于从天线辐射图的不同配置(扫描步进)收集的样本来估计 DOA。实验在暗室内进行,使用实际的可重构天线按不同的步进进行扫描。结果证实,即使采用两种步进的扫描,DOA 的估计也是成功的。

### 18.2.2 分选器

传统的分选方法难以对脉冲序列中有漏脉冲的雷达产生精确的截获。较新的分选器,如图论(GT)和雷达时钟周期(RCP)技术,能更好地为每一部雷达产生脉冲链。然而,当具有相似 PRI 的雷达在相同的环境中工作时,这些方法可能并不稳健。

RCP 处理只对具有晶振控制时钟的雷达有效,该时钟可以产生稳定的 PRI。有许多雷达,特别是舰载雷达,使用交流电源产生正弦变化的 PRI。这些脉冲的存在会对 RCP 处理方法形成干扰。

对于使用晶振控制的时钟产生稳定 PRI 的脉冲雷达,在时钟的每个周期,雷达从某个被称为"下计数"(DC)的初始值开始倒数,当达到 0 时,触发脉冲。DC 可以随脉冲而变化(如产生参差的 PRI)。RCP 方法中主要的参数是时钟周期(CP),该参数可由脉冲的 TOA 得出。对于不使用任何其他常规参数(如 DOA 或频率)的 RCP 处理,CP 是至关重要的。RCP 处理可以通过分析脉冲的交错缓存器以找到 CP。RCP 通过将脉冲分类成链来分选脉冲,链中的每个 PRI 是 CP 的整数倍。RCP 处理在脉冲数据的缓存器上运行,但不在缓存器之间关联和跟踪结果,也不表征诸如捷变、扫描或参数值等特征。该过程的输出是每个缓存器的脉冲表,按链排序。

CP 是一个参数,可以帮助减少雷达识别过程中的模糊性。如果两部雷达的晶振长期保持稳定,也可能实现对个体辐射源的识别。

大多数 ESM 系统一次只能处理来自一个数据缓存区的脉冲,因此很难提取参数捷变类型和档位。在未来的 ESM 系统中,使用较长时间帧的脉冲可能是进行分选的最佳方式。可以开发出以稍微不同的方式观察每个较长脉冲缓存区的并行处理技术。例如,可以用 DOA 的容差过滤一组脉冲。二次滤波过程可以补偿 DOA 的初始值,从而可以消除因脉冲落在原始 DOA 范围之外而引起的间隙。然后,一个智能过程可以将脉冲序列拼接在一起,还可以从原始脉冲序列中去除掉来自其他雷达的干扰脉冲。

## 18.3　ESM 识别库的匹配

ESM 系统的主要任务是识别雷达[9]。然而，为了执行这一重要任务，必须建立一个有效的雷达库并有效运行，这是 ESM 系统最困难的功能之一。就可用的雷达模式行的数量而言，目前的 ESM 系统能力有限，大多数现有 ESM 系统只有 1024 条模式行。显著增加模式行的数量将提高 ESM 系统的识别能力。然而，由于存在数以千计的不同类型的雷达，每种雷达都有数十种不同的工作模式，增强型雷达库应该根据 ESM 平台将要承担的任务来定制。

关于雷达库匹配的发展，公开报道的信息非常少。然而，已经有人尝试使用基于神经网络的技术来开发 ESM 识别库。

Granger E[10]等提出了一种神经网络识别和跟踪系统，用于自主 ESM 系统中雷达脉冲的分类。在一个场景中，雷达类型信息与来自活动雷达的特定位置信息相结合。输入脉冲流的特定类型参数被馈送到神经网络分类器中，此分类器利用现场收集的数据样本完成了训练。同时，根据输入脉冲流的特定位置参数，使用聚类算法分离来自不同雷达的脉冲。对应于不同雷达的分类器响应被分到不同的跟踪中，每部活动雷达对应一个跟踪，基于每个跟踪中的雷达数据的多视图可以更精确地识别雷达类型。这种"什么"与"哪里"(what – and – where)的融合策略是受人类大脑中类似的分类活动启发而来的。

神经网络对脉冲流进行分类是基于雷达类型所使用的功能参数。雷达脉冲数据集的仿真结果表明，神经网络优于其他几种方法。改进的方法提升了数据分类，包括缺失输入模式组件和缺失训练类型的情况。神经网络与一组卡尔曼滤波器相结合，根据不同雷达的特定位置参数对它们发射的脉冲进行分组，并用一个模块为每个辐射源跟踪的神经网络响应积累证据。仿真结果表明，该系统对复杂、不完整和重叠的雷达数据具有较好的性能。

## 18.4　多平台 ESM

威胁雷达可能只是短暂辐射以搜索目标或跟踪已经探测到的目标。因此，ESM 系统虽然可能会检测到这些短暂的辐射，但没有足够的时间对雷达进行地理定位。ESM 平台在开始地理定位计算之前，在几分钟的时间跨度内，需要接收多次雷达辐射。综合防空系统(IADS)通常只辐射几十秒钟，然后静默一段时间，这意味着单一的 ESM 平台无法对许多威胁雷达进行地理定位。多个 ESM 平台对同一个目标的组合数据集允许进行地理定位或提高单平台粗略地理定位的准确性[11]。

战术数据链,如 Link-11、Link-16 和 Link-22,以及特高频(UHF)或甚高频(VHF)改进型数据调制解调器(IDM),在其消息库中包含了电子战(EW)专用字,可用于 ESM 平台之间的通信,允许进行协同 ESM 操作(CESMO)。通过这些数据链,在单个平台上生成的信息可以接近实时地提供给其他参与平台。一架寻找特定威胁雷达的单架 ESM 飞机可以立即获得来自探测同一雷达的其他平台的测量结果。这种情况下,对雷达的定位将成为该地区整套 ESM 传感器体系探测能力的协作行动。这种体系方法在雷达活动期间创建了一组虚拟的测向线(line of bearing),其数量比单个平台所能收集的要多得多。

三角测量需要一个中心来收集测向线并估算位置。该中心可以位于地面站,也可以在一个或多个参与的 ESM 平台上。未来,精确的地理定位可能变得更加重要,因为新雷达具有极高的参数灵活性,使得雷达识别变得越来越困难。因此,在确定射频环境的图像时,辐射源的位置将非常重要。

## 18.5 自主/智能电子战系统

近年来无人平台的大量发展意味着 ESM 行动可以在没有人类干预的情况下进行。然而,ESM 系统测量 DOA 的准确性不足以及分选和识别问题的复杂性意味着真正自主的 ESM 系统在近期内不太可能实现。操作员一直是 ESM 系统的重要组成部分,并将在可预见的未来继续是这些系统的重要组成部分。

### 参考文献

[1] Robertson, S. M., "Advantages of AESA Radar Technology," *Naval Forces*, No. V, 2016.

[2] www.f-22raptor.com/af_radar.php.

[3] Bergin, J., and J. R. Guerci, *MIMO Radar: Theory and Application*, Norwood, MA: Artech House, 2018.

[4] Barton, D., and S. Sherman, Monopulse Principles and Techniques, Norwood, MA: Artech House, 2011.

[5] http://www.radartutorial.eu/06.antennas/Monopulse%20Antenna.en.html.

[6] Jankiraman, M., *FMCW Radar Design*, Norwood, MA: Artech House, 2018.

[7] Genova, J., *Electronic Warfare Signal Processing*, Norwood, MA: Artech House, 2018.

[8] Russo, I., P. Baldonero, and A. Manna, "High Resolution ESM/ELINT DOA Estimation with Su-

per – Heterodyne Multi – Octave Antenna System," *Proc. 9th European Conference on Antennas and Propagation*（*EuCAP*）,2015.

[9] Vakilian,V. , H. V. Nguyen, and S. Abielmona, "Experimental Study of Direction – of – Arrival Estimation Using Reconfigurable Antennas," *Proc. of 27th IEEE Canadian Conference on Electrical and Computer Engineering*,2014.

[10] Granger,E. ,et al. ,*A What – and – Where Fusion Neural Network for Recognition and Tracking of Multiple Radar Emitters*,Defence Research Establishment Canada Technical Report CAS/CNS – TR – 2000 – 029,2000.

[11] Thaens, R. , "NATO Cooperative ESM Operations: Publish or Perish," http://nc3a. info/P/pres/Thaens% 20 – % 20NATO% 20Cooperative% 20ESM% 20Operations. pdf.

# 附录 A

## 雷达波束图的形成

要模拟雷达波束图的形成,就需要雷达的 3dB 波束宽度和第一旁瓣电平这两个参数,如图 A.1 所示。

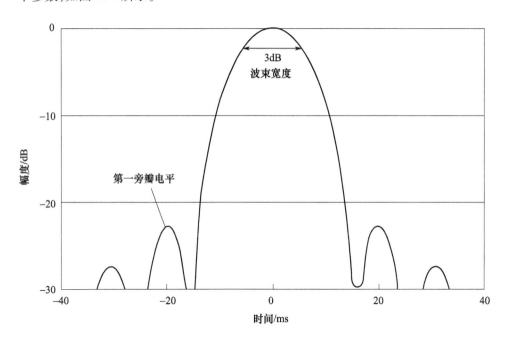

图 A.1 雷达方位波束形状

图 A.1 中的辐射方向图采用了 $(\sin u/u)^2$ 的一般形式,式中的 $u$ 可用以下公式计算:

$$u = [C\pi\sin\theta]/B \tag{A.1}$$

式中:$B$ 为以弧度表示的 3dB 波束宽度;$C$ 为一个取决于第一旁瓣电平的因子,其取值可在表 A.1 中查到。

表 A.1 旁瓣控制因子的查找表

| 旁瓣/dB | z | C | 旁瓣/dB | z | C |
|---|---|---|---|---|---|
| 13.2 | 0 | 0.8850 | 28 | 3.692 | 1.1664 |
| 15 | 1.118 | 0.9230 | 29 | 3.852 | 1.1832 |
| 16 | 1.35 | 0.9432 | 30 | 4.009 | 1.2000 |
| 17 | 1.59 | 0.9634 | 31 | 4.159 | 1.2156 |
| 18 | 1.83 | 0.9836 | 32 | 4.309 | 1.2312 |
| 19 | 2.07 | 1.0038 | 33 | 4.459 | 1.2468 |
| 20 | 2.32 | 1.0240 | 34 | 4.609 | 1.2624 |
| 21 | 2.49 | 1.0424 | 35 | 4.755 | 1.2780 |
| 22 | 2.68 | 1.0608 | 36 | 4.891 | 1.2926 |
| 23 | 2.85 | 1.0792 | 37 | 5.036 | 1.3072 |
| 24 | 3.04 | 1.0976 | 38 | 5.181 | 1.3218 |
| 25 | 3.214 | 1.1160 | 39 | 5.326 | 1.3364 |
| 26 | 3.373 | 1.1328 | 40 | 5.471 | 1.3510 |
| 27 | 3.532 | 1.1496 | | | |

为了获得低于 $-13.2\text{dB}$ 的旁瓣电平(这是 $(\sin u)/u$ 方向图的默认值),必须使用一个因子 $z$(表 A.1)对辐射方向图的表达式进行修正,修正后的表达式为

$$A_\theta = ([\sin(u^2-z^2)^{1/2}]/[u^2-z^2]^{1/2})^2 \tag{A.2}$$

当 $u^2 < z^2$ 时,会出现负数的平方根,$A_\theta$ 的计算会出现问题。这可以通过以下方式克服,即

$$u^2 - z^2 = -y^2 \tag{A.3}$$

$$\sqrt{(u^2-z^2)} = \sqrt{(-y^2)} = \sqrt{(-1)y^2} = i\sqrt{y^2} \tag{A.4}$$

由于 $\sin(iy) = i\sinh y$,则可以在 $A_\theta$ 的计算过程中消掉 i,即

$$A_\theta = [\sin(i\sqrt{y^2})^2]/i\sqrt{y^2} = (i\sinh y^2)/iy = (\sinh y^2)/y \tag{A.5}$$

因此,当 $u > z$ 时,使用

$$A_\theta = (\sin y)^2/y \tag{A.6}$$

当 $u < z$ 时,使用

$$A_\theta = (\sinh y^2)/y \tag{A.7}$$

其中

$$y = \sqrt{u^2 - z^2} \tag{A.8}$$

$A_\theta$ 的表达式以两种方式改变方向图,即在抑制旁瓣的同时增强主瓣。幅度必须通过减去波束峰值来归一化,以将旁瓣产生的影响降低到零增益。归一化是按以下方式进行的,即

$$A = A_0 - A_\theta \tag{A.9}$$

雷达峰值幅度计算的最后一个步骤是在特定距离上对雷达峰值幅度进行校正。

雷达的等效辐射功率(ERP)以 dBW 为单位,在开始计算时应转化为以 W 为单位,则

$$\text{Erp}_W = \text{alg}(\text{erp}_{dBW})/10 = 10^{(\text{erp}/10)} \tag{A.10}$$

$$A_{\text{peak\_W}}\text{Erp}_W = \text{erp}_W/(4\pi r^2) \tag{A.11}$$

$$A_{\text{peak}} = 10\lg(A_{\text{peak\_W}}) \tag{A.12}$$

在距离 $r$ 上,方位角为 $\theta$ 的脉冲的幅度为

$$A_\theta = A_{\text{peak}} - A \tag{A.13}$$

如图 A.2 所示,脉冲在雷达波束幅度剖面上的方位角位置取决于 PRI 和扫描周期($S$)。

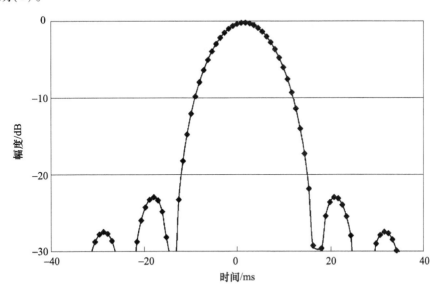

图 A.2 雷达波束形状和脉冲位置

单次扫描中的脉冲总数为 $S \times \text{PRI}$,式(A.14)给出了 $n$ 号脉冲与波束峰值的

方位角度差为

$$\theta_n = (360 \times n)/(S \times \text{PRI}) \qquad (\text{A.14})$$

距波束峰值 5 个位置的脉冲所对应的方位角为

$$\theta_5 = (360 \times 5)/(2 \times 1000) = 0.9°$$

然后,可以按照上面给出的步骤计算 $\theta_n$ 对应的 $n$ 号脉冲的幅度 $A_n$。

## 参考文献

[1] Skolnik, M. I., *Radar Handbook*, First Edition, New York: McGraw-Hill, 1970.

# 附录 B

# 反射系数

由于同时存在镜面反射和漫反射机制，粗糙表面散射场是两个分量的叠加。镜面反射是定向的，符合经典光学定律。它们是相位相干的，而且波动幅度相对较小。散射几乎没有方向性，并且相位不相干。漫散射的影响很小，在计算多径效应时可以忽略不计。在合成波形中，漫散射的作用体现为不可预测且快速变化的小波动。

镜面反射系数取决于反射表面的性质、入射波的掠射角以及由反射表面的不规则性导致的散射系数。在地面或海面散射的情况下，还应考虑地球的曲率。粗糙表面的镜面反射系数一般定义为

$$R_s = \rho_s D R_o \tag{B.1}$$

式中：$R_o$ 为光滑地球表面的反射系数；$D$ 为由地球曲率引起的扩展系数；$\rho_s$ 为地球表面不规则性引起的散射系数。

考虑反射面的性质，垂直极化 $R_o^+$ 和水平极化 $R_o^-$ 情况下光滑表面的反射系数分别为

$$R_o^+ = [Y^2 \sin\gamma - \sqrt{(Y^2 - \cos^2\gamma)}] / [Y^2 \sin\gamma + \sqrt{(Y^2 - \cos^2\gamma)}] \tag{B.2}$$

$$R_o^- = [\sin Y - \sqrt{(Y^2 - \cos^2\gamma)}] / [\sin\gamma + \sqrt{(Y^2 - \cos^2\gamma)}] \tag{B.3}$$

式中：$\gamma$ 为入射波的入射角。

$Y$ 是介质的归一化导纳，即

$$Y = \varepsilon_{rc} / \mu_{rc} \tag{B.4}$$

$\varepsilon_{rc}$ 是相对介电常数，计算公式为

$$\varepsilon_{rc} = (\varepsilon / \varepsilon_0) - 60\lambda\sigma \tag{B.5}$$

式中：$\varepsilon$ 为介电常数；$\varepsilon_0$ 为自由空间的介电常数；$\lambda$ 为波长（单位为 m）；$\sigma$ 为电导率（单位为 S/m）。

$\mu_{rc}$ 是介质和自由空间的相对磁导率，但是在多径模拟的计算中，可以假设 $\mu_{rc} = 1$。

Beckmann 等[1]给出了不同地面的 $\varepsilon/\varepsilon_0$ 值,从非常干的地面(取值为2)到非常湿的地面(取值为24)。在这两种情况下,对应的 $\sigma$ 取值为从 $10^{-4}$S/m 到 $10^{-3}$S/m 的量级。对于海面,$\varepsilon$ 取值为80,$\sigma$ 为4S/m。

在上述的 $\varepsilon/\varepsilon_0$ 和 $\sigma$ 取值条件下,理想地面和光滑海面对雷达信号的反射系数如图 B.1 所示,图中的频率范围为 1~18GHz。重点关注的最大波长和最小波长分别为 30cm 和 2cm,如表 B.1 所列。

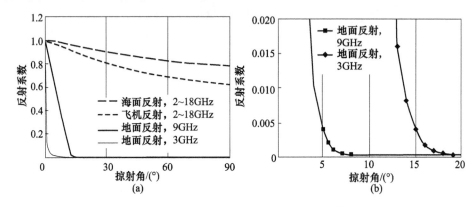

图 B.1 理想地面、光滑海面和飞机表面的反射系数

表 B.1 雷达频率对应的波长

| 频率/GHz | 波长/m |
|---|---|
| 1 | 0.30 |
| 3 | 0.10 |
| 9 | 0.03 |
| 18 | 0.02 |

散射系数 $<\rho_s>$ 与表面不规则高度 $\Delta h$ 的正态分布标准差、入射角 $\gamma$ 以及波长 $\lambda$ 有关,即

$$<|\rho_s|^2> = e^{-(\Delta\Phi)^2} \qquad (B.6)$$

其中

$$\Delta\Phi = (4\pi\Delta h\sin\gamma)/\lambda \qquad (B.7)$$

图 B.2 显示了不同掠射角下 $<\rho_s>$ 的期望值。由图可见,除了小掠射角情况之外,散射系数都会将表面反射系数降低到较小的值。

地球曲率引起的扩展系数 $D$ 可由下式计算:

$$D = \sqrt{[1 + (2r_1 r_2/a(r_1 + r_2)\sin\gamma)]} \qquad (B.8)$$

式中:$r_1+r_2$ 为反射路径长度(单位为米);$\gamma$ 为掠射角;$a$ 为地球的平均曲率半径($a=6367445\text{m}$)。

表 B.2 列出了不同类型反射表面的 $\varepsilon/\varepsilon_0$ 和 $\Delta h$ 值。表中还指出了在计算不同类型表面的 $R_s$ 时,应该使用三个分量中的哪一个。例如,飞机表面的反射不受由地球曲率引起的扩展系数 $D$ 的影响。对于完美光滑的反射面,既不使用 $D$ 分量,也不使用 $\rho_s$ 分量。

在 $R_s$ 的计算中,未使用的分量都设为 1。

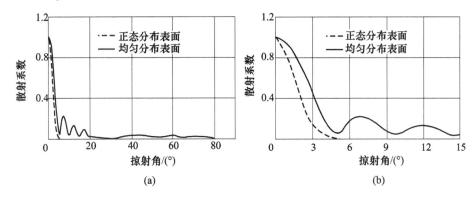

图 B.2 散射系数的分布

表 B.2 多径模型中可用的反射面参数

| 序号 | 表面类型 | $\varepsilon/\varepsilon_0$ | $\sigma/(\text{S/m})$ | $\Delta h/\text{m}$ | 计算中用到的参数 | | |
|---|---|---|---|---|---|---|---|
| | | | | | $R_o$ | $D$ | $\rho_s$ |
| 1 | 飞机 | 2 | 0.0005 | 0.0005 | √ | | √ |
| 2 | 光滑海面 | 80 | 4 | 0.2 | √ | | √ |
| 3 | 粗糙海面 | 40 | 4 | 1 | √ | √ | |
| 4 | 地面 | 10 | 0.005 | 0.02 | √ | √ | √ |
| 5 | 高烟囱 | 4 | 0.001 | 0.005 | √ | √ | √ |
| 6 | 光滑表面 | 10 | 0.01 | — | √ | | |
| 7 | 理想反射面 | — | — | — | | | |

## 参考文献

[1] Beckmann,P., and A. Spizzichino,*The Scattering of Electromagnetic Waves from Rough Surfaces*, Oxford, UK:Pergamon Press,1963.

# 主要缩略语

| | | |
|---|---|---|
| ADRS | Advanced Dynamic RF Simulator | 先进动态射频模拟器 |
| AESA | Active Electronically Scanned Array | 有源相控阵 |
| AIS | Automatic Identification System | 自动识别系统 |
| AOA | Angle of Arrival | 波达角 |
| AOC | Association of Old Crows | 老乌鸦协会 |
| APAR | Active Phased Array Radar | 有源相控阵雷达 |
| AWACS | Airborne Warning and Control System | 机载预警和控制系统 |
| BI | Beacon Interrogator | 信标询问器 |
| BN | Beacon Navigation | 导弹信标 |
| CESMO | Cooperating ESM Operations | 协同 ESM 操作 |
| CP | Clock Period | 时钟周期 |
| CW | Continuous Wave | 连续波 |
| DC | Down Count | 下计数 |
| DOA | Direction of Arrival | 波达方向 |
| EA | Electronic Attack | 电子攻击 |
| ECM | Electronic Countermeasures | 电子对抗 |
| ELINT | Electronic Intelligence | 电子情报 |
| EPL | Emitter Program Library | 辐射源编程数据库 |
| ERP | Effective Radiated Power | 等效辐射功率 |
| ESM | Electronic Support Measures | 电子侦察 |
| EW | Electronic Warfare | 电子战 |
| FA | Forward – Aft | 前后(基线) |
| FC | Fire Control | 火控 |
| FDOA | Freguency Direction of Arrival | 频率到达方向 |
| FMCW | Frequency Modulated Continuous Wave | 调频连续波 |
| FMOP | Frequency Modulation on Pulse | 脉冲频率调制 |
| FP | Forward – Port | 前左(基线) |
| GNSS | Global Navigation Satellite System | 全球卫星导航系统 |
| GPS | Global Positioning System | 全球定位系统 |
| GSM | Global System for Mobile Communications | 全球移动通信系统 |

| | | |
|---|---|---|
| GT | Graph Theory | 图论 |
| IADS | Integrated Air Defence Dystem | 综合防空系统 |
| ICED | Incremental Clustering for Evolving Data | 用于演化数据的增量聚类 |
| IDM | Improved Data Modem | 改进型数据调制解调器 |
| IF | Intermediate Frequency | 中频 |
| IFF | Identification Friend or Foe | 敌我识别 |
| IFM | Instantaneous Frequency Measurement | 瞬时测频 |
| LOB | Line of Bearing | 方位线 |
| LPI | Low Probability of Intercept | 代截获概率 |
| LTE | Long–term Evolution | 长期演进 |
| LWT | Link Weight | 链路权重 |
| MG | Missile Guidance | 导弹制导 |
| MH | Missile Homing | 导弹导引头 |
| MIMO | Multiple Input Multiple Output | 多输入多输出 |
| MUSIC | Multiple Signal Classification | 多信号分类 |
| OT&E | Operational Test and Evaluation | 运行测试和评估 |
| PA | Part–Aft | 左后(基线) |
| PDF | Probability Density Function | 概率密度函数 |
| PDW | Pulse Descriptor Word | 脉冲描述字 |
| PFM | Preflight Message | 飞行前文电 |
| PGRI | Pulse Group Repetition Interval | 脉组重复间隔 |
| PMU | Parameter Measurement Unit | 参数测量单元 |
| PPM | Pulse Position Modulation | 脉冲位置调制 |
| PRF | Pulse Repetition Frequency | 脉冲重复频率 |
| PRI | Pulse Repetition Interval | 脉冲重复间隔 |
| PWT | Parameter Weight | 参数权重 |
| RCP | Radar Clock Period | 雷达时钟时期 |
| RCS | Radar Cross Section | 雷达截面积 |
| RDF | Radio Direction Finding | 无线电测向 |
| RPM | Revolutions Per Minute | 每分钟转数 |
| RWR | Radar Warning Receiver | 雷达告警接收机 |
| RMS | Root Mean Square | 均方根 |
| SA | Starboard–Aft | 右后(基线) |
| SEI | Specific Emitter Identification | 辐射源个体识别 |
| SF | Starboard–Forward | 右前(基线) |
| SP | Starboard–Port | 左右(基线) |
| TA | Target Acquisition | 目标截获 |
| TCAS | Traffic Collision Avoidance System | 空中防撞系统 |

| | | |
|---|---|---|
| TDOA | Time Difference of Arrival | 到达时间差 |
| TI | Target Illuminator | 目标照射器 |
| TOA | Time of Arrival | 到达时间 |
| TOAD | Time of Arrival Difference | 到达时间差 |
| TOADH | Time of Arrival Difference Histogram | 到达时间差直方图 |
| TRM | Transmit Receive Module | 收发模块 |
| TSLP | Time Since Last Pulse | 距上个脉冲的时间 |
| TT | Target Tracking | 目标跟踪 |
| UAV | Unmanned Air Vehicle | 无人飞行器 |
| UHF | Ultrahigh Frequency | 特高频 |
| UMTS | Universal Mode Telecommunication System | 通用模式电信系统 |
| VHF | Very High Frequency | 甚高频 |

# 作 者 简 介

苏·罗伯逊(Sue Robertson)在电子战领域工作了将近 30 年,在机载和舰载 ESM 系统的数据分析和系统优化方面拥有丰富的经验。她开发了飞行测试程序,并撰写了几百份关于 ESM 性能问题的报告。她开发了 ESM 测试软件以及从飞行试验中提取数据并写入 ELINT 数据库的方法。她对各种机载平台的 ESM 系统改进提出了建议,这些建议都是基于对电磁传播问题的基础研究。

罗伯逊博士拥有伦敦大学学院的实验粒子物理学博士学位和伦敦城市大学的工商管理硕士学位。她目前在英国电子战防御有限公司(EW Defense Ltd.)工作。2016 年,她当选为老乌鸦协会(AOC)董事会成员,并担任国际区域主任,负责欧洲、中东、印度和非洲区域。